普通高等教育"十二五"规划教材

燃烧与爆炸学

（第 2 版）

张英华　黄志安　高玉坤　主编

U0342206

北　京

冶 金 工 业 出 版 社

2022

内 容 提 要

燃烧与爆炸学是一门研究火灾及爆炸发生、发展和熄灭基本规律的科学。通过学习燃烧与爆炸学，了解燃烧与爆炸的机理与热分解过程，掌握燃烧、爆炸的基本理论与原理，以及实验、试验、测试气体、粉尘爆炸参数的方法，为防火与防爆安全专业课程的学习打下基础。全书分为六章，第 1 章介绍了燃烧与爆炸的化学基础，包括燃烧与爆破的本质及条件，关于燃烧爆炸的一些计算方法；第 2 章介绍了热传导、对流换热、热辐射及物质的传递；第 3 章介绍了着火分类和着火条件、谢苗诺夫热自燃理论、弗兰克-卡门涅茨基热自燃理论、链反应、强迫着火；第 4 章 ~ 第 6 章分别介绍了可燃气体、可燃液体和可燃固体的燃烧与爆炸。

本书可作为高等院校安全工程、机械工程、化学工程、环境工程等相关专业的教材，也可以作为相关专业研究生的教学参考书；对从事安全、矿业和化工工程的专业技术人员，也有一定的参考价值。

图书在版编目(CIP)数据

燃烧与爆炸学/张英华等主编 . —2 版 . —北京：冶金工业出版社，2015.8（2022.6 重印）

普通高等教育"十二五"规划教材

ISBN 978-7-5024-7017-3

Ⅰ.①燃… Ⅱ.①张… Ⅲ.①燃烧学—高等学校—教材 ②爆炸—理论—高等学校—教材 Ⅳ.①O643.2

中国版本图书馆 CIP 数据核字(2015)第 191391 号

燃烧与爆炸学 （第 2 版）

出版发行 冶金工业出版社		**电 话**	(010)64027926
地 址 北京市东城区嵩祝院北巷 39 号		**邮 编**	100009
网 址 www.mip1953.com		**电子信箱**	service@ mip1953.com

责任编辑 宋 良 郭冬艳 **美术编辑** 吕欣童 **版式设计** 孙跃红
责任校对 郑 娟 **责任印制** 李玉山
三河市双峰印刷装订有限公司印刷
2010 年 5 月第 1 版，2015 年 8 月第 2 版，2022 年 6 月第 5 次印刷
787mm×1092mm 1/16；14.75 印张；352 千字；221 页
定价 32.00 元

投稿电话 (010)64027932 **投稿信箱** tougao@cnmip.com.cn
营销中心电话 (010)64044283
冶金工业出版社天猫旗舰店 yjgycbs.tmall.com
（本书如有印装质量问题，本社营销中心负责退换）

第 2 版前言

《燃烧与爆炸学》一书于 2010 年出版以来，受到了安全工程领域的关注，被多所大专院校选作安全科学与工程专业本科生的专业课教材和研究生入学考试的参考书。随着燃烧与爆炸学科及相关技术领域的不断发展，涌现出的新科研成果，使火灾和爆炸发生、发展及演化规律的研究逐渐丰富和完善。基于这一客观实际，参考第 1 版读者的修改意见和建议，我们在第 1 版书稿的基础上，对内容进行修订，以适时体现科学技术的发展，满足安全工程及相关技术领域院校教学、科学研究和生产实践的需要。

张英华、黄志安、高玉坤任本书主编，负责全书的统一整理和修改。具体分工：第 1 章由张英华、罗强、杨飞修订，第 2 章由黄志安、姬宇晨修订，第 3 章由张英华、刘佳修订，第 4 章由高玉坤、宫雪皎修订，第 5 章由黄志安、宋守一修订，第 6 章由高玉坤、刘芳喆修订。王辉、陈立、赵乾、白智明、周佩玲、付明明、姬玉成等参与了修订工作。由于编者水平有限，书中难免存在不妥之处，恳切希望读者批评指正。

《燃烧与爆炸学》这次修订出版工作得到了教育部"十二五"期间高等学校本科教学质量与教学改革工程建设项目和北京科技大学教材建设经费资助，学校在编写工作和出版经费方面给予了大力支持和帮助；修订工作还得到了北京科技大学土木与环境工程学院相关领导和老师们的支持和帮助，在此一并致以诚挚的谢意。

编 者
2015 年 6 月

第1版前言

可控的燃烧与爆炸会给生产带来高效率，给生活带来便利；但失控的燃烧与爆炸会发生火灾与爆炸事故，如各类火灾、粉尘爆炸、瓦斯爆炸等。所以，研究燃烧与爆炸理论和过程，对减少和避免生产生活中的火灾和爆炸事故有重要作用，对环境保护、安全生产、燃料的有效使用具有十分重要的意义。

本书共分6章。第1章叙述燃烧与爆炸过程的本质和发生条件，以及燃烧特征参数的计算；第2章介绍构成燃烧与爆炸物理基础的传热和传质理论；第3章以谢苗诺夫热自燃理论、弗兰克-卡门涅茨基热自燃理论为例较为详细地介绍了着火的过程和条件；第4章~第6章分别介绍可燃气体、可燃液体以及可燃固体的燃烧与爆炸理论和特点。为加强读者对概念的理解，结合每章所述内容，每章末尾都设计了习题与思考题。

本书力求简明扼要，深入浅出，以介绍基本理论和基础知识为重点，对燃烧与爆炸理论基础及其发生过程做了详细的阐述，并结合编者多年的研究成果，力图对读者有所启迪。

本书由北京科技大学张英华、黄志安编著。具体分工是：第1章由张英华、丁光华编写，第2章由黄志安、董向梅编写，第3章由张英华、李立峰编写，第4章由张英华、李丽娟编写，第5章由黄志安、胡春丽编写，第6章由黄志安、高玉坤编写。在编写过程中，参阅了一些专家的书籍和研究成果，吸收和借鉴了一些教材的精华，在此对这些专家学者表示衷心的感谢。

由于编者水平有限，加上时间紧迫，书中难免存在不足及疏漏之处，欢迎读者批评指正。

编　者
2010 年 3 月

书中主要符号表

A	面积	Nu	努塞尔数
$\mathscr{A}$	功热当量	OI	氧指数
B	氧平衡率	p	压力
Bi	毕渥数	Pr	普朗特数
c	热容,比热容,声速,真空光速	q	传热量
C_i	浓度	q_v	蒸发潜热
c_p	比定压热容	q_x	热流通量,热流密度
c_V	比定容热容	Q	热量,热效应
C_R	热剩焦量	Q_l	低热值
C_S	减光系数	Q_h	高热值
d	饱和含湿量,直径	Q_m	质量热值
D	直径	Q_v	体积热值
D_0	扩散系数	r	活度系数
E	活化能	R	普适气体常数,理想气体状态常量
f	燃料空气比,油气比,固体在燃点时的燃烧热传递到其表面的份数	Ra	拉格利数
		Re	雷诺数
Fo	傅里叶数	R_1	殉爆安全距离
G	质量流量	S	单位固体表面上净获热速率,熵
G_{cr}	临界质量流量	t	时间,温度,功热当量
G_S	质量燃烧速度	t_v	扰动指数(点火延迟)
h	火焰与固体表面之间的对流换热系数,普朗克常数	T	温度
		T_f	膜温度
H	焓值,对流换热系数,厚度	v	速度
I	光强度,辐射强度	V	体积
k	导热系数	α	热扩散系数,导温系数
K	玻耳兹曼常数,反应速度常数,吸收系数	β	过量燃料系数,过量空气系数
		γ	比热容比
K_0	频率因子	e	辐射率
K_m	爆炸指数	λ	分子导热系数
L	距离	μ	放热系数
L_V	蒸发热	ρ	密度
m	质量	σ	斯忒藩-玻耳兹曼常数
Ma	马赫数	Φ	角系数
n	物质的摩尔质量	ω	反应速率

目　　录

1 燃烧与爆炸的化学基础

1.1 燃烧与爆炸的本质和条件

1.1.1 燃烧

燃烧是指可燃物与氧化剂作用发生的放热反应，通常伴有火焰、发光和发烟的现象。燃烧区的温度很高，其中白炽的固体粒子和某些不稳定或受激发的中间物质分子内电子发生能级跃迁，从而发出各种波长的光；发光的气相燃烧区就是火焰，它的存在是燃烧过程中最明显的标志；由于燃烧不完全等原因，产物中会混有一些微小颗粒，这样就形成了烟。

从本质上说，燃烧是一种氧化还原反应，但其放热、发光、发烟、伴有火焰等基本特征表明，它不同于一般的氧化还原反应。在氧化还原反应中，失去电子的物质被氧化，获得电子的物质被还原。例如氢气在氯气中燃烧，氯原子得到一个电子被还原，而氢原子失去一个电子被氧化。在这个反应中，虽然没有氧参与反应，但所发生的是一个剧烈的氧化还原反应，并伴随有光和热的发生。这个反应也是燃烧。

电灯在照明时放出光和热，但未发生化学反应，不能称为燃烧。铜与稀硝酸反应，虽然有电子得失，但不产生光和热，也不能称为燃烧。综上所述，燃烧过程具有两个特征：（1）有新的物质产生，即燃烧是化学反应；（2）伴随着发光放热现象。

1.1.2 燃烧理论

1.1.2.1 活化能理论

物质分子间发生化学反应，首要的条件是相互碰撞。然而，为了使可燃物和助燃物两种气体分子间产生氧化反应，仅仅依靠两种分子发生碰撞是不够的，在互相碰撞的分子间会产生一般的排斥力。在通常的条件下，这些分子没有足够的能量来发生氧化反应，只有当一定数量的分子获得足够的能量后，才能在碰撞时引起分子的组成部分产生显著的振动，使分子中的原子或原子群之间的结合减弱，分子各部分的重排才有可能。有可能引起化学反应的分子，称为活化分子。活化分子所具有的能量要比普通分子高，这一能量超出值可使分子活化并参加反应。使普通分子变为活化分子所必需的能量称为活化能。活化能示意图如图 1-1 所示。

图 1-1 中的纵坐标表示所研究系统的分子能量，横坐标表示反应过程。若系统状态 I 转变为状态 II，由于状态 I 的能量大于状态 II 的能量，所以该过程是放热的，反应热效应等于 Q_V。Q_V 即等于状态 I 与状态 II 的能级差。状态 K 的能量大小相当于使反应发生所必需的能量，所以，状态 K 的能级与状态 I 的能级之差等于正向反应的活化能 ΔE_1，状态 K

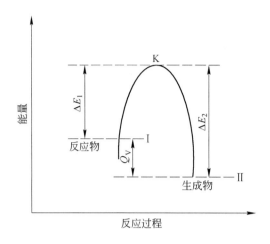

图 1-1　活化能示意图

与状态 II 的能级之差等于逆向反应的活化能 ΔE_2，ΔE_2 与 ΔE_1 之差（$\Delta E_2 - \Delta E_1$）等于反应热效应。

活化能理论指出了可燃物和助燃物两种气体分子发生氧化反应的可能性及其条件。

1.1.2.2　过氧化物理论

过氧化物理论认为，分子在各种能量（热能、辐射能、电能、化学反应能）的作用下可以被活化。比如在燃烧反应中，首先是氧分子（O＝O）在热能作用下活化，被活化的氧分子的双键之一断开，形成过氧基—O—O—，这种基能加合于被氧化物的分子上而形成过氧化物：

$$A + O_2 =\!=\!= AO_2$$

在过氧化物的成分中有过氧基（—O—O—），这种基中的氧原子较游离分子中的氧原子更不稳定。因此，过氧化物是强烈的氧化剂，不仅能氧化形成过氧化物的物质 A，而且也能氧化用分子氧很难氧化的其他物质 B：

$$AO_2 + A =\!=\!= 2AO$$

$$AO_2 + B =\!=\!= AO + BO$$

例如，氢与氧的燃烧反应，通常直接表达式为：

$$2H_2 + O_2 =\!=\!= 2H_2O$$

按照过氧化物理论，认为先是氢和氧生成过氧化氢，然后才是过氧化氢再与氢反应生成 H_2O。其反应式为：

$$H_2 + O_2 =\!=\!= H_2O_2$$

$$H_2O_2 + H_2 =\!=\!= 2H_2O$$

有机过氧化物通常可看做过氧化氢 H—O—O—H 的衍生物，其中，有 1 个或 2 个氢原子被烃基取代而成为 H—O—O—R 或 R—O—O—R。所以，过氧化物是可燃物质被氧化时的最初产物，它们是不稳定的化合物，能够在受热、撞击、摩擦等情况下分解产生自由基和原子，从而又促使新的可燃物质氧化。

过氧化物理论在一定程度上解释了为何物质在气态下有被氧化的可能性。它假定氧分子只进行单键的破坏，这比双键的破坏要容易一些。因为破坏 1mol 氧的单键只需要 29.3～33kJ 的能量。但是若考虑到 C—H 键也必须破坏，氧分子也必须加和于碳氢化合物之上而形成过氧化物，所以氧化过程还是很困难的。因此，巴赫又提出了另一种说法，即易氧化的可燃物质具有足以破坏氧中单键所需的"自由能"，所以不是可燃物质本身而是它的自由基被氧化。这种观点就是近代关于氧化作用的链式反应理论的基础。

1.1.2.3 链式反应理论

根据上述原理，一个活化分子（基）只能与一个分子起反应。但为什么在氯化氢的反应中，引入一个光子能生成十万个氯化氢分子，这就是链式反应的结果。根据链式反应理论，气态分子间的作用，不是两个分子直接作用得到最后产物，而是活化分子自由基与另一个分子起作用。作用结果产生新基，新基又迅速参与反应，如此延续下去而形成一系列的链式反应。氯与氢的反应就是这样：

$$Cl_2 + hv(光量子) \longrightarrow Cl \cdot + Cl \cdot \qquad 链的引发$$

$$Cl \cdot + H_2 \longrightarrow HCl + H \cdot$$

$$H \cdot + Cl_2 \longrightarrow HCl + Cl \cdot \qquad 链的传递$$

$$Cl \cdot + H_2 \longrightarrow HCl + H \cdot$$

$$H \cdot + Cl_2 \longrightarrow HCl + Cl \cdot \qquad 依此类推$$

$$Cl \cdot + Cl \cdot \longrightarrow Cl_2 \qquad 链的中断$$

$$H \cdot + H \cdot \longrightarrow H_2$$

上列反应式表明，最初的游离基（或称活性中心、作用中心等）是在某种能源的作用下生成的，产生游离基的能源可以是受热分解或光照、氧化、还原、催化和射线照射等。游离基由于具有比普通分子平均动能更多的活化能，所以其活动能力非常强，在一般条件下是不稳定的，容易与其他物质分子进行反应而生成新的游离基，或者自行结合成稳定的分子。因此，利用某种能源设法使反应物产生少量的活性中心——游离基时，这些最初的游离基即可引起链式反应，因而使燃烧得以持续进行，直至反应物全部反应完毕。在链式反应中，如果作用中心消失，就会使链式反应中断，而使反应减弱直至燃烧停止。

总的来说，链式反应机理大致可分为 3 个阶段：（1）链引发，即游离基生成，使链式反应开始；（2）链传递，游离基作用于其他参与反应的化合物，产生新的游离基；（3）链终止，即游离基消耗完使链式反应终止。造成游离基消耗的原因是多方面的，如游离基相互碰撞生成分子、与掺入混合物中的杂质起副反应、与非活化的同类分子或惰性分子互相碰撞而将能量分散、撞击器壁而被吸附等。

1.1.3 燃烧的条件

燃烧现象十分普遍，但其发生必须具备一定的条件。作为一种特殊的氧化还原反应，燃烧反应必须有氧化剂和还原剂参与，此外还要有引发燃烧的能源。具体包括：

（1）可燃物（还原剂）。不论是气体、液体还是固体，也不论是金属还是非金属，无机物还是有机物，凡是能与空气中的氧或其他氧化剂起燃烧反应的物质，均称为可燃物。

如氢气、乙炔、酒精、汽油、木材、纸张等。

（2）助燃物（氧化剂）。凡是与可燃物结合能导致和支持燃烧的物质，都称为助燃物。如空气、氧气、氯气、氯酸钾、过氧化钠等。空气是最常见的助燃物，本书中如无特别说明，可燃物的燃烧都是指在空气中进行的。

（3）点火源。凡是能引起物质燃烧的点燃能源，统称为点火源。如明火、高温表面、摩擦与冲击、自燃发热、化学反应热、电火花、光热射线等。

上述3个条件通常被称为燃烧三要素。但是，即使具备了三要素并且相互结合、相互作用，燃烧也不一定发生。要发生燃烧还必须满足其他条件，如可燃物和助燃物要有一定的数量和浓度，点火源要有一定的温度和足够的热量等。燃烧发生时，三要素可表示为封闭的三角形，通常称为着火三角形，如图1-2（a）所示。

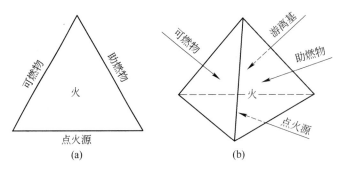

图1-2　着火三角形和着火四面体

（a）着火三角形；（b）着火四面体

经典的着火三角形一般足以说明燃烧得以发生和持续进行的原理。但是，根据燃烧的链式反应理论，很多燃烧的发生都有持续的游离基（自由基）作"中间体"，因此，着火三角形应扩大到包括一个说明游离基参加燃烧反应的附加维，从而形成一个着火四面体，如图1-2（b）所示。

1.1.4　爆炸及其特征

1.1.4.1　爆炸

爆炸是指物质从一种状态经过物理变化或化学变化，突然变成另一种状态，并放出巨大的能量，同时产生光和热或机械功的现象。当物质从一种状态"突变"到另一种状态时，它的物理状态或化学成分发生急剧的转变，使其本身所具有的能量（位能）以极快的速度释放出来，使周围的物体遭受到猛烈的冲击和破坏。

雷电、火山爆发属于自然界的一种爆炸现象；工程建设中的爆破是人为受控、造福人类的爆炸；人们生产生活中的意外爆炸是事故性爆炸，如矿山井下瓦斯爆炸，锅炉、压力容器爆炸，粮食粉尘爆炸等。

前面所谈到的几种爆炸现象，均有一个共同的特征，即在爆炸地点的周围压力骤增，使周围介质受到干扰，邻近的物质受到破坏，同时还伴有或大或小的声响效应。

1.1.4.2　爆炸的特征

如上所述，爆炸是物质的一种急剧的物理、化学变化，在变化过程中伴有物质所含能量的快速释放，释放出的热量变为对物质本身、变化产物或周围介质的压缩能或运动能，爆炸时物系压力急剧增高。

通常，爆炸有以下特征：

（1）爆炸的内部特征，物质爆炸时，大量能量在有限体积内突然释放或急剧转化，并在极短时间内在有限体积中积聚，造成高温高压，对邻近介质形成急剧的压力突跃和随后的复杂运动。

（2）爆炸的外部特征，爆炸介质在压力作用下，表现出不寻常的移动或机械破坏效应以及介质受震动而产生的音响效应。

1.1.5 爆炸理论

1.1.5.1 爆炸链式反应学说

爆炸的链式反应学说阐明了一个很重要的现象，即微量杂质对着火限度的影响。当杂质的分子与链式的中间活化分子相遇时，能使链中断。自然，那些在链继续发展时可能发生的所有反应，以后就不会发生。杂质与分子相遇时，可能产生新的链，因此，可能造成接踵而来的一个新链式反应。链式反应学说将爆炸的研究领域与分子构造及其相互作用的物理学说彼此联系起来。

链式反应学说可以用来说明燃烧限度，即在混合物中可燃物含量的最高极限和最低极限（在极限外物质不能爆炸）；也可以说明用惰性混合物冲淡可燃混合物，使之不能着火的现象。此现象可以用锁链中断及气体的冷却作用来解释，因为在爆炸扩展时，大部分热量用于加热不参加反应的惰性气体。

链式反应学说还能说明，爆炸不是在达到着火的临界条件时就立即发生，而是经过链发展所必需的一定的时间后才能发生。因此，任何爆炸都有时间上的延滞。此延滞时间视链发展的历程与外界条件而定，可以为十万分之几秒到数小时。

1.1.5.2 爆炸波学说

可以利用爆炸波学说解释可燃气体、蒸气-空气的混合物的爆炸。

爆炸波学说的主要内容是：当外界的冲击作用于有爆炸危险的混合物时，如其冲击力足以使该物质迅速分解，则各种加速爆炸的现象便依次发生。在有爆炸危险的物质中，所有能引起爆炸的能量都变为热能，引起冲击。此冲击与反应中生成的气体分子运动的加速度有关。气体的冲击能使一层爆炸物被加热和分解，此层物质变为气体，并依次冲击到新的一层上。由此可见，爆炸是从冲击处以辐射状向外扩展的，并发生机械的、热的和化学的相互交替作用，这就是爆炸波这一名词的由来。

1.1.5.3 爆炸电子本性假说

电子学说以原子间结合得不牢固来解释爆炸物质的不稳定性。在普通的化学反应中，外面的电子也能够从一个原子跳到另一个原子上。那么可以假定，在某些特别灵敏的爆炸性化合物中，价电子的结合就更弱。因此，在雷管中，甚至在很小的冲击下，也会发生分子的变化，同时不仅以热的形式放出能量，并且还放出带有动能的游离电子。

1.1.5.4 流体动力学爆炸理论

流体动力学的爆炸理论认为，爆炸是冲击波在炸药中传播而引起的。冲击波在炸药中传播可能有两种不同的情况。一种情况与在惰性介质中传播的冲击波相似，即不引起炸药中的化学变化，这种过程如无外部因素的持续作用，则不可能维持恒速传播。这是因为冲击波阵面通过时，介质受到不可逆压缩，熵增加，引起能量的不可逆损失，所以，必然要在传播中衰减下去。另一种情况，由于冲击波的剧烈压缩而引起炸药的快速化学反应，反应放出的能量又支持冲击波的传播，可以使之维持定速而不衰减。这种紧跟着化学反应的冲击波，或伴有化学反应的冲击波，称为爆轰波。爆轰就是爆轰波在炸药中传播的过程。

1.1.5.5　气相爆轰流体动力学理论

这一理论设想了一个理想的爆轰过程，而且爆炸性气体在爆炸波通过前后都服从理想气体定律，并假定气体的等熵指数与温度、成分无关。在这种条件下，根据能量守恒定律和理想气体定律，建立了一个爆炸物初始参数与爆炸参数之间的关系，用此关系式表示爆炸波通过前后由于介质状态参数（如压力、体积）变化所引起的内能的变化。

1.1.6　爆炸的分类

工业生产中发生的爆炸事故分类方法很多，可以按照物质爆炸前后物质发生的变化分类，也可以按照爆炸事故过程的类型分类，还可以按照爆炸反应的相进行分类。

1.1.6.1　按爆炸前后物质发生的变化分类

A　物理爆炸

物理爆炸是指物质因状态或压力发生突变而形成的爆炸。它与化学爆炸明显的区别在于物理爆炸前和爆炸后物质的性质及化学成分并不改变。如锅炉爆炸、压力容器爆炸、汽车轮胎爆炸等。

B　化学爆炸

化学爆炸是指物质以极快的反应速度发生放热的化学反应，并产生高温、高压所引起的爆炸。化学爆炸前后，物质的组分和性质发生了根本性的变化。

化学爆炸按爆炸时物质发生的化学变化又可分为3类：

（1）简单分解爆炸。引起简单分解的爆炸物，在爆炸时不一定发生燃烧反应，爆炸所需要的能量是由爆炸物本身分解时放出的分解热提供的。如乙炔银、雷汞等物质的爆炸反应属于此类。这类物质极不安定，受震动即可引起爆炸，是比较危险的爆炸物质。某些气体由于分解产生很大的热量，在一定条件下也可能产生分解爆炸，在受压的情况下更易发生爆炸。如高压存储的乙烯、乙炔发生的分解爆炸等。

（2）复杂分解爆炸。爆炸物质在外界强度较大的激发能（如爆轰波）的作用下，能够发生高速的放热反应，同时形成强烈压缩状态的气体，作为引起爆炸的高温、高压气体源。这类物质爆炸时伴有燃烧现象，燃烧所需的氧由其本身分解时产生，爆炸后，由于燃烧往往会将附近的可燃物质点燃，因此经常引起火灾。例如，许多种类的炸药和一些有机过氧化物爆炸就属于此类。这类物质和简单分解爆炸物相比较，其对外界刺激的敏感性较低，相比而言，其危险性略低。

（3）爆炸性混合物的爆炸。所有的可燃气体、蒸气及粉尘与空气所形成的爆炸性混合物的爆炸均属此类。这类物质的爆炸需要同时具备一定的条件（足够的爆炸物质的含量、氧含量及点火能量等），其危险性比上述两类低，但由于这类物质普遍存在于工业生产的许多领域，因此，它造成的爆炸事故也较多，危害很大。混合物爆炸的分类见表1-1。

表 1-1　混合物爆炸的分类

类型和分级	最大试验安全间隙 MESG/mm	最小点燃电流比 MICR	引燃温度与组别					
			T1	T2	T3	T4	T5	T6
			$T > 450℃$	$450℃ \geqslant T > 300℃$	$300℃ \geqslant T > 200℃$	$200℃ \geqslant T > 135℃$	$135℃ \geqslant T > 100℃$	$100℃ \geqslant T > 85℃$
I	$MESG = 1.14$	$MICR = 1.0$	甲烷					
IA	$0.9 < MESG < 1.14$	$0.8 < MICR < 1.0$	乙烷、丙烷、丙酮、苯乙烯、氯乙烯、氨苯、甲苯、苯、氨、甲醇、一氧化碳、乙酸乙酯、乙酸、丙烯腈	丁烷、乙醇、丙烯、丁醇、乙酸丁酯、乙酸、乙酸戊酯、乙酸酐	戊烷、己烷、庚烷、癸烷、辛烷、汽油、硫化氢、环己烷	乙醚、乙醛		亚硝酸、乙酯
IB	$0.5 < MESG \leqslant 0.9$	$0.45 < MICR \leqslant 0.8$	二乙醚、民用煤气、环丙烷	环氧乙烷、环氧丙烷、丁二烯、乙烯	异戊二烯			
IC	$MESG \leqslant 0.5$	$MICR \leqslant 0.45$	水煤气、氢、焦炉煤气	乙炔			二硫化碳	硝酸乙酯

注：最大试验安全间隙与最小点燃电流比在分级上的关系只是近似相等。

1.1.6.2　按爆炸事故过程的类型分类

爆炸事故发生总有一定的原因和过程。用系统安全工程学理论分析爆炸事故发生的来龙去脉，采取具体、准确、适用的爆炸防护措施，爆炸事故是可以避免或减轻的。爆炸按照事故过程的类型，可分为 6 种，即着火破坏型爆炸、泄漏着火型爆炸、自燃着火型爆炸、反应失控型爆炸、传热型蒸气爆炸和平衡破坏型蒸气爆炸。

（1）着火型爆炸：容器、管道、塔槽等（以下称容器）内部的危险性物质，由点火源给以能量，引起着火、燃烧、分解等化学反应，造成压力急剧上升，使容器爆炸破坏。

（2）泄漏型爆炸：由于阀门打开或容器裂缝之类的破坏，容器内部的危险物质泄漏到外部，与点火源接触而着火，引起爆炸火灾。

（3）自燃型爆炸：化学反应热的蓄积使温度上升，反应速度加快，结果使温度更加上升，当达到这种物质的着火温度时，发生自燃引起爆炸。

（4）反应失控型爆炸：化学反应热的蓄积使温度上升，反应速度加快，使该物质的蒸气压力或分解气体的压力急剧上升，引起容器破坏性爆炸。

（5）传热型爆炸：由于过热液体与其他高温物质接触时，发生快速传热，液体被加热，使之暂时处于过热状态，从而引起伴随急剧汽化的蒸气爆炸。

（6）平衡破坏型蒸气爆炸：这是由于过热液体蒸发的爆炸。即密闭容器内的液体，在高压下保持蒸气压平衡时，如果容器破坏，蒸气喷出，因内压急剧下降而失去平衡，使液体暂时处于不稳定的过热状态。由于急剧汽化，残留的液体冲破容器壁，这种冲击压的作用使容器再次破坏，发生蒸气爆炸。

如果再归纳一下，上述 6 种类型的爆炸还可以分为需要点火源的爆炸和不需要点火源的爆炸。需要点火源的爆炸包括着火破坏型爆炸和泄漏着火型爆炸；不需要点火源的爆炸包括化学反应热蓄积的自燃着火型爆炸、反应失控型爆炸、过热液体蒸发的传热型蒸气爆炸和平衡破坏型蒸气爆炸。

1.1.6.3　按爆炸反应的相分类

按引起爆炸反应的相分类，爆炸可分为气相爆炸、液相爆炸和固相爆炸 3 种：

（1）气相爆炸包括可燃性气体和助燃性气体混合物的爆炸、物质的热分解爆炸、可燃性液体的雾滴所引起的爆炸（雾爆炸）等。其中，热分解爆炸是不需要助燃性气体的。

（2）液相爆炸包括聚合爆炸、蒸发爆炸以及由不同液体混合所引起的爆炸。

（3）固相爆炸包括爆炸性固体物质的爆炸、固体物质的混合或混融所引起的爆炸，以及由于电流过载所引起的电缆爆炸等。

此外，还有粉尘爆炸，它是空气中飞散的可燃性粉尘由于剧烈燃烧引起的爆炸。如空气中飞散的铝粉、食用面粉等引起的爆炸。

1.1.7　爆炸发生的条件

爆炸发生的条件很复杂，不同爆炸性物质的爆炸过程有其独有的特征。

1.1.7.1　物理爆炸发生的条件

物理爆炸是一种极为迅速的物理能量因失控而释放的过程。在此过程中，体系内的物质以极快的速度把其内部所含有的能量释放出来，转变成机械功、光和热等能量形态。从物理爆炸发生的根本原因考虑，爆炸发生条件可概括为：构成爆炸的体系内存有高压气体或由于爆炸瞬间生成的高温高压气体或蒸气的急剧膨胀，爆炸体系和它周围的介质之间发生急剧的压力突变。锅炉爆炸、压力容器爆炸、水的大量急剧汽化等均属于此类爆炸。

1.1.7.2　化学爆炸发生的条件

化学爆炸过程有两个特征，即反应过程放热、反应过程速度极快并能自动传播。这两个特征是化学反应成为爆炸性反应所必须具备的，而且是相互关联、缺一不可的条件。下面对每个条件的重要性和意义进行概略的讨论。

    A　反应过程的放热性

这是化学反应能否成为爆炸反应的最重要的基础条件，也是爆炸过程的能量来源。没有这个条件，爆炸过程就不能发生，当然反应也就不能自行延续。因此，也就不可能出现爆炸过程的自动传播。例如：

$$ZnC_2O_4 \longrightarrow 2CO_2 + Zn, \quad \Delta_r H_m^\ominus = -20.5kJ/mol$$

$$PbC_2O_4 \longrightarrow 2CO_2 + Pb, \quad \Delta_r H_m^\ominus = -69.9kJ/mol$$

草酸锌、草酸铅的分解是吸热反应，它们需要外界提供热量，反应才能进行，所以它们不可能对外界做功，因而不能爆炸。又如硝酸铵的分解反应：

$$NH_4NO_3 \longrightarrow NH_3 + HNO_3, \quad \Delta_r H_m^\ominus = -170.7kJ/mol \quad （低温加热）$$

$$NH_4NO_3 \longrightarrow N_2 + 2H_2O + 0.5O_2, \quad \Delta_r H_m^\ominus = +126.4kJ/mol \quad （用雷管引爆）$$

硝酸铵低温加热反应式是其用作化肥在农田里发生的缓慢分解反应，反应过程吸热，根本不能爆炸。当硝酸铵被雷管引爆时，发生放热的分解反应，它是矿山爆破常用的一种炸药。

爆炸反应过程所放出的热量称为爆炸热(或爆热)。它是反应的定容热效应,是爆炸破坏能力的标志,同时也是炸药类物质的重要危险特性。常用炸药的爆热一般为 3700 ~ 7500kJ/kg;对于混合爆炸物来说,其爆热就是燃烧热。有机可燃物的燃烧热为 48000kJ/kg 左右。

B 反应过程的高速度

混合爆炸物质是事先充分混合、氧化剂和还原剂充分接近的体系。许多炸药的氧化剂和还原剂共存于一个分子内,所以,它们能够发生快速的逐层传递的化学反应,使爆炸过程以极快的速度进行。这是爆炸反应和一般化学反应的一个最重要的区别。一般化学反应也可以是放热的,而且有许多化学反应放出的热量甚至比爆炸物质爆炸时放出的热量大得多,但它未能形成爆炸,其根本原因就在于它们的反应速度慢。例如,1kg 木材的燃烧热为 16700kJ,它完全燃烧需要 10min;1kg TNT 炸药爆炸热只有 4200kJ,它的爆炸反应只需要几十微秒。两者所需的时间相差千万倍。

由于爆炸物质的反应速度极快,实际上可以近似认为爆炸反应所放出的能量来不及逸出,全部聚集在爆炸物质爆炸前所占据的体积内,从而造成了一般化学反应所无法达到的能量密度。正是由于这个原因,爆炸物质爆炸才具有巨大的功率和强烈的破坏作用。

例如,1kg 煤块和 1kg 煤气的燃烧热都是 29000kJ,一块 1kg 的煤块完全燃烧约需 10min,它是一种燃烧过程,而 1kg 煤气和空气混合后,只需 0.2s 即可烧完,却属于爆炸过程。同样这些煤气和空气的混合气,在炸药引爆的条件下只需 0.7ms 就能反应完毕。根据功率与做功时间成反比的关系,可算出它们的功率为:1kg 发热量为 29000kJ 的煤块燃烧时发出的功率为 48kW;1kg 发热量为 29000kJ 的煤气和空气的混合气爆燃时发出的功率为 140MW;1kg 发热量为 29000kJ 的煤气和空气的混合气发生爆轰时发出的功率为 41GW。这个例子清楚地说明爆炸过程的速度快与相应的释放反应热的速度快是爆炸过程的主要特征。

另外,多数爆炸反应过程必须形成气体产物。在通常大气压条件下,气体密度比固体和液体的密度要小得多。气体具有可压缩性,它比固体和液体有大得多的体膨胀系数,是一种优良的工质。爆炸物质在爆炸瞬间生成大量气体产物,由于爆炸反应速度极快,它们来不及扩散膨胀,被压缩在爆炸物质原来所占有的体积内。爆炸过程在生成气态产物的同时释放出大量的热量,这些热量也来不及逸出,都加给了生成的气体产物。这样就使得在爆炸物质原来所占有的体积内形成了处于高温、高压状态的气体。这种气体作为工质,在瞬间膨胀做功,由于功率巨大,对周围物体、设备、房屋就会造成巨大的破坏作用。例如,1L 炸药在爆炸瞬间可以产生 1000L 左右的气体产物,它们被强烈地压缩在原有的体积内,再加上 3000 ~ 5000℃ 的高温,这样就形成了高温、高压气体源,在它们瞬间膨胀时,功率巨大,具有极强的破坏力。可见,爆炸过程气体产物的生成是发生爆炸的重要条件。

在通常条件下,爆炸过程生成的气态产物也是产生爆炸的重要条件之一。一些强烈放热反应没有生成气体,其就不具备爆炸作用。由此可以说明生成气体产物是产生爆炸的必要条件。例如,铝热剂反应:

$$2Al + Fe_2O_3 \longrightarrow Al_2O_3 + 2Fe, \quad \Delta_r H_m^{\ominus} = +841kJ$$

此反应热效应很大,足以使产物加热到 3000℃ 的高温,而且反应速度也相当快,但终究由于不形成气体产物而不具有爆炸能力。

1.2　燃烧反应速度理论

着火条件的分析、火势发展快慢的估计、燃烧历程的研究及灭火条件的分析等，都要用到燃烧反应速度方程。此方程可以根据化学动力学理论得到。

1.2.1　反应速率的基本概念

化学反应进行得快慢可以用单位时间内在单位体积中反应物消耗或生成物产生的摩尔数来衡量，称之为反应速率 $\omega(\mathrm{mol}/(\mathrm{m}^3\cdot\mathrm{s})$，对于反应物是消耗速度，对于生成物是生成速度)，用公式表达为：

$$\omega = \frac{\mathrm{d}n}{V\mathrm{d}t} = \frac{\mathrm{d}c}{\mathrm{d}t} \tag{1-1}$$

式中　ω——反应速率，$\mathrm{mol}/(\mathrm{m}^3\cdot\mathrm{s})$；

　　　V——体积，m^3；

$\mathrm{d}n$，$\mathrm{d}c$——分别为物质摩尔数和摩尔浓度的变化量，mol 和 $\mathrm{mol}/\mathrm{m}^3$；

　　　$\mathrm{d}t$——发生变化的时间，s。

虽然用反应物浓度变化和用生成物浓度变化得出的反应速率不同，但是它们之间存在单值计量关系，这种计量关系由化学反应式决定。如已知任一反应 $a\mathrm{A} + b\mathrm{B} \longrightarrow e\mathrm{E} + f\mathrm{F}$，反应速率可写成：

$$\left.\begin{array}{ll} \omega_\mathrm{A} = -\dfrac{\mathrm{d}c_\mathrm{A}}{\mathrm{d}t}, & \omega_\mathrm{B} = -\dfrac{\mathrm{d}c_\mathrm{B}}{\mathrm{d}t} \\[2mm] \omega_\mathrm{E} = +\dfrac{\mathrm{d}c_\mathrm{E}}{\mathrm{d}t}, & \omega_\mathrm{F} = +\dfrac{\mathrm{d}c_\mathrm{F}}{\mathrm{d}t} \end{array}\right\} \tag{1-2}$$

以上 4 个反应速率之间有如下关系：

$$\frac{\omega_\mathrm{A}}{a} = \frac{\omega_\mathrm{B}}{b} = \frac{\omega_\mathrm{E}}{e} = \frac{\omega_\mathrm{F}}{f} = \omega \tag{1-3}$$

式 1-3 中，ω 代表反应系统的化学反应速率，其数值是唯一的，称为系统反应速率。显然，反应系统中各物质的反应速率为：

$$\left.\begin{array}{ll} \omega_\mathrm{A} = \omega a, & \omega_\mathrm{B} = \omega b \\[2mm] \omega_\mathrm{E} = \omega e, & \omega_\mathrm{F} = \omega f \end{array}\right\} \tag{1-4}$$

1.2.2　质量作用定律

化学计量方程式表达反应前后反应物与生成物之间的数量关系，但是，这种表达式描述的只是反应的总体情况，没有说明反应的实际过程，即未给出反应过程中经历的中间过程。例如氢与氧化合生成水的反应可用 $2\mathrm{H}_2 + \mathrm{O}_2 \rightarrow 2\mathrm{H}_2\mathrm{O}$ 表达，但实际上 H_2 和 O_2 需要经过若干步反应才能转化为 $\mathrm{H}_2\mathrm{O}$。

反应物分子在碰撞中一步转化为产物分子的反应，称为基元反应。一个化学反应从反应物分子转化为最终产物分子往往需要经历若干个基元反应才能完成。实验证明：对于单相的化学基元反应，在等温条件下，任何瞬间化学反应速度与该瞬间各反应物浓度的某次幂的乘积成正比。

在基元反应中,各反应物浓度的幂次等于该反应物的化学计量系数。

这种化学反应速度与反应物浓度之间关系的规律,称为质量作用定律。其简单解释为:化学反应是由于反应物各分子之间碰撞后产生的,所以,单位体积内的分子数目越多,即反应物浓度越大,反应物分子与分子之间碰撞次数就越多,反应过程进行得就越快,因此,化学反应速度与反应物的浓度成正比关系。

对于反应式 $aA + bB \rightarrow eE + fF$,根据质量作用定律可以得出化学反应速度方程为(这里其实是指正向反应速度):

$$v = K C_A^a C_B^b \tag{1-5}$$

式中　K——比例常数,或者称为反应速度常数,其值等于反应物为单位浓度时的反应速率;

　　　a,b——该化学反应的反应级数。

必须强调指出,质量作用定律只适用于基元反应,因为只有基元反应才能代表反应进行的真实途径。对于非基元反应,只有分解为若干个基元反应时,才能逐个运用质量作用定律。

1.2.3　阿累尼乌斯定律

大量的实验证明:反应温度对化学反应速度的影响很大,同时这种影响也很复杂,但是最常见的情况是反应速度随着温度的升高而加快。范德霍夫(Van't Hoff)近似规则认为:对于一般反应,如果初始浓度相等,温度每升高10℃,反应速度大约加快2~4倍。

温度对反应速度的影响集中反映在反应速度常数 K 上。阿累尼乌斯(Svante August Arrhenius,1859~1927年)提出了反应速度常数 K 与反应温度 T 之间有如下关系:

$$K = K_0 \exp\left(-\frac{E}{RT}\right) \tag{1-6}$$

式中　K——阿累尼乌斯反应速率常数,$m^3/(s \cdot mol)$;

　　　E——反应物活化能,kJ/mol;

　　　R——普适气体常数,为 $8.314 \times 10^{-3} kJ/(mol \cdot K)$;

　　　T——温度,K;

　　　K_0——频率因子,$m^3/(s \cdot mol)$。

在式1-6中,相对于 $\exp\left(-\frac{E}{RT}\right)$,温度对 K_0 的影响可以忽略不计。

式1-6所表达的关系通常称为阿累尼乌斯定律,它不仅适用于基元反应,而且也适用于具有明确反应级数和速度常数的复杂反应。

将式1-6两边取对数,得:

$$\ln K = -\frac{E}{RT} + \ln K_0 \tag{1-7a}$$

或者

$$\lg K = -\frac{E}{2.303RT} + \lg K_0 \tag{1-7b}$$

由式1-7a和式1-7b可以看出:$\ln K$ 或 $\lg K$ 对 $1/T$ 作图可得到一条直线,由其斜率可求 E,由其截距可求 K_0。

根据质量作用定律和阿累尼乌斯定律,可得出基元反应的速度方程,即:

$$v = K_0 C_A^a C_B^b \exp\left(-\frac{E}{RT}\right) \qquad (1\text{-}8)$$

1.2.4　燃烧反应速度方程

假定在燃烧反应中，可燃物的浓度为 C_F，反应系数为 x；助燃物（主要指空气）的浓度为 C_{ox}，反应系数为 y；频率因子为 K_{0s}；活化能为 E_s；反应温度为 T_s。这样，仿照式1-8可写出燃烧反应速度方程，即：

$$v_s = K_{0s} C_F^x C_{ox}^y \exp\left(-\frac{E_s}{RT_s}\right) \qquad (1\text{-}9)$$

在处理某些燃烧问题时，常假定反应物的浓度为常数，因此各种物质的浓度比也为常数，一种物质的浓度可由另一种物质的浓度来表示。例如在式1-9中，设 $C_{ox} = mC_F$，m 为常数，且反应级数为 n，即 $n = x + y$，这样式1-9可表示为：

$$v_s = K_{ns} C_F^n \exp\left(-\frac{E_s}{RT_s}\right) \qquad (1\text{-}10)$$

式中，$K_{ns} = m^y K_{0s}$。

对于大多数的碳氢化合物的燃烧反应，反应级数都近似等于2，且 $x = y = 1$，因此，燃烧反应速度方程可写为：

$$v_s = K_{0s} C_F C_{ox} \exp\left(-\frac{E_s}{RT_s}\right) \qquad (1\text{-}11)$$

假定反应物的浓度为常数（反应级数都近似等于2），根据式1-10，燃烧反应速度方程可写为：

$$v_s = K_{ns} C_F^2 \exp\left(-\frac{E_s}{RT_s}\right) \qquad (1\text{-}12)$$

在实际工作中，用质量相对浓度表示物质的浓度时，使用起来比较方便。这样，式1-11可表示为如下常见形式：

$$v_s = K_{0s}' \rho_\infty^2 f_F f_{ox} \exp\left(-\frac{E_s}{RT_s}\right) \qquad (1\text{-}13)$$

式1-12可表示为如下形式：

$$v_s = K_{ns}' \rho_\infty^2 f_F^2 \exp\left(-\frac{E_s}{RT_s}\right) \qquad (1\text{-}14)$$

式1-13的推导过程为：假定可燃物和助燃物的摩尔质量分别为 M_F、M_{ox}，质量浓度分别为 ρ_F、ρ_{ox}；燃烧反应过程的总质量浓度为 ρ_∞；可燃物和助燃物的质量相对浓度分别为 f_F、f_{ox}。根据质量浓度和摩尔浓度之间的关系，有：

$$C_F = \frac{\rho_F}{M_F}, \; C_{ox} = \frac{\rho_{ox}}{M_{ox}}$$

而

$$f_F = \frac{\rho_F}{\rho_\infty}, f_{ox} = \frac{\rho_{ox}}{\rho_\infty}$$

则

$$C_F = \frac{f_F \rho_\infty}{M_F}, C_{ox} = \frac{f_F \rho_\infty}{M_{ox}}$$

将此两式代入式 1-11，得：

$$v_s = K_{0s} \frac{1}{M_F} \cdot \frac{1}{M_{ox}} \rho_\infty^2 f_F f_{ox} \exp\left(-\frac{E_s}{RT_s}\right) \tag{1-15}$$

令 $K'_{0s} = K_{0s} \dfrac{1}{M_F} \cdot \dfrac{1}{M_{ox}}$，式 1-15 就变为式 1-13 的形式。

需要特别指出的是，由于燃烧反应都不是基元反应，而是复杂反应，因而都不严格服从质量作用定律和阿累尼乌斯定律，所以在上面的公式中，$K_{0s}(K'_{0s})$ 和 E_s，都不再具有直接的物理意义，它们只是由试验得出的表观数据。某些常见可燃烧物质的 K'_{0s} 和 E_s 值见表 1-2。

表 1-2　某些常见可燃烧物质的 K'_{0s} 和 E_s 值

物 质 名 称	$K'_{0s}/\text{mol} \cdot \text{s}^{-1}$	$E_s/\text{kJ} \cdot \text{mol}^{-1}$
丙烷 + 空气	2×10^{14}（387K）	129.58
甲烷 + 空气	2×10^{14}（558K）	121.22
丁烷 + 氧气	5.4×10^{13}（400K）	87.78
异辛烷 + 空气	5.4×10^{13}（400K）	16.72
正辛烷 + 空气	5.4×10^{13}（400K）	16.72
正己烷 + 空气	5.4×10^{13}（400K）	23.32
苯 + 空气	5.4×10^{13}（400K）	172.22
乙烯 + 空气	5.4×10^{13}（400K）	172.22
氨 + 氧气	5.4×10^{13}（400K）	206.91
氨 + 空气	1.6×10^{12}（313K）	41.80
氢 + 氧气	1.6×10^{12}（313K）	75.24
氢 + 氟	1.6×10^{12}（313K）	209.00

上述燃烧反应速度方程式是根据气态物质推导出来的近似公式，从式 1-13 中可以得出一些有用结论。如在火灾现场，可燃物和氧气的浓度越低，燃烧反应速度越慢；火灾现场温度越低，燃烧反应速度越慢，这是冷却灭火法的依据；可燃物反应时活化能（用来破坏反应物分子内部化学键所需要的能量）越高，燃烧反应速度越慢等。

相对于气态可燃物而言，液态和固态可燃物的燃烧反应过程更加复杂，这是因为其中伴有蒸发、熔融、裂解等现象。因此，质量作用定律和阿累尼乌斯定律用于描述这两类物质的燃烧反应，与实际情况相差就很远了。液态和固态可燃物的燃烧反应速度不能用上述方程来表达，而要采用其他的表达形式。

1.3　燃烧空气量的计算

众所周知，空气中含有近 21%（体积分数）的氧气，一般可燃物在其中遇点火源就能燃烧。空气量或者氧气量不足时，可燃物就不能燃烧或者正在进行的燃烧将会逐渐熄灭。空气需要量作为燃烧反应的基本参数，表示一定量可燃物燃烧所需要的空气质量或者体积，其计算是在可燃物完全燃烧的条件下进行的。

1.3.1　理论空气量

理论空气量是指单位量的燃料完全燃烧所需要的最少的空气量，通常也称为理论空气需要量（常用 L_0 表示）。此时，燃料中的可燃物与空气中的氧完全反应，得到完全的氧化产物。

1.3.1.1　固体和液体可燃物的理论空气需要量

一般情况下，对于固体和液体可燃物，习惯上用质量分数表示其组成，其成分为：

$$w(C) + w(H) + w(O) + w(N) + w(S) + w(A) + w(W) = 100\%$$

式中，$w(C)$，$w(H)$，$w(O)$，$w(N)$，$w(S)$，$w(A)$，$w(W)$ 分别为可燃物中碳、氢、氧、氮、硫、灰分和水分的质量分数，其中，碳、氢和硫是可燃成分；氮、灰分和水分是不可燃成分；氧是助燃成分。

计算理论空气量，应该首先计算燃料中可燃元素（碳、氢、硫等）完全燃烧所需要的氧气量。因此，要依据这些元素完全燃烧的计量方程式计算。

按照完全燃烧的化学反应式，碳燃烧时的数量关系为：

$$C + O_2 =\!=\!= CO_2$$

相对分子质量　　　　　　　　12　　32　　　　44

即 1kg C 完全燃烧时需要的 O_2 量为 8/3kg。同理，1kg H_2 完全燃烧需要的 O_2 量为 8kg，1kg S 完全燃烧需要的 O_2 量为 1kg。

单位质量 C、H 和 S 完全燃烧时需要的氧气量（kg/kg）为：

$$G_{0,O_2} = \frac{8}{3}w(C)$$

$$G_{0,O_2} = 8w(H)$$

$$G_{0,O_2} = w(S)$$

综上所述，单位质量的可燃物完全燃烧时需要的氧气量为：

$$G_{0,O_2} = \frac{8}{3}w(C) + 8w(H) + w(S) - w(O) \tag{1-16}$$

假定计算中涉及的气体是理想气体，即 1kmol 气体在标准状态（273K，101.325kPa）下的体积为 22.4m³。那么，单位质量的燃料完全燃烧所需氧气的体积（m³/kg）为：

$$V_{0,O_2} = \frac{G_{0,O_2}}{32} \times 22.4$$

$$= 0.7 \times \left(\frac{8}{3}w(C) + 8w(H) + w(S) - w(O) \right) \tag{1-17}$$

因此，单位质量可燃物完全燃烧时所需空气量的体积（m³/kg）为：

$$V_{0,air} = \frac{V_{0,O_2}}{0.21}$$

$$= \frac{0.7}{0.21} \times \left(\frac{8}{3}w(C) + 8w(H) + w(S) - w(O) \right) \tag{1-18}$$

【例 1-1】 求 4kg 木材完全燃烧所需要的理论空气量。已知木材组分的质量分数为：$w(C)$ 43%，$w(H)$ 7%，$w(O)$ 41%，$w(N)$ 2%，$w(W)$ 6%，$w(A)$ 1%。

解　依据式 1-17，燃烧 1kg 此木材所需理论氧气体积为：

$$V_{0,O_2} = 0.7 \times \left(\frac{8}{3} \times 43\% + 8 \times 7\% - 41\% \right) = 0.91 \quad (m^3)$$

因此，燃烧4kg此木材所需理论空气体积为：

$$V_{0,air} = \frac{0.91}{0.21} \times 4 = 17.33 \quad (m^3)$$

即4kg木材完全燃烧所需要的理论空气量为17.33m^3。

1.3.1.2　气体可燃物的理论空气量

对于气体可燃物，习惯上用体积分数表示其组成，其成分为：

$$\varphi(CO) + \varphi(H_2) + \Sigma\varphi(C_nH_m) + \varphi(H_2S) +$$
$$\varphi(CO_2) + \varphi(O_2) + \varphi(N_2) + \varphi(H_2O) = 100\% \tag{1-19}$$

式中，$\varphi(CO)$，$\varphi(H_2)$，$\varphi(C_nH_m)$，$\varphi(H_2S)$，$\varphi(CO_2)$，$\varphi(O_2)$，$\varphi(N_2)$，$\varphi(H_2O)$分别为气态可燃物中各相应成分的体积分数。

C_nH_m表示碳氢化合物的通式，它可能是CH_4、C_2H_2、C_2H_4等可燃气体。

可燃物完全燃烧的反应方程式为：

$$\left. \begin{array}{l} CO + \dfrac{1}{2}O_2 \Longrightarrow CO_2 \\[2mm] H_2 + \dfrac{1}{2}O_2 \Longrightarrow H_2O \\[2mm] H_2S + \dfrac{3}{2}O_2 \Longrightarrow H_2O + SO_2 \\[2mm] C_nH_m + \left(n + \dfrac{m}{4}\right)O_2 \Longrightarrow nCO_2 + \dfrac{m}{2}H_2O \end{array} \right\} \tag{1-20}$$

从式1-20可以得出：完全燃烧1mol的CO需要1/2mol的O_2，根据理想气体状态方程，燃烧1m^3的CO则需要1/2m^3 O_2。同理，完全燃烧1m^3 H_2、H_2S和C_nH_m分别需要1/2m^3、3/2m^3和$(n + m/4)$ m^3的O_2，因此，1m^3可燃物完全燃烧时需要的氧气体积为：

$$V_{0,O_2} = \frac{1}{2}\varphi(CO) + \frac{1}{2}\varphi(H_2) + \frac{3}{2}\varphi(H_2S) +$$
$$\sum\left(n + \frac{m}{4}\right)\varphi(C_nH_m) - \varphi(O_2) \tag{1-21a}$$

1m^3可燃物完全燃烧的理论空气体积需要量为：

$$V_{0,air} = \frac{V_{0,O_2}}{0.21}$$

$$= 4.76 \times \left[\frac{1}{2}\varphi(CO) + \frac{1}{2}\varphi(H_2) + \frac{3}{2}\varphi(H_2S) + \right.$$
$$\left. \sum\left(n + \frac{m}{4}\right)\varphi(C_nH_m) - \varphi(O_2) \right] \tag{1-21b}$$

【例1-2】　求1m^3焦炉煤气燃烧所需要的理论空气量。已知焦炉煤气的组成（体积分数）为：$\varphi(CO)$ 6.8%，$\varphi(H_2)$ 57%，$\varphi(CH_4)$ 22.5%，$\varphi(C_2H_4)$ 3.7%，$\varphi(CO_2)$ 2.3%，$\varphi(N_2)$ 4.7%，$\varphi(H_2O)$ 3%。

解 由碳氢化合物通式得：

$$\sum \left(n + \frac{m}{4} \right) \varphi(C_nH_m) = \left(1 + \frac{4}{4} \right) \times 22.5 + \left(2 + \frac{4}{4} \right) \times 3.7 = 56.1$$

完全燃烧 $1m^3$ 这种煤气所需理论空气体积为：

$$V_{0,air} = 4.76 \times \left(\frac{1}{2} \times 6.8 + \frac{1}{2} \times 57 + 56.1 \right) \times 10^{-2} = 4.19 \quad (m^3)$$

即 $1m^3$ 焦炉煤气燃烧所需要的理论空气量为 $4.19m^3$。

1.3.2 实际空气量和过量空气系数

在实际燃烧过程中，供应的空气量（$V_{\alpha,air}$）往往不等于燃烧所需要的理论空气量（$V_{0,air}$）。实际供给的空气量与燃烧所需要的理论空气量的比值称为过量空气系数 α，即：

$$V_{\alpha,air} = \alpha V_{0,air} \tag{1-22a}$$

对于燃烧 $1kg$ 的燃料，过量空气系数通常表示为：

$$\alpha = \frac{L}{L_0} \tag{1-22b}$$

式中，L_0，L 分别为燃烧 $1kg$ 燃料所需要的理论空气量和 $1kg$ 燃料燃烧实际供给的空气量。

因此，实际空气需要量与理论空气需要量的关系为：

$$L = \alpha L_0 \tag{1-23}$$

α 值一般在 $1 \sim 2$ 之间，各态物质完全燃烧时的经验值为：气态可燃物 α 为 $1.02 \sim 1.2$；液态可燃物 α 为 $1.1 \sim 1.3$；固态可燃物 α 为 $1.3 \sim 1.7$。常见可燃物燃烧所需空气量见表 1-3。

表 1-3 常见可燃物燃烧所需空气量

物质名称	1m³ 可燃物燃烧所需空气量		物质名称	1m³ 可燃物燃烧所需空气量	
	体积/m³	质量/kg		体积/m³	质量/kg
乙炔	11.9	15.4	丙酮	7.53	9.45
氢	2.38	3.00	苯	10.25	13.20
一氧化碳	2.38	3.00	甲苯	10.30	13.30
甲烷	9.52	21.30	石油	10.80	14.00
丙烷	23.8	30.60	汽油	11.10	14.35
丁烷	30.94	40.00	煤油	11.50	14.87
水煤气	2.20	2.84	木材	4.60	5.84
焦炉气	3.68	4.76	干泥煤	5.80	7.50
乙烯	14.28	18.46	硫	3.33	4.30
丙烯	21.42	27.70	磷	4.30	5.56
丁烯	28.56	36.93	钾	0.70	0.90
硫化氢	7.14	9.23	萘	10.00	12.93

当 $\alpha = 1$ 时，表示实际供给的空气量等于理论空气量。从理论上讲，此时燃料中的可燃物质可以全部氧化，燃料与氧化剂的配比符合化学反应方程式的当量关系。此时的燃料与空气量之比称为化学当量比。

当 $\alpha > 1$ 时，表示实际供给的空气量多于理论空气量。在实际的燃烧装置中，绝大多数情况下均采用这种供气方式，因为这样既可以节省燃料，也具有其他的有益作用。

无论 $\alpha = 1$ 还是 $\alpha > 1$，燃料的燃烧都是完全燃烧的，其主要的区别在于燃烧以后所形成的产物成分比例不同。当 $\alpha > 1$ 时，燃料与氧化剂反应完成以后，产物中还残留有部分未参加反应的氧化剂，这在分析燃烧产物时应该注意。

当 $\alpha < 1$ 时，表示实际供给的空气量少于理论空气量。这种燃烧过程不可能是完全的，燃烧产物中尚剩余可燃物质，而氧气却消耗完毕，这样势必造成燃料浪费。但是，在某些情况下，如点火时，为使点燃成功，往往多供应燃料。一般情况下，应当避免 $\alpha < 1$ 的情况。

综上所述，过量空气系数 α 是表明在由液体或者气体燃料与空气组成的可燃混合气中燃料和空气比的参数，其数值对于燃烧过程有很大影响，α 过大或者过小都不利于燃烧的进行。

1.3.3 燃料空气比与过量燃料系数

在实际燃烧过程中，表示燃料与空气在可燃混合气中组成比例的参数，除了过量空气系数 α 外，还有燃料空气比 f 和过量燃料系数 β。

1.3.3.1 燃料空气比 f

燃料空气比是在燃烧过程中实际供给的燃料量与空气量之比，即：

$$f = \frac{燃料量}{空气量} \tag{1-24}$$

它表明 1kg 空气中实际含有的燃料千克数。这一参数常用于由液体燃料形成的可燃混合气，习惯称为"油气比"。根据燃料空气比的定义，可得到它与过量空气系数 α 的关系为：

$$f = \frac{1}{\alpha L_0} \tag{1-25}$$

对于一定燃料来说，L_0 是确定的值，因而 f 和 α 成反比。当 $\alpha = 1$ 时，油气比 $f = 1/L_0$。一般烃类液体燃料，如汽油、柴油、重油和煤油等的理论空气量 L_0 约为 $13 \sim 14\mathrm{kg}$，所以，当 $\alpha = 1$ 时，其相应的油气比为 $\frac{1}{14} \sim \frac{1}{13}$。

1.3.3.2 过量燃料系数 β

过量燃料系数 β 是指实际燃料供给量与理论燃料供给量之比。而理论燃料量指为使 1kg 空气能够完全燃烧所消耗的最大燃料量，它是理论空气量的倒数，即：

$$理论燃料量 = \frac{1}{L_0} \tag{1-26}$$

可以看出，实际空气量的倒数 $1/(\alpha L_0)$ 就是实际燃料量，即燃烧消耗 1kg 空气时实际供给的燃料量。因此，过量燃料系数 β 为：

$$\beta = \frac{1/(\alpha L_0)}{1/L_0} = \frac{1}{\alpha} \tag{1-27}$$

显然，过量燃料系数 β 与过量空气系数 α 互成倒数。某些燃气热力性质数据是以过量燃料系数 β 作变量列出的。

1.4　燃烧产物及其计算

生成新物质是燃烧反应的基本特征之一。燃烧产物是燃烧反应的新生成物质，它的危害作用很大。关于燃烧产物的计算，主要包括产物量计算、产物百分组成计算及产物密度计算等。而燃烧产物的组成和生成量不仅与燃烧的完全程度有关，而且与过量空气系数 α 有关，因此，应该根据具体情况分为完全燃烧和不完全燃烧两种情况分别进行讨论。

1.4.1　燃烧产物的组成及其毒害作用

1.4.1.1　燃烧产物的组成

由于燃烧而生成的气体、液体和固体物质，称为燃烧产物，它有完全燃烧产物和不完全燃烧产物之分。可燃物中 C 变成 CO_2（气）、H 变成 H_2O（液）、S 变成 SO_2（气）、N 变成 N_2（气），燃烧产物 CO_2、H_2O、SO_2、N_2 是完全燃烧产物；而 CO、NH_3、醇类、酮类、醛类、醚类等是不完全燃烧产物。

燃烧产物主要以气态形式存在，其成分主要取决于可燃物的组成和燃烧条件。大部分可燃物属于有机化合物，它们主要由碳、氢、氧、氮、硫、磷等元素组成。在空气充足的条件下，燃烧产物主要是完全燃烧产物，不完全燃烧产物量很少；如果空气不足或温度较低，不完全燃烧产物量相对增多。

氮在一般条件下不参加燃烧反应，而是呈游离状态（N_2）析出，但在特定条件下，氮也能被氧化生成 NO 或与一些中间产物结合生成 CN 和 HCN 等。

建筑火灾中常见的可燃物及其燃烧产物见表 1-4。

表 1-4　建筑火灾中常见的可燃物及其燃烧产物

可　燃　物	燃烧产物
所有含碳类可燃物	CO_2、CO
聚氨酯、硝化纤维等	NO、NO_2
硫及含硫类（橡胶）可燃物	SO_2、S_2O_3
人造丝、橡胶、二硫化碳等	H_2S
磷类物质	P_2O_5、PH_3
聚氯乙烯、氟塑料等	HF、HCl、Cl_2
尼龙、三聚腈、氨塑料等	NH_3、HCN
聚苯乙烯	苯
羊毛、人造丝等	羧酸类（甲酸、乙酸、己酸）
木材、酚醛树脂、聚酯	醛类、酮类
高分子材料热分解	烃类（CH_4、C_2H_2、C_2H_4 等）

在燃烧产物中，有一类特殊的物质，这就是烟。它是由燃烧或热解作用产生的，它悬浮于大气中，能被人们看到。烟的主要成分是一些极小的炭黑粒子，其直径一般在 $10^{-7} \sim 10^{-5}$ m 之间，大直径的粒子容易从烟中落下来成为烟尘或炭黑。

炭粒子的形成过程十分复杂。例如碳氢可燃物在燃烧过程中，会因受热裂解产生一系列中间产物，中间产物还会进一步裂解成更小的"碎片"，这些小"碎片"会发生脱氢、聚合、环化等反应，最后形成石墨化炭粒子，构成了烟。

炭粒子的形成受氧气供给情况、可燃物分子结构及其分子中碳氢比值等因素的影响。氧气供给充分，可燃物中的碳主要与氧反应生成 CO_2 或 CO，炭粒子生成少，甚至不生成炭粒子；芳香族有机物属于环状结构，它们的生炭能力比直链的脂肪族有机物要高；可燃物分子中碳氢比值大的生炭能力强。

1.4.1.2 燃烧产物的毒害作用

在火场上，燃烧产物的存在具有极大的毒害作用，主要体现在如下几个方面。

A 缺氧、窒息作用

在火灾现场，由于可燃物燃烧消耗空气中的氧气，使空气中氧含量大大低于人们生理正常所需的数值，从而给人体造成危害。氧含量下降对人体的危害见表1-5。

表1-5 氧含量下降对人体的危害

氧含量/%	对人体的危害情况
12 ~ 16	呼吸和脉搏加快，引起头疼
9 ~ 14	判断力下降，全身虚脱，发绀
6 ~ 10	意识不清，引起痉挛，6~8min 死亡
<6	5min 致死

CO_2 是许多可燃物燃烧的主要产物。在空气中，CO_2 含量过高会刺激呼吸系统，引起呼吸加快，从而产生窒息作用。CO_2 对人体的影响见表1-6。

表1-6 CO_2 对人体的影响

CO_2 含量/%	对人体的危害情况
1 ~ 2	有不适感
3	呼吸中枢受刺激，呼吸加快，脉搏加快，血压上升
4	头疼、晕眩、耳鸣、心悸
5	呼吸困难，30min 产生中毒症状
6	呼吸急促，呈困难状态
7 ~ 10	数分钟意识不清，出现紫斑，死亡

B 毒性、刺激性及腐蚀性作用

燃烧产物中含有多种有毒性和刺激性的气体，在着火的房间等场所，这些气体的含量极易超过人们生理正常所允许的最低含量，从而造成中毒或刺激性危害。另外，有的产物本身或其水溶液具有较强的腐蚀性作用，会造成人体组织坏死或化学灼伤等危害。下面介绍几种典型产物的毒害作用。

a 一氧化碳（CO）

这是一种毒性很大的气体，火灾中 CO 引起的中毒死亡占很大比例。这是由于它能从血液的氧血红素里取代氧而与血红素结合生成羟基化合物，从而使血液失去输氧功能。CO 对人体的影响见表 1-7。

表 1-7　CO 对人体的影响

CO 含量/%	对人体的影响情况
0.04	2～3h 有轻度前头疼
0.08	1～2h 内前头疼、呕吐，2.5～3h 内后头疼
0.16	45min 内头疼、眩晕、呕吐、痉挛，2h 失明
0.32	20min 内头疼、眩晕、呕吐、痉挛，10～15min 致死
0.64	1～2min 头疼、眩晕、呕吐、痉挛，10～15min 致死
1.28	1～3min 致死

　b　二氧化硫（SO_2）

这是一种含硫可燃物（如橡胶）燃烧时释放出的产物。SO_2 有毒，它是大气污染中危害较大的一种气体。它能刺激人的眼睛和呼吸道，引起咳嗽，甚至导致死亡。同时，SO_2 极易形成一种酸性的腐蚀性溶液。SO_2 对人体的影响见表 1-8。

表 1-8　SO_2 对人体的影响

SO_2 含量/%	SO_2 质量浓度/mg·L^{-1}	对人体的影响情况
0.0005	0.0146	长时间作用无危险
0.001～0.002	0.029～0.058	气管感到刺激，咳嗽
0.005～0.01	0.146～0.293	1h 无直接危险
0.05	1.46	短时间有生命危险

　c　氯化氢（HCl）

HCl 是一种具有较强毒性和刺激性的气体。由于它能吸收空气中的水分成为酸雾，具有较强的腐蚀性，在含量较高的场合会强烈刺激人的眼睛，引起呼吸道发炎和肺水肿。HCl 对人体的影响见表 1-9。

表 1-9　HCl 对人体的影响

HCl 含量/%	对人体的影响情况
$0.5 \times 10^{-4} \sim 1 \times 10^{-4}$	有轻度刺激性
5×10^{-4}	对鼻腔有刺激，伴有不快感
10×10^{-4}	对鼻腔有强烈刺激，不能忍受 30min 以上
35×10^{-4}	短时间对咽喉有刺激
50×10^{-4}	短时间忍受的临界含量
1000×10^{-4}	有生命危害

　d　氰化氢（HCN）

这是一种剧毒气体，主要是聚丙烯腈、尼龙、丝、毛发等蛋白质物质的燃烧产物。HCN 可以按任何比例与水混合形成剧毒的氢氰酸。HCN 对人体的影响见表 1-10。

表 1-10   HCN 对人体的影响

HCN 含量/%	对人体的影响情况
0.0018 ~ 0.0036	数小时后出现轻度中毒症状
0.0045 ~ 0.0054	耐受 0.5 ~ 1h 无大的伤害
0.0110 ~ 0.0125	0.5 ~ 1.1h 有生命危险或致死
0.0135	30min 致死
0.0181	10min 致死
0.0270	立即死亡

e   氮的氧化物

氮的氧化物主要有 NO 和 NO_2，是硝化纤维等含氮有机化合物的燃烧产物，硝酸和含硝酸盐类物质的爆炸产物中也含有 NO、NO_2 等。它们都是毒性和刺激性气体，能刺激呼吸系统，引起肺水肿，甚至死亡。氮的氧化物对人体的影响见表 1-11。

表 1-11   氮的氧化物对人体的影响

氮的氧化物含量/%	氮的氧化物的质量浓度/mg·L^{-1}	对人体的影响情况
0.004	0.019	长时间作用无明显反应
0.006	0.29	短时间气管感到刺激
0.01	0.48	短时间刺激气管、咳嗽，继续作用对生命有危险
0.025	1.20	短时间可迅速致死

此外，H_2S、P_2O_5、PH_3、Cl_2、HF、NH_3 等气体产物和苯、羟酸、醛类、酮类等液体产物以及烟尘粒子也都有一定的毒性、刺激性和腐蚀性。

C   高温气体的热损伤作用

人们对高温环境的忍耐性是有限的。有关资料表明，在 65℃ 时可短时忍受；在 120℃ 时短时间内将产生不可恢复的损伤；温度进一步提高，损伤时间更短。在着火房间内，高温气体可达数百度；在地下建筑物中，温度高达 1000℃ 以上。因此，高温气体对于人的热损伤作用是非常严重的。

1.4.2   完全燃烧时产物量的计算

当燃料完全燃烧时，烟气的组成及体积可由反应方程式并根据燃料的元素组成或者成分组成求得。计算中涉及的产物主要有 CO_2、H_2O、SO_2、N_2 和水蒸气，烟气生成量也是按单位量燃料来计算的。若燃烧不完全，则残存的产物中还有 O_2，则由上列物质组成的烟气体积为：

$$V_P = V_{CO_2} + V_{SO_2} + V_{N_2} + V_{H_2O} + V_{O_2} \qquad (1-28)$$

当过量空气系数 $\alpha = 1$ 时，烟气中不再有 O_2 存在，这种烟气量称为理论烟气量，用 $V_{0,P}$ 表示，因此，

$$V_{0,P} = V_{0,CO_2} + V_{0,SO_2} + V_{0,H_2O} + V_{0,N_2} \qquad (1-29)$$

式中，V_{0,N_2}，V_{0,H_2O} 分别为供应理论空气量（干空气）时，在完全燃烧后所得烟气中的理论氮气和理论水蒸气体积。

1.4.2.1　固体和液体燃料的燃烧烟气量的计算

A　二氧化碳和二氧化硫的体积计算

已知可燃物的成分为 $w(C) + w(H) + w(O) + w(N) + w(S) + w(A) + w(W) = 100\%$，按照完全燃烧的化学反应式，碳燃烧时的数量关系为：

$$C + O_2 \longrightarrow CO_2$$

相对分子质量　　　　　12　32　　44

由此可知，1kg 碳完全燃烧时能生成 $\frac{11}{3}$ kg 的 CO_2，标准状态下的体积为 $\frac{11}{3} \times \frac{22.4}{44} = \frac{22.4}{12}$（$m^3$），所以，1kg 可燃物完全燃烧时生成 CO_2 的体积（m^3）为：

$$V_{0,CO_2} = \frac{22.4}{12} \times w(C)$$

同理，1kg 可燃物完全燃烧时生成 SO_2 的体积（m^3）为：

$$V_{0,SO_2} = \frac{22.4}{32} \times w(S)$$

B　理论氮气的体积

理论氮气（m^3/kg）包括燃料含有的氮组分所生成的氮气和助燃空气带入的氮气两部分，即：

$$V_{0,N_2} = \frac{22.4}{28} \times w(N) + 0.79 V_{0,air}$$

式中，0.79 为氮气在干空气中所占的体积分数。

C　理论水蒸气的体积

这一部分由以下两部分组成：

（1）燃料中的氢完全燃烧所产生的水蒸气为：

$$V_{0,H_2O} = \frac{22.4}{2} \times w(H)$$

（2）燃料中含有的水分汽化后所产生的水蒸气为：

$$V_{0,H_2O} = \frac{22.4}{18} \times w(W)$$

将上面两部分相加，得烟气中的理论水蒸气量（m^3/kg）为：

$$V_{0,H_2O} = \frac{22.4}{2} \times w(H) + \frac{22.4}{18} \times w(W)$$

因此，得到理论烟气量为：

$$V_{0,P} = V_{0,CO_2} + V_{0,SO_2} + V_{0,H_2O} + V_{0,N_2}$$

$$= \left(\frac{w(C)}{12} + \frac{w(S)}{32} + \frac{w(H)}{2} + \frac{w(W)}{18} + \frac{w(N)}{28} \right) \times 22.4 + 0.79 V_{0,air}$$

一般情况下，燃料燃烧后所生成的烟气包括水蒸气，这种烟气称为"湿烟气"。把水分扣除后的烟气称为"干烟气"。于是，理论干烟气体积 $V_{0,yq}$ 又可写成：

$$V_{0,yq} = V_{0,CO_2} + V_{0,SO_2} + V_{0,N_2}$$

当过量空气系数 $\alpha > 1$ 时，燃烧过程中实际供应的空气量多于理论空气量，此时燃料的燃烧是完全的。所产生的烟气量除了理论烟气量之外，还要增加一部分过量的空气量以及随过量空气量带入的水蒸气量。水蒸气量通常按照空气温度下的饱和含湿量 d（单位：g/kg 干空气）计算即可。

过量空气量为：

$$\Delta V_{air} = (\alpha - 1) V_{0,air} \tag{1-30}$$

带入的水蒸气量（m^3/kg）为：

$$V'_{0,H_2O} = \dfrac{\dfrac{d}{1000} \times \dfrac{22.4}{18}}{\dfrac{1}{1.293}} V_{\alpha,air} = 0.00161 d V_{\alpha,air} \tag{1-31}$$

式中，1.293 为标准状态下，$T_0 = 273K$，$p_0 = 101.325kPa$ 时，组成成分正常的干空气的密度 ρ_0，取 $1.293kg/m^3$。

同样，在实际烟气中也可以把水蒸气体积扣除，得到的烟气量称为实际干烟气量，即：

$$V_{\alpha,yq} = V_{0,yq} + \Delta V_{air} = V_{0,CO_2} + V_{0,SO_2} + V_{\alpha,N_2} + \Delta V_{O_2} \tag{1-32}$$

$$V_{\alpha,N_2} = V_{0,N_2} + \Delta V_{N_2} = V_{0,N_2} + 0.79(\alpha - 1) V_{0,air}$$

$$\Delta V_{O_2} = 0.21(\alpha - 1) V_{0,air}$$

式中　V_{α,N_2}——烟气中的实际氮气体积；

　　　ΔV_{O_2}——烟气中的自由氧的体积。

于是，当 $\alpha > 1$ 时，实际干烟气量（m^3/kg）为：

$$V_{\alpha,yq} = V_{0,yq} + \Delta V_{air}$$
$$= \left(\dfrac{w(C)}{12} + \dfrac{w(S)}{32} + \dfrac{w(N)}{28} \right) \times 22.4 + 0.79 V_{0,air} + (\alpha - 1) V_{0,air} \tag{1-33}$$

这就是说，实际干烟气量等于理论干烟气量与多余空气量之和。

1.4.2.2　气体燃料燃烧烟气量的计算

对于气体可燃物其成分可表示为：

$$\varphi(CO) + \varphi(H_2) + \Sigma\varphi(C_nH_m) + \varphi(H_2S) + \varphi(CO_2) +$$
$$\varphi(O_2) + \varphi(N_2) + \varphi(H_2O) = 100\% \tag{1-34}$$

根据完全燃烧的化学反应方程式 1-20，每 $1m^3$ 可燃物燃烧生成的 CO_2、SO_2、H_2O 和 N_2 的体积分别为：

$$V_{0,CO_2} = \varphi(CO) + \varphi(CO_2) + \Sigma n\varphi(C_nH_m)$$

$$V_{0,SO_2} = \varphi(H_2S)$$

$$V_{0,H_2O} = \varphi(H_2) + \varphi(H_2O) + \varphi(H_2S) + \Sigma \frac{m}{2}\varphi(C_nH_m)$$

$$V_{0,N_2} = \varphi(N_2) + 0.79V_{0,air}$$

因此，燃烧产物的总体积为：

$$V_{0,P} = V_{0,CO_2} + V_{0,SO_2} + V_{0,H_2O} + V_{N_2}$$

$$= \varphi(CO) + \varphi(CO_2) + \varphi(H_2) + 2\varphi(H_2S) +$$

$$\varphi(H_2O) + \varphi(N_2) + \Sigma\left(n + \frac{m}{2}\right)\varphi(C_nH_m) + 0.79V_{0,air} \tag{1-35}$$

当过量空气系数 $\alpha > 1$ 时，则与固体和液体燃料的计算一样，除了理论空气量之外，还要加上过量空气量及由这部分空气带入的水蒸气量。

另外，气体燃料燃烧后的理论干烟气量和实际干烟气量的计算方法也与固体和液体燃料相同。

1.4.3　不完全燃烧时烟气量的计算

燃料的完全燃烧并不是有足够的氧气就可以了，而是以燃料和氧气完全混合为前提的。所以，在任何空气系数下都有可能发生不完全燃烧的情况。

（1）当过量空气系数 $\alpha > 1$ 时，也会出现由于燃烧设备不完善、燃料与空气混合不好等因素造成的不完全燃烧状态。因此，发生不完全燃烧后，燃烧产物中仍然会有可燃物和一些氧气。

不完全燃烧烟气中的可燃物质主要有 CO、H_2 和 CH_4，1mol 这几种可燃物质在空气中燃烧的反应方程式为：

$$CO + 0.5O_2 + 1.88N_2 =\!=\!= CO_2 + 1.88N_2$$

$$H_2 + 0.5O_2 + 1.88N_2 =\!=\!= H_2O + 1.88N_2$$

$$CH_4 + 2O_2 + 7.52N_2 =\!=\!= CO_2 + 2H_2O + 7.52N_2$$

通过以上反应式可以看出，在 $\alpha > 1$ 时，不完全燃烧烟气量比完全燃烧烟气量的体积增加了 $0.5V_{CO} + 0.5V_{H_2}$，即：

$$V_{\alpha,P}^b = V_{\alpha,P} + (0.5V_{CO} + 0.5V_{H_2}) \tag{1-36}$$

式中　$V_{\alpha,P}^b$——不完全燃烧烟气量；

　　　　$V_{\alpha,P}$——完全燃烧烟气量。

在计算不完全燃烧时的干烟气量时，还应当考虑水分生成量的减少，由以上反应式

$$V_{\alpha,yq}^b = V_{\alpha,yq} + (0.5V_{CO} + 1.5V_{H_2} + 2V_{CH_4}) \tag{1-37}$$

因此，在有过量空气存在的情况下，若发生不完全燃烧，烟气的体积将比完全燃烧情况下大，不完全燃烧程度越严重，烟气体积增加就越多。

（2）当过量空气系数 $\alpha < 1$ 时，不完全燃烧主要有两种情形：

1）燃料与空气混合均匀，且 O_2 全部消耗掉，烟气中留有 CO、H_2 和 CH_4 等成分。

由以上反应方程式可知，$1m^3$ 此燃料烟气生成量体积减少 $1.88V_{CO} + 1.88V_{H_2} + 9.52V_{CH_4}$。即：

$$V_{\alpha,P}^b = V_{0,P} - (1.88V_{CO} + 1.88V_{H_2} + 9.52V_{CH_4}) \qquad (1-38)$$

干烟气量为：

$$V_{\alpha,yq}^b = V_{0,yq} - (1.88V_{CO} + 0.88V_{H_2} + 7.52V_{CH_4}) \qquad (1-39)$$

因此，当 $\alpha < 1$ 且空气中的氧气全部消耗的情况下，烟气生成量有所减少，不完全燃烧程度越严重，烟气量减少越厉害。

2）氧气供应不足，且存在由于燃料与空气混合不好而造成的不完全燃烧，即烟气中还存在自由氧。设这部分氧气的体积为 V_{O_2}，折合空气量为 $V_{O_2}/0.21 = 4.76V_{O_2}$。当自由氧不为零时，生成的烟气量为：

$$V_{\alpha,P}^b = V_{0,P} - (1.88V_{CO} + 1.88V_{H_2} + 9.52V_{CH_4}) + 4.76V_{O_2} \qquad (1-40)$$

因此，实际烟气生成量变化要看 $(1.88V_{CO} + 0.88V_{H_2} + 7.52V_{CH_4})$ 与 $4.76V_{O_2}$ 之差。若为正值，则 $V_{0,P} > V_{\alpha,P}^b$；否则，$V_{0,P} < V_{\alpha,P}^b$。但在大多数情况下，剩余氧气量很少，因此，不完全燃烧时的烟气量有所减少。

1.5 燃烧热的计算

1.5.1 热容

热容是指在没有相变和化学反应的条件下，一定量的物质，温度每升高 1℃所需要的热量。如果该物质的量为 1mol，则此时的热容称为摩尔热容，简称热容，单位为 J/(mol·K)。如果该物质的量为 1kg，则此时的热容称为比热容，单位为 J/(kg·K)。

1.5.1.1 比定压热容、比定容热容

由于热是途径变量，与途径有关，同量的物质在恒压过程和恒容过程中升高 1℃所需要的热量是不相同的，因此，比定压热容和比定容热容的大小不同，现分别进行介绍。

A 比定压热容

在恒压条件下，一定量的物质温度升高 1℃所需的热量称为比定压热容，用 c_p 表示。假定 $n$mol 物质在恒压下由 T_1 升高到 T_2 所需要的热量为 Q_p，称为恒压热。则：

$$Q_p = n\int_{T_1}^{T_2} c_p dT \qquad (1-41)$$

物质在不同温度下每升高 1℃所需要的热量不同，因此比定压热容是温度的函数，函数形式为：

$$\left.\begin{array}{l} c_p = a + bT \\ c_p = a + bT + cT^2 \\ c_p = a + bT + cT^2 + dT^3 \\ c_p = a + bT + c'/T^2 \end{array}\right\} \qquad (1-42)$$

式中，a，b，c，c'，d 为由实验测定的特性常数。

某些气体的比定压热容与温度的关系见表1-12。

表1-12　某些气体的比定压热容与温度的关系（$c_p = a + bT + cT^2$）　J/(mol·K)

气体名称	a	$b \times 10^3$	$c \times 10^6$	温度范围/K
氧　气	28.17	6.297	-0.7494	273~3800
氮　气	27.32	6.226	-0.9502	273~3800
水蒸气	29.16	14.49	-2.022	273~3800
二氧化硫	25.76	57.91	-38.09	273~1800
一氧化碳	26.537	7.6831	-1.172	300~1500
二氧化碳	26.75	42.258	-14.25	300~1500
氢　气	26.88	4.347	-0.3265	273~3800
氨　气	27.550	25.627	-9.9006	273~1500
甲　烷	14.15	75.496	-17.99	298~1500

B　比定容热容

在恒容条件下，一定量的物质温度升高1℃所需的热量称为比定容热容，用 c_V 表示。

在恒压条件下，物质升温时，体积要膨胀，结果使物质对环境做功，内能也相应地多增加一些。因此，一定量的物质在同样温度下，升高1℃温度时，恒压过程比恒容过程需要多吸收热量，即 c_p 大于 c_V。

对理想气体：$c_p - c_V = R$。对固体和液体，因为升温时体积膨胀不大，所以 $c_p = c_V$。气体的比定压热容与比定容热容之比称为比热容比，用 γ 表示，即 $\gamma = c_p/c_V$。物质不同，比热容比 γ 值不同，空气的比热容比为1.4。

1.5.1.2　平均热容

A　平均比定压热容

在恒压条件下，一定量的物质从温度 T_1 升高到 T_2 时平均每升高1℃所需的热量称为平均比定压热容，用 $\bar{c}_p$ 表示。各种气体的平均比定压热容见表1-13。

表1-13　各种气体的平均比定压热容　kJ/(m³·K)

温度/K	空气	CO_2	H_2O	N_2	O_2	SO_2	CO	H_2	CH_4	C_2H_6
273	1.297	1.600	1.494	1.299	1.306	1.733	1.299	1.277	1.548	2.207
373	1.300	1.700	1.505	1.300	1.318	1.813	1.302	1.291	1.640	2.492
473	1.307	1.787	1.522	1.304	1.335	1.888	1.307	1.297	1.757	2.771
573	1.317	1.863	1.542	1.311	1.356	1.955	1.317	1.299	1.884	3.040
673	1.329	1.930	1.565	1.321	1.377	2.018	1.329	1.302	2.013	3.304
773	1.343	1.989	1.590	1.332	1.393	2.068	1.343	1.305	2.138	2.548
873	1.357	2.041	1.615	1.345	1.417	2.114	1.357	1.308	2.258	3.773
973	1.371	2.088	1.641	1.359	1.434	2.152	1.372	1.312	3.374	3.981
1073	1.384	2.131	1.668	1.372	1.465	2.181	1.386	1.317	2.491	4.176
1173	1.398	2.169	1.696	1.385	1.478	2.215	1.400	1.323	2.599	4.356

温度/K	空气	CO_2	H_2O	N_2	O_2	SO_2	CO	H_2	CH_4	C_2H_6
1273	1.410	2.204	1.723	1.397	1.478	2.236	1.413	1.329	2.696	4.524
1373	1.421	2.235	1.750	1.407	1.489	2.261	1.425	1.336	2.783	4.218
1473	1.433	2.264	1.777	1.420	1.501	2.278	1.436	1.343	2.859	4.819
1573	1.443	2.394	1.803	1.431	1.511		1.447	1.351		
1673	1.453	2.314	1.828	1.441	1.520		1.457	1.359		
1773	1.462	2.333	1.853	1.450	1.529		1.466	1.367		
1873	1.471	2.355	1.876	1.459	1.528		1.475	1.375		
1973	1.479	2.374	1.900	1.467	1.546		1.483	1.383		
2073	1.487	2.392	1.821	1.475	1.554		1.490	1.392		
2173	1.494	2.407	1.942	1.482	1.562		1.497	1.400		
2273	1.501	2.422	1.963	1.489	1.569		1.504	1.408		
2373	1.507	2.436	1.982	1.496	1.576		1.510	1.415		
2473	1.514	2.448	2.001	1.502	1.583		1.516	1.432		
2573	1.519	2.460	2.019	1.507	1.590		1.521	1.430		
2673	1.525	2.471	2.036	1.513	1.596		1.527	1.437		
2773	1.530	2.481	2.053	1.518	1.603		1.532	1.445		

用比定压热容与温度间的具体函数关系计算恒压热 Q_p 虽然比较精确，但是计算过程比较复杂。实际计算中，常采用平均比定压热容。其与比定压热容的关系为：

$$\bar{c}_p = \frac{\int_{T_1}^{T_2} c_p \mathrm{d}T}{T_2 - T_1} \tag{1-43}$$

因此 $$Q_p = n\bar{c}_p(T_2 - T_1) \quad \text{或} \quad Q_p = V\bar{c}_p(T_2 - T_1) \tag{1-44}$$

式中 n——物质的摩尔质量；

V——物质的摩尔体积。

B 平均比定容热容

在恒容条件下，一定量的物质从 t_1 升高到 t_2 时平均每升高 1℃所需要的热量，称为平均比定容热容，用 $\bar{c}_V$ 表示，单位为 J/(mol·K)。某些气体从 0℃上升到 $t(℃)$ 时平均比定容热容的计算式见表 1-14。

表 1-14 某些气体从 0℃上升到 $t(℃)$ 时平均比定容热容的计算式

气 体 名 称	$\bar{c}_V$/J·(mol·K)$^{-1}$
单原子气体（Ar、He，金属蒸气及其他）	20.84
双原子气体（N_2、O_2、H_2、CO、NO）	$20.8 + 0.00288t$
三原子气体（CO_2、SO_2）	$37.66 + 0.00243t$
H_2O、H_2S	$16.74 + 0.00900t$
四原子气体（NH_3 及其他）	$41.84 + 0.00188t$
五原子气体（CH_4 及其他）	$50.21 + 0.00188t$

1.5.2 燃烧热

1.5.2.1 生成热

化学反应中由稳定单质反应生成某化合物时的反应热，称为该化合物的生成热。在标准状态下，由稳定单质生成 1mol 某物质的恒压反应热，称为该物质的标准生成热，用 $\Delta H_{f,298}^{\ominus}$ 表示。某些物质的标准生成热见表 1-15。很明显，稳定单质的生成热都为零。

表 1-15　某些物质的标准生成热（101.325kPa、25℃）

名　称	分子式	状态	生成热 /kJ·mol^{-1}	名　称	分子式	状态	生成热 /kJ·mol^{-1}
一氧化碳	CO	气	-110.54	丙　烷	C_3H_8	气	-103.85
二氧化碳	CO_2	气	-393.51	正丁烷	C_4H_{10}	气	-124.73
甲　烷	CH_4	气	-74.85	异丁烷	C_4H_{10}	气	-131.59
乙　炔	C_2H_2	气	226.90	正戊烷	C_5H_{12}	气	-146.44
乙　烯	C_2H_4	气	52.55	正己烷	C_6H_{14}	气	-167.19
苯	C_6H_6	气	82.93	正庚烷	C_7H_{16}	气	-187.82
苯	C_6H_6	液	48.04	丙　烯	C_3H_6	气	20.42
辛　烷	C_8H_{18}	气	-208.45	甲　醛	CH_2O	气	-113.80
正辛烷	C_8H_{18}	液	-249.95	乙　醛	C_2H_4O	气	-166.36
正辛烷	C_8H_{18}	气	-208.45	甲　醇	CH_3OH	液	-238.57
氧化钙	CaO	晶体	-635.13	乙　醇	C_2H_6O	液	-277.65
碳酸钙	$CaCO_3$	晶体	-1211.27	甲　酸	CH_2O_2	液	-409.20
氧	O_2	气	0	乙　酸	$C_2H_4O_2$	液	-487.02
氮	N_2	气	0	乙二酸	CH_2O_4	固	-826.76
碳（石墨）	C	晶体	0	四氯化碳	CCl_4	液	-139.33
碳（钻石）	C	晶体	1.88	氨基乙酸	$C_2H_5O_2N$	固	-528.56
水	H_2O	气	-241.84	氨	NH_3	气	-41.02
水	H_2O	液	-285.85	溴化氢	HBr	气体	35.98
乙　烷	C_2H_6	气	-84.68	碘化氢	HI	气体	25.10

1.5.2.2 反应热

在化学反应过程中，系统在反应前后的化学组成发生变化，同时伴随着系统内能分配的变化。后者表现反应后生成物所含能量总和与反应物所含能量总和间的差异。此能量差值以热的形式向环境散发或者从环境吸收，这就是反应热。其值等于生成物焓的总和与反应物焓的总和之差。在标准状态下的反应热称为标准反应热，以 $\Delta H_{r,298}^{\ominus}$ 表示。

1.5.2.3 燃烧热

燃烧反应是可燃物和助燃物作用生成稳定产物的一种化学反应，此反应的反应热称为燃烧热。最常见的助燃物是氧气，在标准状态下，1mol 某物质完全燃烧时的恒压反应热，称为该物质的标准燃烧热，用 $\Delta H_{c,298}^{\ominus}$ 表示。某些物质的标准燃烧热见表 1-16。

表 1-16 某些物质的标准燃烧热(101.325kPa、25℃,产物 N_2、$H_2O(l)$ 和 CO_2)

名 称	分子式	状 态	燃烧热 /kJ·mol^{-1}	名 称	分子式	状 态	燃烧热 /kJ·mol^{-1}
碳(石墨)	C	固	-392.88	甲 醇	CH_3OH	液	-712.95
氢	H_2	气	-285.77	苯	C_6H_6	液	-3273.14
一氧化碳	CO	气	-282.84	环庚烷	C_7H_{14}	液	-4549.26
甲 烷	CH_4	气	-881.99	环戊烷	C_5H_{10}	液	-3278.59
乙 烷	C_2H_6	气	-1541.39	乙 酸	$C_2H_4O_2$	液	-876.13
丙 烷	C_3H_8	气	-2201.61	苯 酸	$C_7H_6O_2$	固	-3226.7
丁 烷	C_4H_{10}	液	-2870.64	乙基醋酸盐	$C_4H_8O_2$	液	-2246.39
戊 烷	C_5H_{12}	液	-3486.95	萘	$C_{10}H_8$	固	-5155.94
庚 烷	C_7H_{16}	液	-4811.18	蔗 糖	$C_{12}H_{22}O_{11}$	固	-5646.73
辛 烷	C_8H_{18}	液	-5450.50	茨 酮	$C_{10}H_{16}O$	固	-5903.62
十二烷	$C_{12}H_{26}$	液	-8132.43	甲 苯	C_7H_8	液	-3908.69
十六烷	$C_{16}H_{34}$	固	-1070.69	一甲苯	C_8H_9	液	-4567.67
乙 烯	C_2H_4	气	-1411.26	氨基甲酸乙酯	$C_5H_7NO_2$	固	-1661.88
乙 醇	C_2H_5OH	液	-1370.94	苯乙烯	C_8H_8	液	-4381.09

1.5.2.4　燃烧热的计算

在整个化学反应过程中保持恒压或恒容,且系统没有做任何非体积功时,化学反应热只取决于反应的开始和最终状态,与过程的具体途径无关,此规律称为盖斯定律,它是热化学中的一个很重要的定律。根据盖斯定律,任一反应的恒压反应热等于产物生成热之和减去反应物生成热之和,即:

$$Q_p = \Delta H = (\Sigma\varphi_i\Delta H^{\ominus}_{f,298,i})_{产物} - (\Sigma\varphi_i\Delta H^{\ominus}_{f,298,i})_{反应物} \qquad (1-45)$$

据式 1-45 可求物质的标准燃烧热,该式中 φ_i 是 i 组分在反应式中的系数。

气态混合物的燃烧热可用下式粗略计算,即:

$$\Delta H^{\ominus}_{c,m} = \Sigma\varphi_i\Delta H^{\ominus}_{c,m,i} \qquad (1-46)$$

式中　φ_i——混合物中 i 组分的体积分数,%;

$\Delta H^{\ominus}_{c,m,i}$——$i$ 组分的燃烧热,kJ/mol。

【例 1-3】　求乙醇在 25℃下的标准燃烧热。

解　乙醇燃烧反应式为:

$$C_2H_5OH(l) + 3O_2(g) \longrightarrow 2CO_2(g) + 3H_2O(l)$$

查表 1-15 得:

$$\Delta H^{\ominus}_{f,298,CO_2(g)} = -393.51 \text{ kJ/mol}$$

$$\Delta H^{\ominus}_{f,298,H_2O(l)} = -285.85 \text{ kJ/mol}$$

$$\Delta H^{\ominus}_{f,298,C_2H_5OH(l)} = -277.65 \text{ kJ/mol}$$

$$\Delta H^{\ominus}_{f,298,O_2(g)} = 0$$

根据式 1-45 得:

$$Q_p = \Delta H_{298}^{\ominus}$$

$$= [2 \times (-393.51) + 3 \times (-285.85)] -$$

$$[1 \times (-277.65) + 0]$$

$$= -1366.8 \quad (kJ/mol)$$

即根据标准燃烧热的定义，乙醇的标准燃烧热为 1366.8kJ/mol。

【例 1-4】　求焦炉煤气的标准燃烧热。焦炉煤气的体积分数组成为：$\varphi(CO)6.8\%$，$\varphi(H_2)57\%$，$\varphi(CH_4)22.5\%$，$\varphi(C_2H_4)3.7\%$，$\varphi(CO_2)2.3\%$，$\varphi(N_2)4.7\%$，$\varphi(H_2O)3\%$。

解　查表 1-16 得该煤气中各可燃组分的标准燃烧热分别为：

$$\Delta H_{c,298,CO(g)}^{\ominus} = -282.84 \; kJ/mol$$

$$\Delta H_{c,298,H_2(g)}^{\ominus} = -285.77 \; kJ/mol$$

$$\Delta H_{c,298,CH_4(g)}^{\ominus} = -881.99 \; kJ/mol$$

$$\Delta H_{c,298,C_2H_4(g)}^{\ominus} = -1411.26 \; kJ/mol$$

根据 1-46 得该种煤气的标准燃烧热为：

$$Q_p = \Delta H_{298}^{\ominus}$$

$$= -282.84 \times 0.068 - 285.77 \times 0.57 -$$

$$881.99 \times 0.225 - 1411.26 \times 0.037$$

$$= -432.79 \quad (kJ/mol)$$

即焦炉煤气的标准燃烧热为 432.79kJ/mol。

1.5.2.5　热值的计算

热值是燃烧热的另一种表示形式。热值是指单位质量或者单位体积的可燃物完全燃烧发出的热量，通常用 Q 表示。对于液体和固体可燃物，表示为质量热值 $Q_m(kJ/kg)$；对于气态可燃物，表示为体积热值 $Q_V(kJ/m^3)$。

某些物质燃烧放出的热量可用燃烧热表示，也可用热值表示，两者之间的换算关系为：

对液体和固体可燃物

$$Q_m = \frac{1000\Delta H_c}{M} \tag{1-47}$$

对气态可燃物

$$Q_V = \frac{1000\Delta H_c}{22.4} \tag{1-48}$$

式中　M——液体或者固体可燃物的摩尔质量，g/mol。

值得注意的是，如果可燃物中含有水分和氢元素，热值有高低之分。高热值 Q_h 是可燃物中的水和氢燃烧生成的水以液态存在时的热值，而低热值 Q_l 是可燃物中的水和氢燃烧生成的水以气态存在的热值。在研究火灾的燃烧中，常用低热值见表 1-17。

表 1-17 某些气体的低热值

可燃气体	分子式	低热值/kJ·m⁻³	可燃气体	分子式	低热值/kJ·m⁻³
氢 气	H_2	10780	正丁烷	$n\text{-}C_4H_{10}$	123495
一氧化碳	CO	12628	异丁烷	$j\text{-}C_4H_{10}$	122706
甲 烷	CH_4	35861	戊 烯	C_5H_{10}	148652
乙 炔	C_2H_2	56418	正戊烷	C_5H_{12}	156538
乙 烯	C_2H_4	50408	苯	C_6H_6	155576
乙 烷	C_2H_6	64317	丙 烷	C_3H_8	93128
丙 烯	C_3H_6	87559	硫化氢	H_2S	23354
丁 烯	C_4H_8	117548			

目前，对分子结构很复杂，摩尔质量很难确定的可燃物，如石油、煤炭、木材等，它们燃烧放出的热量一般只用热值表示，且通常用经验公式计算。最常用的是门捷列夫公式：

$$Q_h = 4.18 \times [81w(C) + 300w(H) - 26(w(O) - w(S))] \times 10^2 \tag{1-49}$$

$$Q_1 = Q_H - 6 \times (9w(H) + w(W)) \times 4.18 \times 10^2 \tag{1-50}$$

式中　$w(C)$，$w(H)$，$w(S)$，$w(W)$——分别为可燃物中碳、氢、硫和水的质量分数；

$w(O)$——可燃物中氧和氮的总质量分数。

【例 1-5】　求 4kg 木材燃烧的高、低热值。其组分为：$w(N)2\%$，$w(C)43\%$，$w(H)7\%$，$w(O)41\%$，$w(W)6\%$，$w(A)1\%$。

解　由式 1-49 得 1kg 木材燃烧的高低热值为：

$$Q_h = 4.18 \times [81w(C) + 300w(H) - 26(w(O) + w(N) - w(S))] \times 10^2$$

$$= 4.18 \times [81 \times 0.43 + 300 \times 0.07 - 26 \times (0.41 + 0.02 - 0)] \times 10^2$$

$$= 18663.7 \quad (kJ/kg)$$

$$Q_1 = Q_h - 6 \times (9w(H) + w(W)) \times 4.18 \times 10^2$$

$$= 18663.7 - 6 \times (9 \times 0.07 + 0.06) \times 4.18 \times 10^2$$

$$= 16933.19 \quad (kJ/kg)$$

则 4kg 木材燃烧的高热值为：$18881 \times 4 = 75524kJ$；低热值为：$17150 \times 4 = 68602kJ$。

1.6　燃烧温度的计算

1.6.1　燃烧温度的分类

可燃物燃烧产生的烟气所达到的温度称为可燃物的燃烧温度。在实际建筑火灾中，着火房间内高温气体可达数百度，在地下建筑物中，温度高达 1000℃以上。因此，研究火灾中烟气温度有重要实际意义。

根据不同条件进行分类，燃烧温度可分为理论燃烧温度、量热计燃烧温度、理论发热温度和实际燃烧温度。

如果燃烧是在绝热条件下进行完全燃烧，并且不考虑系统与外界的功交换，则这时得出的温度称为可燃物的理论燃烧温度。在理论燃烧温度基础上，如果不考虑燃烧产物的高温离解，则此时得出的温度称为量热计燃烧温度。如果燃烧是在过量空气系数 $\alpha = 1$ 的完全燃烧情况下进行的，并且可燃物和空气的初始温度均为 0℃，则此时得到的温度称为理论发热温度。在实际火灾中测定的温度称为实际燃烧温度。

从理论上说，在过量空气系数 $\alpha = 1$ 且完全燃烧情况下，燃烧温度最高；当过量空气系数 $\alpha < 1$ 时，由于燃料过剩，导致燃烧不完全，使燃料的化学能不能充分放出，从而使燃烧温度降低；当过量空气系数 $\alpha > 1$ 时，供给的空气量过多，燃料释放的热量基本上为确定值，因而燃烧温度也要降低。

1.6.2 燃烧温度的计算

根据热平衡理论，结合公式 $Q_p = n \int_{T_1}^{T_2} c_p \mathrm{d}T$，可得到理论燃烧温度的计算公式为：

$$Q_1 = \Sigma n_i \int_{298}^{T} c_{pi} \mathrm{d}T \tag{1-51}$$

式中 Q_1——可燃物质的低热值；

n_i——第 i 种产物的千摩尔数；

c_{pi}——第 i 种产物的比定压热容。

上述方法计算的结果比较精确，但是式 1-51 积分的结果为 3 次方程，因此，要想得到具体的解比较麻烦。为此，采用平均比定压热容 $\bar{c}_{pi}$ 计算，可得出求解燃烧温度的公式为：

$$Q_1 = \Sigma V_i \bar{c}_{pi} (T - 298) \tag{1-52a}$$

或

$$Q_1 = \Sigma V_i \bar{c}_{pi} (t - 25) \tag{1-52b}$$

式中 V_i——第 i 种产物的体积。

因为产物的平均比定压热容 $\bar{c}_{pi}$ 取决于温度，而理论燃烧温度 t 是未知数，所以 $\bar{c}_{pi}$ 也是未确定量。在具体计算时，通常先假定一个理论燃烧温度 t_1，从"平均比定压热容"表 1-13 中查出相应的 $\bar{c}_{pi}$，代入式 1-52b，求出相应的 Q_{11}；然后再假定第二个理论燃烧温度 t_2，求出相应的 $\bar{c}_{pi}$ 和 Q_{12}；最后用插值法求出理论燃烧温度 t，即：

$$t = t_1 + \frac{t_2 - t_1}{Q_{12} - Q_{11}} (Q_1 - Q_{11}) \tag{1-53}$$

为了计算方便，通常假定燃烧前可燃物和空气的初始温度为 0℃，则式 1-52b 变为：

$$Q_1 = \Sigma V_i \bar{c}_{pi} t \tag{1-54}$$

某些物质的燃烧温度见表 1-18。

表 1-18 某些物质的燃烧温度

物质名称	燃烧温度/℃	物质名称	燃烧温度/℃	物质名称	燃烧温度/℃
甲 烷	1800	丙 酮	1000	钠	1400
乙 烷	1895	乙 醚	2861	石 蜡	1427
丙 烷	1977	原 油	1100	一氧化碳	1680
丁 烷	1982	汽 油	1200	硫	1820
戊 烷	1977	煤 油	700~1030	二硫化碳	2195
己 烷	1965	重 油	1000	液化气	2110
苯	2032	烟 煤	1647	天然气	2020
甲 苯	2071	氢 气	2130	石油气	2120
乙 炔	2127	煤 气	1600~1850	磷	900
甲 醇	1100	木 材	1000~1177	氨	700
乙 醇	1180	镁	3000		

【例 1-6】 已知木材的组成（质量分数）为：$w(C)43\%$，$w(H)7\%$，$w(O)41\%$，$w(N)2\%$，$w(W)6\%$，$w(A)1\%$，试求其理论燃烧温度。

解 1kg 木材的燃烧产物中各种组分的生成量分别为：

$$V_{CO_2} = \frac{22.4}{12}w(C) = 0.803 \text{ m}^3$$

$$V_{H_2O} = \frac{22.4}{2}w(H) + \frac{22.4}{18}w(W) = \frac{22.4}{2} \times 0.07 + \frac{22.4}{18} \times 0.06 = 0.856 \text{ m}^3$$

$$V_{0,Air} = \frac{0.7}{0.21} \times \left(\frac{8}{3} \times w(C) + 8w(H) + w(S) - w(O) \right)$$

$$= \frac{0.7}{0.21} \times \left(\frac{8}{3} \times 0.43 + 8 \times 0.07 + 0 - 0.41 \right) = 4.322 \text{ m}^3$$

$$V_{N_2} = \frac{22.4}{28}w(N) + 0.79V_{0,air} = \frac{22.4}{28} \times 0.02 + 0.79 \times 4.322 = 3.431 \text{ m}^3$$

由式 1-49、式 1-50 可得：

$$Q_h = 4.18 \times [81 \times 0.43 + 300 \times 0.07 - 26 \times 0.41 + 0.02] \times 10^2$$

$$= 18664 \quad (kJ/kg)$$

$$Q_l = 18664 - 6 \times (9 \times 0.07 + 0.06) \times 4.18 \times 10^2$$

$$= 16933 \quad (kJ/kg)$$

即 1kg 木材的低热值为 16933kJ。

设 $t_1 = 1900℃$，从表 1-13 中查得 CO_2、H_2O 和 N_2 的平均比定压热容分别为：

$$\bar{c}_{pCO_2} = 2.407kJ/(m^3 \cdot K)，\bar{c}_{pH_2O} = 1.942kJ/(m^3 \cdot K)，$$

$$\bar{c}_{pN_2} = 1.482kJ/(m^3 \cdot K)$$

将以上数据代入式 1-54 得：

$$Q_{l1} = 1900 \times (0.803 \times 2.407 + 0.856 \times 1.942 + 3.433 \times 1.482)$$

$$= 16497 \quad (kJ)$$

因为 $Q_1 > Q_{l1}$，所以 $t > t_1$。再设 $t_2 = 2000℃$，从表 1-13 中查得相应的平均比定压热容分别为：

$$\bar{c}_{pCO_2} = 2.422 kJ/(m^3 \cdot K)，\bar{c}_{pH_2O} = 1.963 kJ/(m^3 \cdot K)，$$

$$\bar{c}_{pN_2} = 1.489 kJ/(m^3 \cdot K)$$

将以上数据代入式 1-54 得：

$$Q_{l2} = 2000 \times (0.803 \times 2.422 + 0.856 \times 1.963 + 3.433 \times 1.489)$$

$$= 17474 \quad (kJ)$$

因为 $Q_{l1} < Q_1 < Q_{l2}$，所以 $t_1 < t < t_2$，利用式 1-53 求得木材理论燃烧温度为：

$$t = 1900 + \frac{2000 - 1900}{17474 - 16497} \times (16933 - 16497) = 1945 \quad (℃)$$

即木材的理论燃烧温度为 1945℃。

习题与思考题

1-1 解释下列基本概念：

　　（1）燃烧；（2）火灾；（3）烟；（4）热容；（5）生成热；（6）标准燃烧热；（7）热值；（8）低热值。

1-2 燃烧的本质是什么，它有哪些特征？举例说明这些特征。

1-3 如何正确理解燃烧的条件？根据燃烧条件，可以提出哪些防火和灭火方法？

1-4 试求出在 $p = 101.325 kPa$、$T = 273K$ 下，1kg 苯（C_6H_6）完全燃烧所需要的理论空气量。

1-5 木材的组成（质量分数）为：$w(C)48\%$，$w(H)5\%$，$w(O)40\%$，$w(N)2\%$，$w(W)5\%$。试求在 151.988kPa（1.5atm）、30℃的条件下燃烧 5kg 这种木材的实际需要空气体积、实际烟气体积和烟气密度（空气过量系数取 1.5）。

1-6 已知煤气成分（体积分数）为：$\varphi(C_2H_4)4.8\%$，$\varphi(H_2)37.2\%$，$\varphi(CH_4)26.7\%$，$\varphi(C_3H_6)1.3\%$，$\varphi(CO)4.6\%$，$\varphi(CO_2)10.7\%$，$\varphi(N_2)12.7\%$，$\varphi(O_2)2.0\%$，假定 $p = 101.325 kPa$、$T = 273K$，空气处于干燥状态，问燃烧 $1m^3$ 煤气：

　　（1）理论空气量的体积（m^3）是多少？

　　（2）各种燃烧产物的体积（m^3）是多少？

　　（3）总燃烧产物的体积（m^3）是多少？

1-7 已知木材的组成（质量分数）为：$w(C)43\%$，$w(H)7\%$，$w(O)41\%$，$w(N)2\%$，$w(W)7\%$。求 5kg 木材在 25℃下燃烧的发热量。

1-8 在常压下，1000kg 甲烷由 260℃升温至 538℃所需的热量 Q_p 是多少？

2 燃烧与爆炸的物理基础

燃烧与爆炸中的另外一些过程就是传热和传质，这构成了燃烧与爆炸的物理基础。热科学的工程领域包括热力学和传热学，传热学的作用是利用可以预测能量传递速率的一些定律去补充热力学分析，这些附加的定律是以3种基本的传热方式为基础的，即导热、对流和辐射。

在热传导方面，法国物理学家毕奥于1804年得出的平壁导热实验结果是导热定律的最早表述。稍后，法国的傅里叶运用数理方法，更准确地把它表述为后来称为傅里叶定律的微分形式。

在热对流方面，牛顿于1701年在估算烧红铁棒的温度时，提出了被后人称为牛顿冷却定律的数学表达式，不过它并没有揭示出对流换热的机理。1904年德国物理学家普朗特的边界层理论和1915年努塞尔的因次分析，为从理论和实验上正确理解和定量研究对流换热奠定了基础。

在热辐射方面，1860年，基尔霍夫通过人造空腔模拟绝对黑体，论证了在相同温度下黑体的辐射率（黑度）最大，并指出物体的辐射率与同温度下该物体的吸收率相等，被后人称为基尔霍夫定律。1878年，斯忒藩由实验发现辐射率与绝对温度的4次方成正比的事实，1884年又为玻耳兹曼在理论上所证明，称为斯忒藩-玻耳兹曼定律，俗称4次方定律。1900年，普朗克在研究空腔黑体辐射时，得出了普朗克热辐射定律。这个定律不仅描述了黑体辐射与温度、频率的关系，还论证了维恩提出的黑体能量分布的位移定律。

2.1 热 传 导

由传热学可知，如果在物体内部存在着温度梯度，则热量就会从高温区向低温区转移，这就是热传导。导热主要是与固体相关的一种传热现象，虽然在液体中也有发生，然而却常常被对流所掩盖。固体以两种形式传导热能：自由电子迁移和晶格振动。对于良好的导电体，有大量的自由电子在晶格结构间运动，可将热能由高温区域传输到低温区域；对于绝缘物质，由于缺少自由电子，热量只能通过材料晶格的机械振动来传输，通常晶格振动传输的能量比自由电子传输的能量小。

2.1.1 傅里叶导热定律

热传导服从傅里叶定律，即：在不均匀温度场中，由于导热所形成的某地点的热流密度与该时刻同一地点的温度梯度成正比，在一维温度场中，其数学表达式为：

$$q_x = -k \frac{dT}{dx} \tag{2-1}$$

式中　q_x——热流通量，它是在单位时间经单位面积传递的热量，又称为热流密度，$J/(m^2 \cdot s)$；

dT/dx——沿 x 方向的温度梯度，K/m，负号表示热流方向与温度增加方向相反；

　　k——导热系数，W/(m·K)。

导热系数 k 表示物质的导热能力，即单位温度梯度时的热通量。不同的导热物质其导热系数不同，同种物质的导热系数也会因材料的结构、密度、湿度、温度等因素的变化而变化。

2.1.2　导热微分方程及其推导

物体在被加热或冷却过程中，各点的温度随时间而改变；在被周期性加热和冷却过程中，各点的温度变化也具有周期性。上述两种过程都属于非稳态导热过程。若使物体的一侧被加热而另一侧被冷却，并使物体中各空间点的温度不随时间变化，这就是稳态导热过程。

导热理论的任务是研究任一时刻物体中各点的温度变化规律，用数学表达式建立物体中的温度场并求解，即 $T = f(x, y, z, t)$。

导热微分方程就是描述物体中任一点的温度与其空间坐标和时间关系的方程。利用物体的边界条件和时间条件（一般为初始条件），对导热微分方程积分，便可求得该物体温度场的数学解。假设：

（1）所研究的物体是各向同性的连续介质。

（2）热导率、比热容和密度均为已知不变。

（3）物体内具有内热源；强度 $q_v(W/m^3)$；内热源均匀分布；q_v 表示单位体积的导热体在单位时间内放出的热量。

在导热体内取一微元体（如图 2-1 所示），当物体的微元体内有放热热源或吸热热源时，此微元体在 $d\tau$ 时间内的放热量为

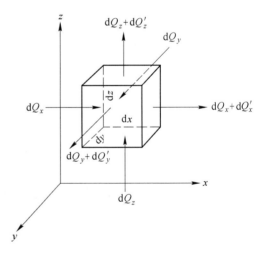

$$dQ' = q' \cdot dx \cdot dy \cdot dz \cdot d\tau \qquad (2-2)$$

式中，q' 为单位时间内单位体积的放热量，J/$(m^3 \cdot s)$，放热时 q' 为正，吸热时 q' 为负。

根据热力学第一定律：

$$\Delta U = Q + W \qquad (2-3)$$

式中，Q 为微元体与环境交换的热；U 为微元体热力学能（内能）的增量；W 为微元体与环境交换的功。

因 $W = 0$，所以 $Q = \Delta U$。Q 分别为：导入

图 2-1　导热体内微元体示意图

与导出净热量、内热源发热量。那么，$d\tau$ 时间内微元体中：

$$[导入与导出净热量] + [内热源发热量] = [热力学能的增加]$$

$$[1] \qquad + \qquad [2] \qquad = \qquad [3]$$

（1）导入与导出微元体的净热量。

$d\tau$ 时间内，沿 x 轴方向经 x 表面导入的热量：

$$dQ_x = q_x dydz \cdot d\tau$$

$d\tau$ 时间内，沿 x 轴方向经 $x + dx$ 表面导出的热量：

$$dQ_{x+dx} = q_{x+dx} dydz \cdot d\tau$$

$$q_{x+dx} = q_x + \frac{\partial q_x}{\partial x} dx$$

$d\tau$ 时间内，沿 x 轴方向导入与导出微元体净热量：

$$dQ_x - dQ_{x+dx} = -\frac{\partial q_x}{\partial x} dxdydz \cdot d\tau$$

$d\tau$ 时间内，沿 y 轴方向导入与导出微元体净热量：

$$dQ_y - dQ_{y+dy} = -\frac{\partial q_y}{\partial y} dxdydz \cdot d\tau$$

$d\tau$ 时间内，沿 z 轴方向导入与导出微元体净热量：

$$dQ_z - dQ_{z+dz} = -\frac{\partial q_z}{\partial z} dxdydz \cdot d\tau$$

导入与导出净热量：

$$[1] = -\left(\frac{\partial q_x}{\partial x} + \frac{\partial q_y}{\partial y} + \frac{\partial q_z}{\partial z}\right) dxdydz \cdot d\tau \tag{2-4}$$

根据傅里叶定律：

$$q_x = -k_x \frac{\partial t}{\partial x}$$

$$q_y = -k_y \frac{\partial t}{\partial y}$$

$$q_z = -k_z \frac{\partial t}{\partial z}$$

$$[1] = \left[\frac{\partial}{\partial x}\left(k_x \frac{\partial t}{\partial x}\right) + \frac{\partial}{\partial y}\left(k_y \frac{\partial t}{\partial y}\right) + \frac{\partial}{\partial z}\left(k_z \frac{\partial t}{\partial z}\right)\right] dxdydzd\tau \tag{2-5}$$

（2）微元体内热源的发热量。

$d\tau$ 时间内微元体中内热源的发热量：

$$[2] = q_v dxdydz \cdot d\tau \tag{2-6}$$

（3）微元体热力学能的增量。

$d\tau$ 时间内微元体中热力学能的增量：

$$[3] = mcdt = \rho dxdy \cdot c \cdot \frac{\partial t}{\partial \tau} dz \cdot d\tau$$

$$[3] = \rho c \frac{\partial t}{\partial \tau} \mathrm{d}x\mathrm{d}y\mathrm{d}z \cdot \mathrm{d}\tau \tag{2-7}$$

由式 [1] + [2] = [3] 可得导热微分方程、导热过程的能量方程为：

$$\rho c \frac{\partial t}{\partial \tau} = \left[\frac{\partial}{\partial x}\left(k_x \frac{\partial t}{\partial x} \right) + \frac{\partial}{\partial y}\left(k_y \frac{\partial t}{\partial y} \right) + \frac{\partial}{\partial z}\left(k_x \frac{\partial t}{\partial z} \right) \right] + q_v \tag{2-8}$$

式中，$\rho c \frac{\partial t}{\partial \tau}$ 为非稳态项；$\frac{\partial}{\partial x}\left(k_x \frac{\partial t}{\partial x} \right) + \frac{\partial}{\partial y}\left(k_y \frac{\partial t}{\partial y} \right) + \frac{\partial}{\partial z}\left(k_x \frac{\partial t}{\partial z} \right)$ 为扩散项；q_v 为源项。

该式为笛卡儿坐标系中三维非稳态导热微分方程的一般表达式，反映了物体的温度随时间和空间的变化关系。

若物性参数 k、c 和 ρ 均为常数，则式（2-7）可以简化为

$$\frac{\partial t}{\partial \tau} = \alpha \left[\frac{\partial t^2}{\partial x^2} + \frac{\partial t^2}{\partial y^2} + \frac{\partial t^2}{\partial z^2} \right] + \frac{q_v}{\rho c} \quad 或 \quad \frac{\partial t}{\partial \tau} = \alpha \nabla^2 t + \frac{q_v}{\rho c}$$

式中　$\partial = k/(\rho c)$——热扩散率，导温系数，m^2/s；

　　　　∇^2——拉普拉斯算子。

热扩散率 α 表征物体被加热或冷却时，物体内各部分温度趋向于均匀一致的能力，是反应导热过程动态特性，研究不稳态导热重要物理量。在同样加热条件下，物体的热扩散率越大，物体内部各处的温度差别越小。例如木材的热扩散率为 $1.5 \times 10^{-7}\,\mathrm{m}^2/\mathrm{s}$，铝的热扩散率为 $9.45 \times 10^{-5}\,\mathrm{m}^2/\mathrm{s}$。

热扩散率 α 反映了导热过程中材料的导热能力（k）与沿途物质储热能力（ρc）之间的关系。α 大的物体被加热时，各处温度能较快地趋于均匀一致。

各种情况下的导热微分方程为：

（1）均匀且各向同性的物体，具有内热源时，三维温度场的非稳态导热微分方程为：

$$\frac{\partial T}{\partial t} = \alpha \left(\frac{\partial^2 T}{\partial x^2} + \frac{\partial^2 T}{\partial y^2} + \frac{\partial^2 T}{\partial z^2} \right) + q'/(c\rho) \tag{2-9}$$

式中，$\alpha = k/(\rho c)$，称为热扩散系数，是一个物性参数，m^2/s；ρ 为密度；c 为比热容。

（2）无内热源时，三维温度场的非稳态导热微分方程为：

$$\frac{\partial T}{\partial t} = \alpha \left(\frac{\partial^2 T}{\partial x^2} + \frac{\partial^2 T}{\partial y^2} + \frac{\partial^2 T}{\partial z^2} \right) \tag{2-10}$$

（3）有内热源时，三维温度场的稳态导热微分方程为：

$$\alpha \left(\frac{\partial^2 T}{\partial x^2} + \frac{\partial^2 T}{\partial y^2} + \frac{\partial^2 T}{\partial z^2} \right) + q/(c\rho) = 0 \tag{2-11}$$

（4）无内热源时，三维温度场的稳态导热微分方程为：

$$\alpha \left(\frac{\partial^2 T}{\partial x^2} + \frac{\partial^2 T}{\partial y^2} + \frac{\partial^2 T}{\partial z^2} \right) = 0 \tag{2-12}$$

（5）无内热源时，一维温度场的非稳态导热微分方程为：

$$\frac{\partial T}{\partial t} = \alpha \frac{\partial^2 T}{\partial x^2} \qquad (2\text{-}13)$$

（6）无内热源时，一维温度场的稳态导热微分方程为：

$$\frac{\partial^2 T}{\partial x^2} = 0 \qquad (2\text{-}14)$$

这是最简单的导热微分方程。

热扩散系数 α 表征着物体在被加热或冷却时其内部各点温度趋于均匀一致的能力。α 大的物体被加热时，各处温度能较快地趋于均匀一致。

为求解导热微分方程，对非稳态导热问题，定解有两个条件：一个是给出初始时刻温度分布的初始条件；另一个是给出导热物体边界上温度或换热情况的边界条件。导热微分方程及定解条件构成了一个具体导热问题的完整的数学描述。但对于稳态导热问题，定解条件没有初始条件，只有边界条件。

常见的边界条件分为三类：给定边界上的温度值，称为第一类边界条件；给定边界上的热流密度值，称为第二类边界条件；给定边界上物体与周围流体间的换热系数及周围流体的温度，称为第三类边界条件。如图 2-2 所示。

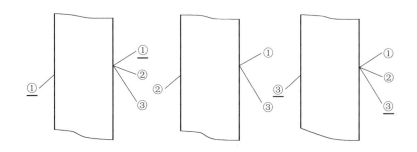

图 2-2　两侧面边界条件组合图
① —第一类边界条件；② —第二类边界条件；③ —第三类边界条件

最后需要说明的是导热微分方程的适用范围。对于一般的工程技术中发生的非稳态导热问题，热流密度一般不是很高，温度不是很低，并且过程的持续时间又足够长，所以傅里叶定律式和非稳态导热方程式是完全适用的。

非稳态导热问题的求解远比稳态导热复杂，所以在一般工程中，如果只是近似地估算导热量，可采用平均温度值，并按稳态导热问题来求解。通常情况下，如果没有特别指明为非稳态工况，一般所指的皆为稳态工况的传热问题。

2.1.3　非稳态导热

火灾是一种瞬变过程。不仅对于火灾的分析过程，如着火、蔓延等，而且对于火灾的总体过程，如建筑物对正在发展和充分发展火灾的响应等，都必须用非稳态的传热方程来描述。非稳态的导热基本方程是通过考虑热流经过一个微小体积元 $\mathrm{d}x\mathrm{d}y\mathrm{d}z$，并对之应用热量平衡原理得到的。对于一维问题，其微分形式为：

$$\frac{\partial^2 T}{\partial x^2} = \frac{1}{\alpha} \cdot \frac{\partial T}{\partial t} + \frac{q'}{k} \qquad (2\text{-}15)$$

式中　α——热扩散系数，m^2/s；

　　　q'——单位体积的热释放速率，$J/(m^2 \cdot s)$。

对于大多数问题，$q' = 0$；对于固体可燃物，q'可正可负，"正"表示放热，"负"表示水蒸发和热解。

式 2-15 可直接用于求解无限大平板和无限大固体的导热问题和一维非稳态导热问题的理论解。有些几何对称的问题可通过简单的坐标变换（如化为极坐标或柱坐标）而转化为一维问题来求解。如图 2-3 所示，考虑厚度为 $2L$、内部初始温度为 T_0 的无限大平板，两面暴露于 $T = T_\infty$ 的环境中，令 $\theta = T - T_\infty$，则式 2-15 可化为（无内热源的情况）：

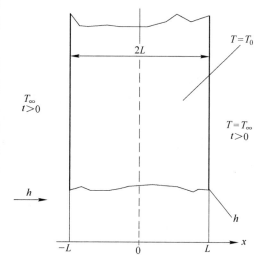

图 2-3　无限大平板的瞬态导热

$$\frac{\partial^2 \theta}{\partial x^2} = \frac{1}{\alpha} \cdot \frac{\partial \theta}{\partial t} \qquad (2\text{-}16)$$

初始条件：

$$\theta = \theta_0 = T_0 - T_\infty \quad (t = 0)$$

边界条件：

$$\frac{\partial \theta}{\partial x} = 0 \quad (x = 0)$$

$$\frac{\partial \theta}{\partial x} = h\theta/k \quad (x = \pm L, \text{对流边界条件})$$

其解为：

$$\frac{\theta}{\theta_0} = 2 \sum_{n=1}^{\infty} \frac{\sin\lambda_n L}{\lambda_n L + \sin(\lambda_n L)\cos(\lambda_n L)} \exp(-\lambda_n^2 \alpha t)\cos\lambda_n x \qquad (2\text{-}17)$$

式中，λ_n 为方程 $\cot(kL) = kL/Bi$ 中 k 的解，Bi 是毕渥数（hL/k）。从式 2-17 中可以看到，θ/θ_0 是毕渥数 Bi、傅里叶数 Fo 和 x/L 三个无量纲数的函数。

Bi 表示物体内部的传导热阻与物体表面的对流热阻之比；Fo 表示在给定时间 t 内，温度波近似穿透深度与物体特征尺寸之比；x/L 表示距中心线的距离。为了方便起见，通常将式 2-15 理论解的计算结果表示为曲线图，分别作出不同 x/L 情况下 θ/θ_0 随 Fo 和 Bi 的变化曲线，由此构成一系列计算图，这可在有关的传热学书籍中查到。

如果 Bi 很小，即对于导热系数很大而又很薄的板，与表面对流热阻相比，其内部导热热阻小到可以忽略不计，这就意味着固体内部温度近似趋于一致，一般在 $Bi < 0.1$ 时，固体内部温度梯度可以忽略，于是就可以用集总热容法近似地分析其导热过程。由 dt 时间内的能量平衡关系：

$$hA(T - T_\infty) = -\rho Vc \frac{dT}{d\tau}$$

$$hA(T - T_\infty)\mathrm{d}\tau = -\rho Vc\mathrm{d}T$$

$$hA(T - T_\infty)\mathrm{d}\tau = -\rho Vc\mathrm{d}(T - T_\infty)$$

可得：

$$\frac{\mathrm{d}\theta}{\theta} = -\frac{hA}{\rho Vc}\mathrm{d}\tau$$

积分可得：

$$\int_{\theta_0}^{\theta} \frac{\mathrm{d}\theta}{\theta} = -\frac{hA}{\rho Vc}\int_0^{\tau}\mathrm{d}\tau$$

$$\ln\frac{\theta}{\theta_0} = -\frac{hA}{\rho Vc}\tau$$

可得：

$$\frac{\theta}{\theta_0} = \frac{T - T_\infty}{T_0 - T_\infty} = \exp\left(-\frac{hA}{\rho Vc}\tau\right) \tag{2-18}$$

式中
$$\frac{hA}{\rho Vc}\tau = \frac{hV}{kA} \cdot \frac{kA^2}{V^2\rho c}\tau = \frac{h(V/A)}{k} \cdot \frac{\alpha\tau}{(V/A)^2} = Bi_v \cdot Fo_v$$

这种方法也可用于分析一侧辐射加热和两侧对流冷却的薄燃料层（如纸、纤维）的着火问题和蔓延过程。

【例 2-1】 一块厚度 $L = 50\mathrm{mm}$ 的平板，两侧表面分别维持在 $T_1 = 573\mathrm{K}$、$T_2 = 373\mathrm{K}$。试求下列条件下通过单位截面积的导热量：（1）材料为铜，$k = 374\mathrm{W}/(\mathrm{m} \cdot \mathrm{K})$；（2）材料为钢，$k = 36.3\mathrm{W}/(\mathrm{m} \cdot \mathrm{K})$；（3）材料为铬砖，$k = 2.32\mathrm{W}/(\mathrm{m} \cdot \mathrm{K})$。

解 根据式 2-1 有：

$$q_x = -k\frac{\mathrm{d}T}{\mathrm{d}x}$$

将上式对 x 从 0 到 L 积分得：

$$q_x\int_0^L\mathrm{d}x = -k\int_{T_1}^{T_2}\frac{\mathrm{d}T}{\mathrm{d}x}\mathrm{d}x$$

整理得：

$$q_x = \frac{-k(T_2 - T_1)}{L} = k\frac{T_1 - T_2}{L}$$

上式为当导热系数为常数时一维稳态导热的热量计算式。将已知值代入得：

$$q_{铜} = 374 \times \frac{300 - 100}{50 \times 10^{-3}} = 1.495 \times 10^6 (\mathrm{W/m^2})$$

$$q_{钢} = 36.3 \times \frac{300 - 100}{50 \times 10^{-3}} = 1.452 \times 10^5 (\mathrm{W/m^2})$$

$$q_{铬砖} = 2.32 \times \frac{300 - 100}{50 \times 10^{-3}} = 9.28 \times 10^3 (\mathrm{W/m^2})$$

2.2 热 对 流

对流换热是指流体在流动过程中与周围固体或流体之间发生的热量交换。流体在外力作用下连续不断地流过固体壁面,这种对流称为强迫对流;靠近热固体的热气流由浮力驱动的流动称为自然对流。

2.2.1 边界层

流体流过固体壁面,必定在壁面附近薄层内形成边界层,边界层内速度在垂直壁面方向存在很大的梯度。这是由于流体的黏性作用。层流边界层内各流体层互不掺混,流线大体上是平行于壁面的平行线,分子热运动在相邻层之间传递动量,表现为相邻层之间的黏性力,而流体的运动又携带了动量,是对流引起的动量变化。在流体内热量的传递过程与动量的传递过程是非常相似的。运动流体的温度与壁面温度不同时,在高 Re 情况下,流动边界层的范围内形成热边界层,热边界层的厚度与速度边界层的厚度数量级相同,成一定的关系,紧靠壁面的流体其温度与壁面温度相同,符合壁面附着条件,而在边界层外边界流体温度是外部无黏流的温度,边界层内存在很大的横向温度梯度,由于分子热运动而在相邻层之间进行热传导,流体的宏观运动又携带了其蕴含的热量,这两部分换热的总和就是流体与固体壁面之间的对流换热。

理解了对流换热的机制,可以看出单位固体表面、单位时间和流体之间的热交换,与流体的运动状态、流体与固体壁面温度差有关,同时与流体的热物性,即导热系数 k 和比热容 c_p 有关,这是决定对流换热过程的 3 个基本因素。

2.2.2 牛顿公式和对流换热系数

由于物体的形状复杂,流体流过固体的边界层通常难以确定,只有最简单形状的物体,如平板、圆管等可以通过微分方程确定边界层内温度剖面,而在多数情况下,计算壁面与流体热交换通量只能通过实验确定,因此,牛顿公式在工程计算上是非常方便的。牛顿提出流体与壁面热交换通量与流体和壁面的温度差成正比,记作:

$$q = h(T_w - T_f) = h\Delta T \tag{2-19}$$

式中 h——比例系数,$W/(m^2 \cdot K)$,称为对流放热系数或对流换热系数。

决定对流换热的 3 个因素,全部复杂性都集中在对流换热系数 h 中。h 由流场的几何形状、流动状态和流体的热物性 k 和 c_p 确定。对于自然对流,典型的 h 值介于 5 ~ 25W/$(m^2 \cdot K)$ 之间;而对于强迫对流,h 值则为 10 ~ 500W/$(m^2 \cdot K)$。

【**例 2-2**】 一根水平放置的蒸汽管道,其保温层外径 $d = 583mm$,外表面实测平均温度 $T_w = 48℃$。空气温度 $T_0 = 23℃$,此时空气与外表面间的自然对流换热系数 $h = 3.42W/$ $(m^2 \cdot ℃)$。计算每米长度管道的自然对流散热量。

解   当仅考虑自然对流时,根据式 2-19 有:

$$q = h\Delta T = 3.42 \times (48 - 23) = 85.5 \quad (W/m^2)$$

则每米长度管道的自然对流散热量为:

$$q' = \pi dq = 3.14 \times 0.583 \times 85.5 = 156.5 \quad (\text{W/m})$$

2.2.3 对流换热过程的边界层分析求解

换热过程发生于靠近固壁表面的边界层内，其结构决定了对流换热系数 h 的大小。首先考虑速度为 u_∞ 的不可压流体流过一个与其相平行的平板的这样一个等温系统。如图 2-4 所示，在壁面上流体的流速 $u(0) = 0$，垂直方向上速度分布设为 $u = u(y)$，离壁面无穷远处速度 $u(\infty) = u_\infty$。流动边界层的厚度定义为从壁面到 $u(y) = 0.99 u_\infty$ 点之间的距离，对于较小的 x 值，即靠近壁面边缘处，边界层内的流动为层流。随着 x 的增大，在经过一个转变区域后，流动将充分发展为湍流。但靠近壁面处，却始终存在着一个"层流内层"。像管流一样，其流动性质取决于当地雷诺数 $Re = x u_\infty \rho / \mu$。如果 $Re_x < 2 \times 10^3$，则属层流流动；如果 $Re_x > 3 \times 10^6$，则属湍流流动；在此之间，则为过渡区，可能是层流，也可能是湍流流动。但在考虑方向问题时，通常取临界雷诺数为 5×10^5。

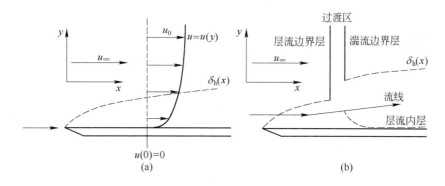

图 2-4　平板上的绝热流动边界层系统

图 2-4 所示为一个等温的流动边界层系统，流动边界层的厚度 δ_h 依赖于当地雷诺数 Re，且对于层流可近似表达为：

$$\delta_h \approx l \left(\frac{8}{Re_1} \right)^{1/2} \tag{2-20}$$

式中，l 为对应于 δ_h 的 x 值；Re_1 为 $x = 1$ 时的当地雷诺数 Re。

如果流体和平板之间存在温差，就会形成"热边界层"，如图 2-5 所示。流体和固壁间的换热速率依赖于 $y = 0$ 处流体的温度梯度，应用傅里叶导热定律，于是有：

$$q'' = -k \left(\frac{\partial T}{\partial y} \right) \bigg|_{y=0} \tag{2-21}$$

式中　k——流体的导热系数。

式 2-21 可进一步近似表达为：

$$q'' \approx -\frac{k}{\delta_\theta} (T_\infty - T_s) \tag{2-22}$$

式中　δ_θ——热边界层厚度；

T_s，T_∞——分别为来流温度和固壁表面温度。

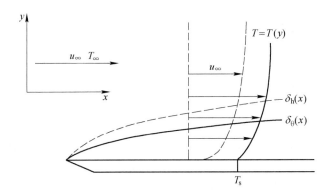

图 2-5 平板上的非绝热流动边界层系统

（虚线表示流动边界层，实线表示热边界层）

热边界层和流动边界层的厚度之比（δ_θ/δ_h）依赖于普朗特数 $Pr = \nu/a$（其中 $\nu = \mu/\rho$，μ 称为流体的动力黏度，a 为热扩散率），即流体的黏性耗散与热扩散率之比，它们分别决定着流动边界层和热边界层的结构。对于层流流动，这种依赖关系可近似表示为：

$$\frac{\delta_\theta}{\delta_h} = Pr^{-1/3} \tag{2-23}$$

联立式 2-19～式 2-23，可得：

$$h \approx \frac{k}{l\,(8/Re)^{1/2}\,Pr^{-1/3}} \tag{2-24}$$

从式 2-24 中可见，h 的近似表达式中包含着 k/l 因子，l 为平板特征尺寸。在此，引入努塞尔数，并由式 2-24 可得：

$$Nu = \frac{hl}{k} = 0.35 Re^{1/2} Pr^{1/3} \tag{2-25}$$

Nu 和 Bi 有着相同的形式，但其中 k 的意义不同，此处 k 为流体的导热系数。这样，可把对流换热系数表示成一个无量纲参数的形式，从而使得几何相似情况下的换热系数相互关联，于是便可以通过小尺寸实验的结果来确定大尺寸的情况。

参阅有关传热学方面的书籍，上述问题的精确解为：

$$Nu = 0.35 Re^{1/2} Pr^{1/3} \tag{2-26}$$

式 2-25 所给出的近似解和实验相当吻合。当 Pr 变化不很大时，通常在许多燃烧问题中假设其为 1，则可进一步得到 $h \propto u^{1/2}$。这一结论常被用在火灾探测器对火灾热响应的分析中。

对于湍流流动，$y = 0$ 处的温度梯度比层流情况要大得多，其 Nu 为：

$$Nu = 0.0296 Re^{4/5} Pr^{1/3} \tag{2-27}$$

强迫对流情况下的其他表达式请参阅相关传热学文献。

在自然对流情况下，流动是由内部温差产生的浮力所驱动的，其流动边界层和热边界层是不可分的，通过分析和推导可以得到一个新的无量纲数，即格拉晓夫数 Gr，表示流体的浮升力与黏性力之比，即：

$$Gr = \frac{\beta g l^3 (\rho_\infty - \rho)}{\rho \nu^2} = \frac{\beta g l^3 \Delta T}{\nu^2} \tag{2-28}$$

$$\beta = 1/T$$

式中　g——重力加速度；

　　　β——容积线膨胀系数。

式 2-28 反映由于流体各部分温度不同而引起的浮升力与黏性力的相对关系。对流换热系数可表示为 Pr 和 Gr 的函数。对于竖板，层流条件（$10^4 < Gr \cdot Pr < 10^9$）下，有：

$$Nu = \frac{hl}{k} = 0.59 (Gr \cdot Pr)^{1/4} \tag{2-29}$$

湍流条件（$Gr \cdot Pr > 10^9$）下，有：

$$Nu = \frac{hl}{k} = 0.13 (Gr \cdot Pr)^{1/3} \tag{2-30}$$

式中，Gr 与 Pr 的乘积称为拉格利数，即 $Ra = Gr \cdot Pr$。

一些常用的无量纲数见表 2-1。

表 2-1　一些常用的无量纲数

无量纲数	符号	表达式	意义
毕渥数	Bi	$Bi = hl/k$	物体内部传导热阻与物体表面对流热阻之比
傅里叶数	Fo	$Fo = \alpha t/l^2$	给定时间 t 内，温度波近似穿透深度与物体特征尺寸之比
路易斯数	Le	$Le = D/\alpha$	质量扩散系数与热扩散系数之比
雷诺数	Re	$Re = U_\infty l/\nu = \rho U_\infty l/\mu$	流动惯性力与黏性力之比
普朗特数	Pr	$Pr = \mu/\alpha = \mu c_p/k$	流体的黏性耗散与热扩散系数之比
努塞尔数	Nu	$Nu = hl/k$	固壁表面流体对流换热与导热之比
格拉晓夫数	Gr	$Gr = g\beta(T_s - T_\infty)l^3/\nu^2$	流体的浮力与黏性力之比
修正格拉晓夫数	Gr^*	$Gr^* = GrNu = g\beta q_s l^4/k\nu^2$	
拉格利数	Ra	$Ra = GrPr = g\beta(T_s - T_\infty)l^3\nu\alpha$	
斯坦顿数	St	$St = Nu/(Re \cdot Pr) = h/\rho u_\infty c_p$	

下面着重归纳一下对流换热计算的方法，并通过例题来说明不同经验关系式的应用。根据以下简单步骤，可以方便地选用适合于不同情况的对流换热系数表达式。

（1）首先弄清楚流动的几何条件，即问题中是否包含平板、球体或圆柱等，因为对流换热系数表达式的形式与几何性质有关。

（2）选定适当的参考温度，然后根据它计算流动过程中流体的特性参数。前面的分析都是在假定全部流动过程中流体的特性参数均为常数的情况下进行的。如果壁面和来流的条件有明显的变化，建议用膜温度，也称为定性温度来确定特性参数，即壁温与来流温度的算术平均值（$T_f = (T_s + T_\infty)/2$）。

（3）通过计算 Re，并与临界 Re 对比，确定流动状态是层流还是湍流。例如水平流过平板的气流，其 $Re = 5 \times 10^6$，而临界 $Re = 5 \times 10^5$，显然存在着混合边界层。

（4）弄清需要计算的是某点的对流换热系数还是整个表面的平均对流换热系数。局部 Nu 用于确定表面上某点的热流，而平均 Nu 则用于确定整个表面的换热速率。

【例2-3】 竖壁外表面温度 $T_w = 333K$，外界空气温度 $T_\infty = 293K$，壁高 $l = 3m$，求每小时通过每平方米壁表面自由运动换热量（已知 $k = 0.0276 W/(m \cdot K)$，$v = 16.96 \times 10^{-6}$ m^2/s，$Pr = 0.69$）。

解 假设壁面温度均匀，且空气静止，参考温度选用膜温度 $T_f = \dfrac{T_s + T_\infty}{2} = 313K$。已知 $k = 0.0276 W/(m \cdot K)$，$v = 16.96 \times 10^{-6} m^2/s$，$Pr = 0.69$，$\beta = 1/T_f = 0.0032 K^{-1}$。

由式 2-28 得：

$$Gr = \frac{\beta g l^3 \Delta T}{v^2}$$

$$= \frac{0.0032 \times 9.8 \times 3^3 \times (333 - 293)}{(16.96 \times 10^{-6})^2}$$

$$= 11.77 \times 10^{10}$$

则

$$Gr \cdot Pr = 11.77 \times 10^{10} \times 0.69$$

$$= 8.23 \times 10^{10}$$

因为 $Ra = Gr \cdot Pr > 10^9$，自然对流流动已转变为湍流，所以由式 2-30 得：

$$Nu = 0.13 (Gr \cdot Pr)^{1/3}$$

$$= 0.13 \times (8.23 \times 10^{10})^{1/3}$$

$$= 435$$

又由于 $Nu = \dfrac{hl}{k} = 0.13 (Gr \cdot Pr)^{1/3}$，所以：

$$h = \frac{Nuk}{l} = \frac{435 \times 0.0276}{3} = 4 \quad W/(m^2 \cdot K)$$

自然对流的换热速率为：

$$q = h(T_s - T_\infty) = 4 \times (333 - 293) = 160 \quad (W/m^2)$$

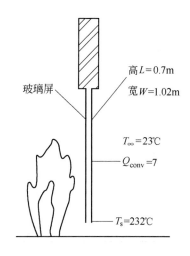

高 $L = 0.7m$
宽 $W = 1.02m$
玻璃屏
$T_\infty = 23℃$
$Q_{conv} = 7$
$T_s = 232℃$

图 2-6 例 2-4 示意图

【例2-4】 如图 2-6 所示，为了阻挡烟尘进入室内，一般在壁炉前安置玻璃门，其高为 0.7m，宽为 1.02m，保持 232℃，如果室内空气温度为 23℃，求从壁炉到室内的对流传热速率（已知 $k = 33.8 \times 10^{-3} W/(m \cdot K)$，$v = 26.41 \times 10^{-6} m^2/s$，$Pr = 0.69$）。

解 假设玻璃门温度均匀，且室内空气静止。特性参数：参考温度选用膜温度 $T_f = \dfrac{T_s + T_\infty}{2} \approx 400K$，$p = 101.325 kPa$。

已知 $k = 3.38 \times 10^{-2} \mathrm{W/(m \cdot K)}$，$v = 26.41 \times 10^{-6} \mathrm{m^2/s}$，$a = 3.83 \times 10^{-5} \mathrm{m^2/s}$，$Pr = 0.69$，$\beta = 1/T_\mathrm{f} = 0.0025 \mathrm{K^{-1}}$，$T_\mathrm{s} = 505 \mathrm{K}$，$T_\infty = 296 \mathrm{K}$。

分析：

$$Ra = Gr \cdot Pr = \frac{g\beta(T_\mathrm{s} - T_\infty)l^3}{av}$$

$$= \frac{9.8 \times 0.0025 \times (505 - 296) \times 0.7^3}{3.83 \times 10^{-5} \times 26.41 \times 10^{-6}}$$

$$= 1.736 \times 10^9$$

因为 $Ra = Gr \cdot Pr > 10^9$，自然对流流动已转变为湍流，则：

$$Nu = 0.13\,(Gr \cdot Pr)^{1/3}$$

$$= 0.13 \times (1.736 \times 10^{10})^{1/3} = 337$$

$$h = \frac{Nuk}{L} = \frac{337 \times 33.8 \times 10^{-3}}{0.71}$$

$$= 16 \quad \mathrm{W/(m^2 \cdot K)}$$

自然对流的换热量为：

$$q = hA(T_\mathrm{s} - T_\infty)$$

即

$$q = 16 \times 1.02 \times 0.7 \times (505 - 296)$$

$$= 2394 \quad (\mathrm{W})$$

值得指出的是，在此情况下，辐射换热要大于自然对流换热。

2.3 热 辐 射

热辐射是物体因其自身温度而发射出的一种电磁辐射，它以光速传播，其相应的波长范围为 $0.4 \sim 100 \mu\mathrm{m}$（包括可见光）。当一个物体被加热，其温度上升时，一方面它将通过对流损失部分热量（若置于流体中，如空气），另一方面也通过热辐射损失部分热量。过去许多火灾的研究都是在实验室内进行，很少试图去模仿真实的火灾情况，因此实验结果和真实的大型火灾间存在着较大的差异。这种情况存在的主要原因是这些实验并没有考虑热辐射，因为相对于其他方式的热交换来说，减小火灾的规模就是降低辐射的比例。现在，普遍认为辐射是火焰高度超过 0.2m 时热交换的最主要方式。而对于小一点的火焰，对流换热则更显著一些。

火灾中的热辐射包括物体表面的能量交换，如墙壁、天花板、地板、家具等。如同许多不同气体以及尘粒的放射物或吸收物一样，在这些气体中，对消防工程具有实用价值的是水蒸气和二氧化碳，它们在最主要的热辐射范围内（$1 \sim 100 \mu\mathrm{m}$）有很强的吸热性和放热性。

2.3.1 基本概念和基本定律

2.3.1.1 辐射强度和能量

一个物体在单位时间内、由单位面积上辐射出的能量称为辐射能。根据斯忒藩-玻耳兹曼方程，物体的辐射能（W/m^2）与其温度的 4 次方成正比，即：

$$E = \varepsilon \sigma T^4 \tag{2-31}$$

式中　σ——斯忒藩-玻耳兹曼常数，其值为 $5.667 \times 10^{-8} W/(m^2 \cdot K^4)$；

　　　T——温度，K；

　　　ε——辐射率，它是一个表征辐射物体表面性质的常数。

辐射率的定义为：一个物体的辐射能与同样温度下黑体的辐射能之比，即 $\varepsilon = \dfrac{E}{E_b}$（$E_b = \sigma T^4$，为黑体辐射能）。对于黑体，$\varepsilon = 1$。实际上，材料的辐射率随着辐射温度和波长而变化。

为了能够计算物体在任意方向上的辐射能，这里引入辐射强度 I_n 的概念，即在法向方向上，单位时间、单位表面积、单位立体角上辐射的能量。通过表面向任一方向的热辐射能量可以用光谱辐射能来代替：

$$q_v = \int_0^{4\pi} I_v \vec{n} \vec{R} \mathrm{d}\Omega = \int_0^{4\pi} I_v \cos\theta \mathrm{d}\Omega \tag{2-32}$$

式中　Ω——立体角，$\mathrm{d}\Omega = \sin\theta \mathrm{d}\theta \mathrm{d}\phi$；

　　　I_v——辐射强度，即在每单位面积、每单位立体角上的辐射能量。

辐射强度对于热辐射来说是一种有价值的度量，因为当辐射束在真空中传播时，其辐射强度为一常量。

【例 2-5】　一块黑度 $\varepsilon = 0.8$ 的钢板，温度为 27℃。试计算单位时间内钢板单位面积上所发出的辐射能。

解　按式 2-31，钢板单位面积上所发出的辐射能为：

$$E = \varepsilon \sigma T^4 = 0.8 \times 5.667 \times 10^{-8} \times (273 + 27)^4$$

$$= 367.2 \quad (W/m^2)$$

2.3.1.2　普朗克定律

物体表面对外发射的辐射能，其波长在 $0 \sim \infty$ 范围内。辐射能的量用全辐射力或简称辐射力表示。辐射力的定义为：单位时间内，物体的单位表面积向周围半球空间发射的 $0 \sim \infty$ 波长范围内的总辐射能，表示为 $E(W/m^2)$，对黑体，辐射力以 E_b 表示。1900 年，普朗克根据电磁波的量子理论，揭示了真空中黑体在不同温度下的单色辐射力 $E_{b\lambda}$ 随波长 λ 的分布规律，即普朗克定律，揭示了黑体单色辐射力和波长、热力学温度 T 之间的关系为：

$$E_{b\lambda} = \frac{2\pi c^2 h \lambda^{-5}}{\exp\left(\dfrac{ch}{K\lambda T}\right) - 1} \tag{2-33}$$

式中　K——玻耳兹曼常数，取 $1.3806 \times 10^{-23} J/K$；

　　　c——真空中的光速，取 $2.998 \times 10^8 m/s$；

　　　h——普朗克常数，取 $6.626 \times 10^{-34} J \cdot s$。

将式 2-33 中的 $E_{b\lambda}$ 在 $0 \sim \infty$ 的波长范围内对 λ 进行积分，可得黑体的辐射力为：

$$E_b = \int_0^\infty E_{b\lambda} d\lambda = \int_0^\infty \frac{2\pi c^2 h\lambda^{-5} d\lambda}{\exp\left(\frac{ch}{K\lambda T}\right) - 1} = \sigma T^4 \qquad (2\text{-}34)$$

真实表面的辐射力与黑体的辐射力是不同的，真实表面的辐射力小于黑体的辐射力。定义 ε_λ 为真实表面的辐射率或黑度：

$$\varepsilon_\lambda = \frac{E_\lambda}{E_{b\lambda}}$$

ε_λ 反映了真实表面的辐射力与黑体的辐射力之间的差别，$\varepsilon_\lambda < 1$。

对真实表面，ε_λ 是随波长而变化的。通常为方便起见，引入灰体的概念。把物体的单色辐射率 ε_λ 与波长无关的物体称为灰体，即在 $0 \sim \infty$ 的波长范围内，ε_λ 为一个小于 1 的常数。可以将式 2-34 改写成适用于计算实际物体表面辐射力的公式为：

$$E = \varepsilon\sigma T^4 \qquad (2\text{-}35)$$

2.3.1.3 克希霍夫（Kirchhoff）定律

如果一起火灾是被隔离的，虽然内部物质不同，但具有相同温度的隔离物都能达到自己的平衡状态。有关系式如下：

$$\alpha_v + \rho_v + \tau_v = 1 \qquad (2\text{-}36)$$

在物质之间的接触面上，α，ρ 和 τ 分别表示能量的吸收率、反射率和透射率。热力平衡的假设可以用来获得更多的结果，并且在辐射换热计算中得到了广泛应用。克希霍夫定律表明，为了维持平衡，光的吸收率和辐射率必定会通过下面的式子而联系在一起：

$$\alpha_v = \frac{I_v}{I_{bv}} = \xi_v \qquad (2\text{-}37)$$

更重要的是，当式 2-37 运用于所有物质时：

$$\alpha_t = \xi_t \qquad (2\text{-}38)$$

对于入射辐射与入射角无关这种特殊情况，式 2-37 同样有效，并同黑体一样有相同的光谱比例，比如灰体。而这正是辐射换热工程模型中物质参与火灾所发生的情况。尽管气体发射率只取决于气体的性质，但吸收率仍然是入射辐射光束温度来源的一部分，这些可能来自气体以外的物质，如墙壁的温度。

2.3.2 热气体和非发光火焰的辐射

只有分子呈偶极子运动的气体，其辐射发生在光谱的整个热辐射波长范围为 $0.4 \sim 100\mu m$（可见光）。具有非极性对称分子结构的气体，如 N_2、H_2、O_2 等，它们在低温时对辐射而言都基本上是"透明"的。而具有极性分子结构的气体，如 CO_2、H_2O、CO、HCl 和碳氢化合物，其辐射（吸收）发生在一些间断的窄波段范围内，显示出不连续的辐射性，且有时其辐射量相当可观。此外，气体辐射是全体积辐射。因此，气体的辐射特性与其"厚度"有关。

考虑一束波长为 λ 的单色光通过一个厚度为 L 的气体层，当光束穿过薄层 dx 时，其光强的减弱与当地光强、气体薄层厚度 dx 以及气体层内吸收光的组分浓度 C 成正比，即：

$$dI_\lambda = - K_\lambda C L_{\lambda x} dx \tag{2-39}$$

式中　K_λ——比例常数，即单色光吸收系数。

式 2-39 在 $x = 0$ 到 $x = L$ 区域内积分，得到：

$$I_{\lambda L} = I_{\lambda 0} \exp(- K_\lambda C L) \tag{2-40}$$

$I_{\lambda 0}$ 为 $x = 0$ 处的入射光强，式 2-40 称为 Lambert-Beer 定律，于是得到单色光的吸收率为：

$$\alpha_\lambda = \frac{I_{\lambda 0} - I_{\lambda L}}{I_{\lambda 0}} = 1 - \exp(- K_\lambda C L) \tag{2-41}$$

根据克希霍夫定律，它等于同样波长时的单色光辐射率 ε_λ。从式 2-41 中可以看出，当 $L \to \infty$ 时，α_λ 和 ε_λ 趋近于 1。

火灾研究和工程计算中常常涉及气体辐射，但计算气体的辐射特性却非常复杂，很多量难以测量和估算，因此，霍特尔（Hottel）和埃格伯特（Egbert）找到了一种经验方法，可以求得包含 CO_2 和水蒸气的一定体积热气体的"等效灰体辐射率"。这种方法以一系列不同分压和温度，以及不同辐射气体几何状态时对 CO_2 和水蒸气（混合的和分离的）辐射热的精确测量结果为基础。由于已知单一波长的辐射率依赖于辐射组分的浓度和气体"厚度"，霍特尔便定义 CO_2 和水蒸气的总有效辐射率在一定的 $p_a L$ 值范围内为温度的函数。p_a 为辐射组分的分压，L 为射线行程平均长度，其意义为：设想在 2 块漫辐射的大平行板间含有气体，辐射能通过气体所传播的距离是不同的，表面法线方向上能量传播的距离等于平板间距，而在小角度方向上辐射能量在气体中则要通过较长的距离。霍特尔等经过对几种来源的实验数据进行仔细综合和分析后，给出了与几种几何状态相对应的射线行程平均长度。

如果已知辐射组分的分压和辐射气体的几何状态，则可从中求得射线行程平均长度 L 和一定温度下其他的等效灰体辐射率。如果没有射线行程平均长度的数据，对于一个特定的几何状态，利用下述公式进行计算将能得到令人满意的近似结果。即：

$$L = 3.6 \frac{V}{A} \tag{2-42}$$

式中　V——气体的总体积；

　　　A——总的表面积。

这种方法适用于总压为 101.325kPa 的气体混合物，对于总压不是 101.325kPa 的情况，需要进行修正，并且当 CO_2 和水蒸气同时存在时，需要一个附加的修正因子 $\Delta \varepsilon$，此时混合物的等效灰体辐射率应为两种辐射的总和减去这一修正因子，即：

$$\varepsilon_g = C_{H_2O} \varepsilon_{H_2O} + C_{CO_2} \varepsilon_{CO_2} - \Delta \varepsilon \tag{2-43}$$

式中　C_{CO_2}，C_{H_2O}——分别为 CO_2 和水蒸气辐射率的压力修正系数，其确定方法可参阅有关的传热学书籍；

ε_{CO_2}，ε_{H_2O}——分别为总压为 101.325kPa 时 CO_2 和水蒸气的辐射率。

在大多数的消防工程应用中，对大型火灾中的介质来说，压力修正因子为 1.0，频段重叠因子近似为 $\Delta\varepsilon \approx \frac{1}{2}\varepsilon_{CO_2}$，于是有：

$$\varepsilon_g \approx \varepsilon_{H_2O} + \frac{1}{2}\varepsilon_{CO_2} \tag{2-44}$$

这一结果可能被认为是高度近似的，因为所做的假设的确有一定的任意性，却与 Rasbash 等人在 1965 年所测量的结果相差不大。经验表明：在 1000℃ 以内的温度范围内，由霍特尔的方法得到的辐射率是可以接受的，高于此温度，尤其是在火焰"厚度"较大时，该方法得到的辐射率偏低。不同几何状态下气体射线行程平均长度见表 2-2。

表 2-2　不同几何状态下气体射线行程平均长度

气体几何状态	辐射状态	气体射线行程平均长度	修正因子
球体，直径 D	对整个表面辐射	0.66D	0.97
	对底面辐射	0.48D	0.90
圆柱，高度 $H = 0.5D$	对侧面辐射	0.52D	0.88
	对整个表面辐射	0.50D	0.90
圆柱，高度 $H = D$	对整个中心辐射	0.77D	0.92
	对整个表面辐射	0.66D	0.90
	对底面辐射	0.73D	0.82
圆柱，高度 $H = 2D$	对侧面辐射	0.82D	0.93
	对整个表面辐射	0.80D	0.91
半无限长圆柱，高度 $H \to \infty$	对底面中心辐射	1.00D	0.90
	对整个表面辐射	0.81D	0.80
无限大平板，间距 D	对表面微元面积辐射	2.00D	0.90
	对两个侧面辐射	2.00D	0.90
正方体，边长 D	对任一侧面辐射	0.66D	0.90
	对任一侧面辐射	0.90D	0.91

2.3.3　发光火焰和热烟气辐射

液体和固体燃烧时，除少数例外，如甲醛和多聚甲醛，都会形成黄色发光火焰。这种特征的黄色形成于火焰内部反应区燃料一侧产生的微小半无烟炭颗粒，其直径量级为 10～100nm，它们可能在通过火焰的氧化区过程中被烧尽，也可能进一步反应和变化生成烟，分布于燃烧产物和空气的混合物之中，形成热烟气。当这些微小颗粒处于火焰内部或热烟气中时，其本身温度较高，每个颗粒都起着微小的黑体或灰体作用，其辐射光谱是连续的，火焰（热烟气）辐射依赖于温度、颗粒的浓度和火焰的"厚度"，或射线行程平均长度。其辐射率的经验公式与表示单色光吸收率的克希霍夫定律相似，即：

$$\varepsilon = 1 - \exp(-KL) \tag{2-45}$$

式中　K——吸收系数。

当炭颗粒直径远远小于辐射波长时（大多数情况下 $\lambda = 1\mu m$），吸收系数正比于火焰（热烟气）中炭颗粒的体积分数和辐射温度，即：

$$K = 3.72 \frac{C_0}{C_2} f_v T \tag{2-46}$$

式中　C_0——2~6 之间的常数；

　　　C_2——普朗克第二常数，其值为 $1.4388 \times 10^{-2} m \cdot K$；

　　　f_v——炭颗粒的体积分数，即整个体积中颗粒所占的份额，其值约为 10^{-6} 数量级；

　　　T——辐射温度。

一般而言，火焰中炭颗粒越多，火焰平均温度就越低。Rasbash 曾发现不发光的甲醇火焰的平均温度为 1200℃，而煤油和苯燃烧形成的发光火焰的平均温度则相对低得多，分别为 900℃ 和 921℃。这说明对于发光火焰，由于炭颗粒的辐射导致火焰的热损失相对较大，同时，燃烧的完全程度相对较差，从而火焰温度较低。

炭颗粒的辐射大大超过诸如水蒸气和 CO_2 气体所产生的分子辐射。在上述经验公式中，笼统地指出火焰辐射后，并没有对炭颗粒和气体这两种辐射源加以严格区分。事实上，在整个热辐射波长范围内，由 CO_2 和水蒸气所产生的间断辐射使"薄火焰"中炭颗粒连续辐射的强度谱带上出现峰值。但是为了方便起见，通常假设发光火焰具有灰体的发射性质，即辐射率独立于波长，并且在一般的计算中忽略气体辐射。如果必须考虑气体辐射，下面的经验公式对于炭颗粒与热气体平均混合物的辐射率给出了很好的近似结果：

$$\varepsilon = [1 - \exp(-KL)] + \varepsilon_g \exp(-KL) \tag{2-47}$$

式中　ε_g——气体的总辐射率；

　　　L——火焰（热烟气）的"厚度"。

对于更为粗略的估算，通常假设碳氢燃料形成的"厚发光火焰"为黑体，即 $\varepsilon = 1$。

辐射率无论来自于假设还是计算，在火焰温度已知的情况下，都可以应用方程 $E = \varepsilon \sigma T^4$ 来计算辐射能（W/m^2）。如果要估算距火焰一段距离以外某点的辐射热流，或是两个黑体表面之间的辐射换热，则必然要用到角系数。通常，假设火焰具有简单的几何形状，例如高为燃料床直径 1~2 倍的长方形，而后用前面提到的方法确定角系数。然而，要计算两个非黑体表面之间的辐射换热，则还需进一步深入。

热辐射是促进火灾蔓延和发展的重要因素，尤其是在受限空间中。在室内火灾发展的过程中，热烟气聚积在顶棚下形成的烟气层，对下方有很强的热辐射，会加剧燃烧而扩大火灾面积，加重灾害程度。

2.4　物质的传递

燃烧发生时，燃烧产物将不断离开燃烧区，燃料和氧化剂将不断进入燃烧区，否则，燃烧将无法继续进行下去。在这里，产物的离开、燃料和氧化剂的进入，都有一个物质传递的问题。物质的传递通过物质的分子扩散、燃料相分界面上的斯蒂芬流、浮力引起的物质流动、由外力引起的强迫流动、湍流运动引起的物质混合等方式来实现。本节仅仅介绍前三种物质的传递方式。

2.4.1　物质的扩散

假定有一种静止的等温流体 B，从它的一边渗入另一种流体 A，而在另一边将流体 A 渗出。如图 2-7 所示，这样，在 B 中不同的地方，A 的浓度不同。由于存在浓度差，A 物质将从浓度高的地方向浓度低的地方扩散。从微观上讲，这种扩散是由于分子不停息的热运动而相互掺和，使得各组分浓度趋于一致，因而引起宏观的扩散现象。实验发现，在单位时间内，单位面积上流体 A 扩散造成的物质流与在 B 中流体 A 的浓度梯度成正比，即：

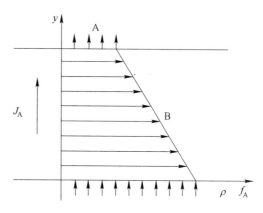

图 2-7　扩散定律示意图

$$J_A = - D_{AB} \frac{\partial \rho_A}{\partial y} \qquad (2-48)$$

式中　J_A——在单位时间内、单位面积上流体 A 扩散造成的物质流量；

　　　D_{AB}——组分 A 在组分 B 中的扩散系数。

扩散系数通常与组成有关，式 2-48 中负号说明组分 A 沿着 A 浓度降低的方向进行扩散。

在考虑两种组分以上的多组分混合物的扩散问题时，常常把考虑的 S 组分假设为一种组分，而把 S 组分之外的其他组分假设为另一组分，这样近似处理为双组分扩散问题，因此，扩散方程可以写为：

$$J_S = - D_S \frac{\partial \rho_S}{\partial y} \qquad (2-49)$$

这时，扩散系数和各组分的组成及其浓度有关，因而在具体计算时，往往还要做进一步简化。

式 2-48 和式 2-49 均称为菲克扩散定律方程。

式 2-48 同样也可用分压梯度或质量分数梯度的形式写出。令 p、M、R、T 和 f 分别为压力、相对分子质量、通用气体常数、温度和质量分数。下标 A 和 B 分别代表组分 A 和 B，没有下标的量代表总的混合物。假定气体为完全气体，则：

$$p_A = \frac{\rho_A}{M_A} RT$$

即

$$\rho_A = \frac{P_A}{RT} M_A$$

代入式 2-48 可得：

$$J_A = - D_{AB} \frac{\partial \rho_A}{\partial y} \qquad (2-50)$$

质量分数和分压由 $f_A = p_A M_A / pM$ 联系起来，而且 $pM_A / RT = \rho M_A / M$ ，因此有：

$$J_A = -\frac{\rho D_{AB}}{M} \cdot \frac{\partial f_A M}{\partial y} \tag{2-51}$$

混合物相对分子质量 M 是质量分数 f_A 及组分 A 和 B 的相对分子质量函数，M 是随 y 值的变化而变化的。但在与燃烧有关的情况下，M 的变化不大，可当作常数，因此，式 2-51 可改为：

$$J_A = -\rho D_{AB} \frac{\partial f_A}{\partial y} \tag{2-52}$$

2.4.2 斯蒂芬流

在燃烧问题中，高温气流和与之相邻的液体或固体物质之间存在着一个相分界面。了解相分界面处物质传递的情况，对于正确地写出边界条件，正确地研究各种边界条件下的燃烧问题是十分重要的。在燃烧问题中，在相分界面处存在着法向的流动，这与单组分流体力学问题是不同的。通常，单组分黏性流体在流过惰性表面时，如果气压不是很低，则在表面处将形成一层附着层。但是，多组分流体在一定条件下，在表面处将形成一定的浓度梯度，因而可能形成各组分法向的扩散物质流。另外，如果相分界面上有物理或者化学过程存在，那么这种物理或者化学过程也会产生或消耗一定的质量流。于是，在物理或化学过程作用下，表面处又会产生一个与扩散物质流有关的法向总物质流。这个总物质流是由表面本身因素造成的，这一现象是斯蒂芬在研究水面蒸发时首先发现的，因此称为斯蒂芬流。要强调的是，斯蒂芬流是由扩散以及物理化学过程共同作用造成的。

下面用两个例子来说明斯蒂芬流产生的条件和物理实质。

第一个例子就是斯蒂芬在研究水面蒸发时发现斯蒂芬流的例子，如图 2-8 所示。A-B 是水面，水面上方空间是空气。这时，水—空气相分界面处只有水汽和空气两种组分。用 f_{H_2O} 表示水汽的相对浓度，用 f_{air} 表示空气的相对浓度。它们的分布如图 2-8 所示，且有：

$$f_{H_2O} + f_{air} = 1 \tag{2-53}$$

这时，相分界面处水汽分子扩散流是：

$$J_{H_2O,0} = -D_0 \rho_0 \left(\frac{\partial f_{H_2O}}{\partial y} \right)_0 \tag{2-54}$$

因为 $\left(\frac{\partial f_{H_2O}}{\partial y} \right)_0 < 0$ ，所以 $J_{H_2O,0} > 0$。

与此同时，分界面处空气浓度梯度也将导致空气分子的扩散流，因此有：

$$J_{air,0} = -D_0 \rho_0 \left(\frac{\partial f_{air}}{\partial y} \right)_0 \tag{2-55}$$

由式 2-53 得到：

$$\left(\frac{\partial f_{air}}{\partial y} \right)_0 = -\left(\frac{\partial f_{H_2O}}{\partial y} \right)_0$$

所以

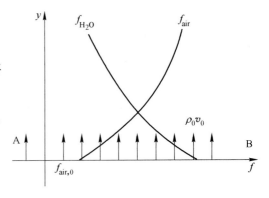

图 2-8 水面蒸发时的斯蒂芬流

$$\left(\frac{\partial f_{\text{air}}}{\partial y}\right)_0 > 0, \; J_{\text{air},0} < 0$$

也就是说，有一个流向分界面的空气扩散流，但空气是不会被水面吸收的，那么，这些流向相分界面的空气流到哪里去了呢？这里只有一个解释，即在相分界面处，除了扩散流之外，一定还有一个与空气扩散流相反的空气—水蒸气混合气的整体质量流，使得空气在相分界面上的总物质流为零。假设混合气的总体质量流是以流速 v_0 流动的，这时，每一组分的质量流就可以分为两部分：一部分是该组分由于浓度梯度造成的扩散物质流；另一部分是由混合气的总体质量流所携带的该组分的物质流。因此，可以写出下面的关系式：

$$g_{\text{H}_2\text{O}} = J_{\text{H}_2\text{O},0} + f_{\text{H}_2\text{O},0}\rho_0 v_0 = -D_0\rho_0\left(\frac{\partial f_{\text{H}_2\text{O}}}{\partial y}\right)_0 + f_{\text{H}_2\text{O},0}\rho_0 v_0 \tag{2-56}$$

$$g_{\text{air},0} = -D_0\rho_0\left(\frac{\partial f_{\text{air}}}{\partial y}\right)_0 + f_{\text{air},0}\rho_0 v_0 = 0 \tag{2-57}$$

在水面蒸发问题中，$g_0 = g_{\text{H}_2\text{O},0} + g_{\text{air},0}$，因为 $g_{\text{air},0} = 0$，所以 $g_0 = g_{\text{H}_2\text{O},0}$，即：

$$-D_0\rho_0\left(\frac{\partial f_{\text{H}_2\text{O}}}{\partial y}\right)_0 + f_{\text{H}_2\text{O},0}\rho_0 v_0 = \rho_0 v_0$$

所以有：

$$-D_0\rho_0\left(\frac{\partial f_{\text{H}_2\text{O}}}{\partial y}\right)_0 = (1 - f_{\text{H}_2\text{O},0})\rho_0 v_0 \tag{2-58}$$

由此可以看出，在水面蒸发问题中，斯蒂芬流（即水的蒸发流）并不等于水汽的扩散物质流，而是等于扩散物质流加上混合气总体运动时所携带的水汽物质流。

第二个例子是碳板在纯氧中燃烧的分析。这时，假定碳表面只发生如下反应：

$$C + O_2 \longrightarrow CO_2$$

这时，碳板的上方空间有氧气和二氧化碳两种气体组分，因此有：

$$f_{\text{O}_2} + f_{\text{CO}_2} = 1$$

将上式对 y 微分，并乘以 $\rho_0 D_0$，得：

$$\rho_0 D_0\left(\frac{\partial f_{\text{CO}_2}}{\partial y}\right)_0 = -\rho_0 D_0\left(\frac{\partial f_{\text{O}_2}}{\partial y}\right)_0$$

即

$$g_{\text{CO}_2,0} = -g_{\text{O}_2,0} \tag{2-59}$$

但由反应方程得：

$$g_{\text{CO}_2,0} = -\frac{44}{32}g_{\text{O}_2,0} \tag{2-60}$$

比较式 2-59 和式 2-60 可知，单纯依靠扩散将碳表面的 CO_2 输送出去是不可能的，因此，必然存在着一个与 CO_2 扩散流方向相同的混合气整体质量流，使得 CO_2 的质量流符合式 2-60 的要求，也即使化学反应产生的 CO_2 能不断从碳表面排走。这一总体质量流就是斯蒂芬流，即：

$$g_0 = g_{\text{O}_2,0} + g_{\text{CO}_2,0} = \rho_0 v_0$$

或

$$g_0 = g_{\text{O}_2,0} - \frac{44}{32}g_{\text{O}_2,0} = -\frac{12}{32}g_{\text{O}_2,0} = g_{\text{C}} \tag{2-61}$$

式 2-61 表明，这时的斯蒂芬流就是碳燃烧掉的量，即碳的燃烧速率。

通过上面两个例子，可以看到斯蒂芬流产生的条件是：在相分界面处既有扩散现象存在，又有物理或者化学过程存在，这两个条件缺一不可。在燃烧问题上，正确运用斯蒂芬流的概念来分析相分界面处的边界条件是非常重要的，在讨论液滴的燃烧问题时，就要用到这一概念。

2.4.3　燃烧引起的浮力运动

在火灾现场，燃烧区附近的整个气体都在流动，这个物质流称为整体物质流。燃烧所需要的氧气和可燃气被这个整体物质流携带进燃烧区，而燃烧区产生的燃烧产物又被这个物质流携带出去。产生这种整体物质流的原因有强迫对流以及自然对流，即燃烧引起的浮力运动。这里只讨论燃烧引起的浮力运动。

室内某物体着火以后，燃烧产生的烟气将因浮力首先充满房间的顶部，周围的冷空气流向燃烧区进行补充并被加热，体积膨胀，密度减少从而上升。

为了进一步讨论这种因浮力引起的流动的特点，现假定有一垂直管道，高度为 H，里面充满空气，管内温度为 T，空气比重为 γ，管外空气温度为 T_0，密度为 γ_0；管道下端平面为 1—1 平面，管道上端平面为 2—2 平面；向下作用在 2—2 平面上的压力为 p_2，向下作用在平面 1—1 上的压力为 p_1；向上作用在 1—1 平面上的压力为 p，如图 2-9 所示。

当管内温度等于管外温度，即 $T = T_0$，$\gamma = \gamma_0$ 时，管内外流体处于平衡状态，不产生流动，此时根据流体平衡方程有：

$$p = p_1 = p_2 + H\gamma = p_2 + H\gamma_0$$

如果管内温度高于管外温度，即 $T > T_0$，则因为：

$$p = p_2 + H\gamma_0$$
$$p_1 = p_2 + H\gamma$$
$$\gamma < \gamma_0$$

所以

$$p > p_1$$
$$p - p_1 = (p_2 + H\gamma_0) - (p_2 + H\gamma)$$
$$= H(\gamma_0 - \gamma) \qquad (2\text{-}62)$$

于是，冷空气从管道下端进入，热空气从管道上端流出，这种在垂直的围护物中，由于气体对流，促使烟尘和热气流向上流动的效应，称为"烟囱效应"。从式 2-62 中可以看出：

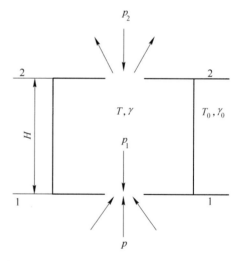

图 2-9　烟囱效应

（1）管道 H 越高，管道下端 1—1 平面上的压力差（$p - p_1$）越大，烟囱效应越显著。这是高层建筑火灾通过楼梯间和电梯井迅速向上发展的原因。

（2）管道内外温差越大，热空气与冷空气的密度差越大，管道下端 1—1 平面上的压力差就越大，烟囱效应越显著。

这种烟囱效应在高层建筑发生火灾时的危害特别大。火灾时，楼梯通道、电梯井如不采取防火措施，就会起到烟囱的作用。据实测，火灾时烟气的垂直流动速度可达 2 ~ 4 m/s，几十层的大楼不到 1min 就会充满热烟气。

2.5 蜡烛的燃烧现象和燃烧机理

燃烧与爆炸在日常生活中是十分常见的现象，但是简单的现象背后往往又蕴含着丰富的科学道理。这里以蜡烛燃烧的过程为例。

蜡烛的主要原料是石蜡，石蜡是从石油中经冷榨或溶剂脱蜡而制得的。蜡烛是几种高级烷烃的混合物，主要是正二十二烷（$C_{22}H_{46}$）和正二十八烷（$C_{28}H_{58}$），含碳约85%，含氢约14%。添加的辅料有白油、硬脂酸、聚乙烯、香精等，其中硬脂酸（$C_{17}H_{35}COOH$）主要用以提高软度。蜡烛易熔化，密度小于水，难溶于水。受热熔化为液态，无色透明且轻微受热易挥发，可闻石蜡特有气味。在蜡烛燃烧过程中，蕴含着多种燃烧与爆炸的物理基础知识：蜡烛对外界发热主要通过热辐射的方式，蜡烛火焰的形状受到热对流的影响，蜡烛内部热量的传递主要通过热传导的方式，蜡烛得以持续燃烧则是依靠熔化的蜡油不断地传递等等。

2.5.1 蜡烛燃烧过程中的传热问题

蜡烛燃烧不是石蜡固体的燃烧，而是点火装置将棉芯点燃，放出的热量使石蜡固体熔化后再汽化，生成石蜡蒸气，石蜡蒸气是可燃的。

蜡烛燃烧时，燃烧的产物是二氧化碳和水。化学表达式：

$$石蜡 + O_2 \xrightarrow{点燃} CO_2 + H_2O$$

充分燃烧时的化学方程式为：

$$C_xH_y + \left(x + \frac{y}{4}\right)O_2 === \left(\frac{y}{2}\right)H_2O + xCO_2$$

石蜡被点燃后，并不是直接生成二氧化碳和水，而是一个很复杂的过程。石蜡在燃烧过程中被点燃的是氢气，而氢气在燃烧过程中释放的是原子能，是由气态向离子态的转化，氢所释放的电子通过碳原子而发出光和热。这就是人们所看到的火焰，焰心主要为石蜡蒸气，温度最低；内焰是氢所释放的电子通过碳原子发光发热的过程；外焰是碳原子与空气中的氧发生反应形成二氧化碳释放化学能的过程以及高能态的氢离子等，因此其温度最高。二氧化碳以及氢离子在向高空升腾过程中，温度逐渐降低，氢又从离子态转化为原子态，并与空气中的氧结合生成水分子。

人们知道蜡烛火焰的形状，但要问："为什么蜡烛的火焰呈拉长的水滴形？为什么不论正立还是横放，蜡烛的火焰总是向上？"你能答出来吗？关于火焰的形状，法拉第在《蜡烛的故事》中说道，由于在重力作用下，热的空气轻、密度小，有上浮的趋势；冷的空气重、密度大，有下沉的趋势；冷热空气流动形成对流，如图2-10所示。蜡烛燃烧产生的高温气体，以及火焰周围被加热的空气，都会向上流动；同时周围的冷空气补充进来，就形成了对流。正是对流使火焰总是向上，而且把蜡烛的火焰拉长了。另外，补充进来的冷空气，冷却了烛身顶部的外围，形成杯子的形状，蜡油就储存在这个烛杯里，不轻易流下来，使其能够源源不断地沿着烛芯向上输送并燃烧。在蜡烛燃烧时，如果形成的气流不规则，进而就无法形成平整的杯口，就会导致蜡液不断地外流下浇，既浪费又污染环境。

2.5.2 蜡烛燃烧过程中的传质问题

蜡油又是如何源源不断的被送到烛焰处作为燃料呢？这里要提到一个有趣的现象，叫做"毛细作用"，是一种液体表面对固体表面的吸引力。蜡烛中间的线为烛芯，它起到吸上液态蜡油的作用。蜡烛刚生产出来时，烛芯上已经有了固体蜡油，你用火点蜡烛时，固体蜡油受热，先熔化后汽化，然后蜡油蒸气被火点燃，这样蜡烛就被点燃了。蜡烛燃烧时放出热量使下面的固体蜡油熔化，随后被烛芯吸上来，继续被上面的火加热熔化、汽化、点燃，从而形成循环。

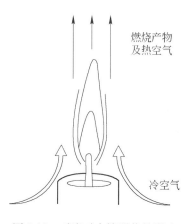

图 2-10　对流对火焰形状的影响

烛焰不能把烛芯全部点燃，有一个原因：熔化的蜡油把它扑灭了，不让它向下蔓延。如果把一支点燃的蜡烛倒过来，头朝下，底朝上，听任蜡油顺着烛芯往下流，蜡烛便会熄灭。原因是火焰来不及使快速流下来的蜡油热到可以燃烧的程度。

蜡烛燃烧可以从以下三个方面进行分析：

（1）蜡烛烛芯对燃烧的影响。1）烛芯在燃烧时要有一定的弯曲度如图 2-11 所示，这样可以使通过毛细作用所传递上来的蜡液在最高温度（火焰的外缘）处燃烧，为石蜡充分断裂成小分子碳氢化合物提供足够的能量，如果烛芯太直（图 2-12）则会造成结炭（俗称蘑菇头）。2）要选择合适的烛芯，如果烛芯太细，则融化成液态的蜡不能及时的转移或被消耗掉，会逐渐累积以致溢出，即通常的流泪现象；反之，蜡液消耗得过快，会由于氧气的缺乏而燃烧不完全，造成烟的产生。

图 2-11　烛芯理想的燃烧

图 2-12　烛芯无弯曲的燃烧

（2）蜡烛配方中组分对燃烧的影响。原材料本身所含小分子结构以及稠环芳烃含量大时会引起燃烧冒烟，而正构烷烃较易被氧化，易燃烧；此外，对于一些结构不饱和的组分，在燃烧时由于碳氢比降低，与氧气混合发生反应时会出现贫氢现象，导致黑烟过大或结炭；改善蜡烛性能的部分添加剂也有阻燃的作用，有的会影响燃料在蜡烛中的分散，最终影响蜡烛的燃烧。

（3）蜡烛制作工艺对燃烧的影响。在蜡烛制作过程中杂质的混入，尤其是一些不可以燃烧的机械杂质，会影响灯芯的毛细作用，使蜡液不能及时供给，燃烧结果表现为火焰小、不稳定、结炭或燃烧后有灰烬；另外还有一个比较重要的因素也是被很多蜡烛制造者所容易忽略的，即蜡烛烛芯的摆放位置，正确的位置应该在蜡烛的中心，且蜡液以下不可见部分无弯曲，如果偏离或有弯曲也会造成结炭甚至火焰自熄。尤其是容器蜡，如果烛芯放置偏离中心太远，不但会出现燃烧效果差，余蜡过多，甚至会由于烛芯倾斜靠近容器内壁，局部过热发生爆裂。

蜡烛被点燃后，最初燃烧的火焰较小，逐渐变大，火焰分为三层（外焰、内焰、焰心）。焰心主要为蜡烛蒸气，温度最低；内焰石蜡燃烧不充分，温度比焰心高；因有部分炭粒，挥发出的可燃气体与空气接触、混合、充分燃烧，火焰最明亮，燃烧充分，温度最高。蜡烛火焰的分布如图 2-13 所示。

和现代蜡烛相比，古代蜡烛有许多不足之处。唐代诗人李商隐有"何当共剪西窗烛"的诗句。诗人为什么要剪烛呢？当时蜡烛烛芯是用棉线搓成的，直立在火焰的中心，由于无法烧尽而炭化，所以必须不时地用剪刀将残留的烛芯末端剪掉。这无疑是一件麻烦的事情。1820 年，法国人强巴歇列发明了三根棉

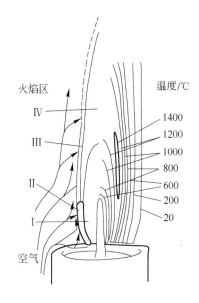

图 2-13　蜡烛火焰的温度分布图

线编成的烛芯，使烛芯燃烧时自然松开，末端正好翘到火焰外侧，因而可以完全燃烧。烛芯得以完全燃烧的另一个好处是避免炭化的烛芯污染熔池影响蜡烛的稳定燃烧，同时可以避免烛芯不完全燃烧产生的黑烟污染空气。

习题与思考题

2-1　热量传递有哪几种方式？举例比较说明这几种传热方式各有什么特征。

2-2　热屏蔽周围的环境温度为20℃，壁面敷设厚30mm的隔热层。隔热材料的导热系数为 0.2W/(m·K)，隔热层和平壁接触的表面温度为230℃，而其外表面的温度为40℃。试求隔热层外表面与介质之间的对流换热系数。

2-3　相距甚近、彼此平行的两个黑体平表面，若：（1）表面温度分别为1000K和800K；（2）表面温度分别为400K和200K。试求这两种情况下辐射换热量之比。

2-4　导热系数为380W/(m·K)的钢板厚3mm，两侧均紧贴导热系数为16W/(m·K)、厚2mm的不锈钢板，不锈钢板外侧壁温分别为400℃和100℃。试求钢板内部的温度分布情况和导过平壁的热流密度。

2-5　试以傅里叶定律导出单层圆筒壁中稳态导热方程。

2-6　根据燃烧引起的浮力运动分析高层建筑火灾过程中的"烟囱现象"的形成过程及其危害。

2-7　什么称为扩散，扩散物质流与其浓度梯度分布有什么关系？

2-8　举例分析说明斯蒂芬流的特征及其产生条件。

2-9　烟囱效应是如何形成的，它受哪些因素影响？在建筑火灾（尤其是高层建筑火灾）中，烟囱效应有哪些危害？

3 着火理论

3.1 着火分类和着火条件

3.1.1 着火的分类

可燃物的着火方式，一般分为以下几类：

（1）化学自燃。例如火柴受摩擦而着火；炸药受撞击而爆炸；金属钠在空气中的自燃；烟煤因堆积过高而自燃等。这类着火现象通常不需要外界加热，而是在常温下依据自身的化学反应发生的，因此，习惯上称为化学自燃。

（2）热自燃。如果将可燃物和氧化剂的混合物预先均匀地加热，随着温度的升高，当混合物加热到某一温度时便会自动着火（这时着火发生在混合物的整个容积中），这种着火方式习惯上称为热自燃。

（3）点燃（或称强迫着火）。点燃是指由于从外部能源，如电热线圈、电火花、炽热质点、点火火焰等得到能量，使可燃混合物的局部范围受到强烈的加热而着火。这时火焰就会在靠近点火源处被引发，然后依靠燃烧波传播到整个可燃混合物中，这种着火方式习惯称为阴燃。大部分火灾都是因为阴燃所致。

必须指出，上述 3 种着火分类方式，并不能十分恰当地反映出它们之间的联系和差别。例如，化学自燃和热自燃都是既有化学反应的作用，又有热的作用；而热自燃和点燃的差别只是整体加热和局部加热的不同而已，绝不是"自动"和"受迫"的差别。另外，火灾有时也称为爆炸，热自燃也称为热爆炸。这是因为此时着火的特点与爆炸相类似，其化学反应速率随时间激增，反应过程非常迅速。

3.1.2 着火条件

着火是指直观中的混合物反应自动加速，并自动升温以至引起空间某个局部最终在某个时间有火焰出现的过程。这个过程反映了燃烧反应的一个重要标志，即由空间的这一部分到另一部分，或由时间的某一瞬间到另一瞬间化学反应的作用在数量上有突跃的现象，可用图 3-1 表示。

图 3-1 表明，着火条件是：如果在一定的初始条件下，系统将不能在整个时间区段保持低温水平的缓慢反应态，而将出现一个剧烈的加速的过渡过程，使系统在某个瞬间达到高温反应态，

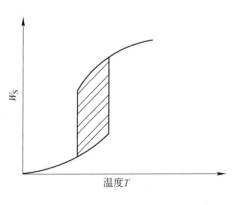

图 3-1 着火过程的外部标志

即达到燃烧态，那么这个初始条件就是着火条件。

需要注意的是：（1）系统达到着火条件并不意味着已经着火，而只是系统已具备了着火的条件；（2）着火这一现象是就系统的初态而言的，它的临界性质不能错误地解释为化学反应速度随温度的变化有突跃的性质，因此，图3-1中横坐标所代表的温度不是反应进行的温度，而是系统的初始温度；（3）着火条件不是一个简单的初温条件，而是化学动力学参数和流体力学参数的综合体现。

对一定种类可燃预混气而言，在封闭情况下，其着火条件可由下列函数关系表示：

$$f(T_0, h, p, d, u_\infty) = 0$$

式中 T_0——环境温度；

     h——对流换热系数；

     p——预混气压力；

     d——容器直径；

     u_∞——环境气流速度。

3.2 谢苗诺夫热自燃理论

3.2.1 谢苗诺夫热自燃理论概述

任何反应体系中的可燃混合气，一方面它会进行缓慢氧化而放出热量，使体系温度升高，另一方面体系又会通过器壁向外散热，使体系温度下降。热自燃理论认为，着火是反应放热因素与散热因素相互作用的结果。如果反应放热占优势，体系就会出现热量积聚，温度升高，反应加速，发生自燃；相反，如果散热因素占优势，体系温度下降，就不能自燃。

因此，研究有散热情况下燃料自燃的条件就具有很大的实际意义。为了使问题简化，以便于研究，假设：

（1）容器壁的温度为 T_0 并保持不变；

（2）反应系统的温度和浓度都是均匀的；

（3）由反应系统向器壁的对流换热系数为 h，且不随温度而变化；

（4）反应系统放出的热量（即在该阶段的反应热）$Q(\mathrm{J/mol})$ 为定值。

如果反应容器的容积为 V，反应速度为 w（单位时间内单位容积中物质的量的变化），则在单位时间内反应系统所放出的热量 q_1 为：

$$q_1 = QVw \tag{3-1}$$

根据化学反应速度理论和阿累尼乌斯定律，对于一般的二级反应，在达到着火时间内，反应速度可用下式表示：

$$w = K_0 C_A C_B \mathrm{e}^{-\frac{E}{RT}} \tag{3-2}$$

式中 K_0——阿累尼乌斯反应速度常数；

   C_A，C_B——分别为燃料和空气分子的摩尔浓度。

将 w 值代入式3-1，得出系统的放热量为：

$$q_1 = K_0 \, Q V C_A C_B e^{-\frac{E}{RT}} \tag{3-3}$$

在单位时间内通过容器壁而损失的热量 q_2 可用下式表示（温度不高时，辐射损失可以忽略不计）：

$$q_2 = h A (T - T_0) \tag{3-4}$$

式中　　h——通过器壁的对流换热系数；

　　　　A——器壁的传热面积；

　　　　T——反应系统温度；

　　　　T_0——容器壁温度。

由于在反应初期 C_A、C_B 与反应开始前的最初浓度 C_{A0}、C_{B0} 很相近，Q、V、K_0 均为常数，因此放热速度 q_1 和混合气温度 T 之间的关系是指数函数关系，即 $q_1 \sim e^{-\frac{E}{RT}}$，如图 3-2 中曲线值所示。当混合气的压力（或浓度）增加时，曲线向左上方移动（q_1'）。

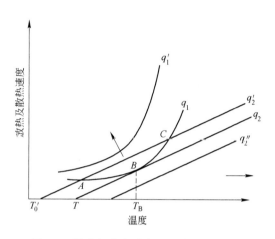

散热速度 q_2 与混合气温度之间是直线函数关系，如图 3-2 中 q_2 直线所示。当容器壁的温度 T_0 升高时，直线向右下方移动，例如 q_2''。当放热速度小于散热速度时（$q_1 < q_2$），反应物的温度会逐渐降低，显然不可能引起着火。反之，如放热速度大于散热速度（$q_1 > q_2$），则混合气总有可能着火。例如，当提高混合气的压力，使放热反

图 3-2　混合气在容器中的放热和散热速度

应速度按图中 q_1' 进行，而容器壁温度仍保持 T_0，此时散热速度大大低于放热速度，因此，在任何时候混合气均能自行加热而着火。

由以上分析可以看出，反应由不可能着火转变为可能着火必须经过一点，即 $q_1 = q_2$，这就是着火的必要条件。但是，$q_1 = q_2$ 并不是着火的充分条件，这从下面的情况可以看出。例如，将混合气的压力降低，使反应放热速度沿图 3-2 中的 q_1 进行，而容器壁的温度保持 T_0'。此时，q_1 与散热速度 q_2'，相交于 A 及 C 两点。在这两点上均满足 $q_1 = q_2$ 的条件，但都还不是着火点。A 点表示系统处于稳定的热平衡状态：如温度稍升高，此时散热速度超过放热速度，系统的温度便会自动降低而回到 A 点的稳定状态；如果温度从 A 点稍降低，此时 $q_1 > q_2'$，系统的温度便会上升而重新回到 A 点。结果系统会在 A 点长期进行等温反应，不可能导致着火。相反，C 点表示系统处于不稳定的热平衡状态：只要温度有微小的降低，系统的放热速度 q_1 即小于散热速度 q_2'，结果使系统降温而回到 A 点；如果温度有微小的升高，则 $q_1 > q_2'$，系统温度不断上升，结果导致着火。但是这一点也不是着火温度，因为如果系统的初温是 T_0'，它就不可能自动加热而越过 A 点到达 C 点。除非有外来的能源将系统加热，使系统的温度上升达到 C 点，否则系统总是处于 A 点的稳定状态。所以，C 点不是混合气的自动着火温度，而是混合气的强制着火温度。在混合气绝热压缩中，例如在柴油机中就可以遇到这种情况，这时汽缸壁的温度并不高，但混合气被强烈压

缩而加热到强制着火温度。

由上述可知,一定的混合气反应系统在一定的压力(或浓度)下,只能在某一定的容器壁温度(或外界温度)下,才能由缓慢的反应转变为迅速的自动加热而导致着火。从图3-2中可以看出,当混合气的放热速度按 q_1 曲线进行时,只有在容器壁温度为 T_0 时(散热速度按 q_2 进行),才能自动转变为着火,也就是说,q_2 必须与 q_1 相切。相切的这一点 B 的温度即为该混合气在此压力(或浓度)和器壁温度下的最低自燃温度,简称自燃点。此时的混合气压力称为该混合气的自燃临界压力(或者说此时混合气处于自燃临界浓度)。

由图3-2也可以看到,温度低于 T_B 而逐渐加热时,混合气 $q_1 > q_2$,但相差愈来愈小。这时混合气在进行缓慢的自行加热,直到温度达到 T_B 以后,q_1 仍大于 q_2。但随着温度的升高,两者之差愈来愈大,促使反应剧烈进行,反应逐渐转变为爆炸。

由此看来,着火温度的定义不仅包括此时放热系统的放热速度和散热速度相等,而且还包括了两者随温度而变化的速度应相等这一条件,即:

$$q_1 = q_2 \tag{3-5}$$

$$\frac{\mathrm{d}q_1}{\mathrm{d}T} = \frac{\mathrm{d}q_2}{\mathrm{d}T} \tag{3-6}$$

这也就是在散热的条件下反应由缓慢加热转变为着火的条件。

由此可以看出,混合气的着火温度不是一个常数,它随混合气的性质、压力(浓度)、容器壁的温度和导热系数以及容器的尺寸变化。换句话说,着火温度不仅取决于混合气的反应速度,而且取决于周围介质的散热速度。当混合气性质不变时,减少容器的表面积,提高容器的绝缘程度都可以降低自燃温度或混合气的临界压力。下面讨论两个相关的问题。

3.2.2 着火温度和容器壁温度的关系

根据着火时的条件 $q_1 = q_2$ 可知:

$$K_0 Q V C_A C_B \mathrm{e}^{-\frac{E}{RT_B}} = hA(T_B - T_0) \tag{3-7}$$

根据 $\dfrac{\mathrm{d}q_1}{\mathrm{d}T} = \dfrac{\mathrm{d}q_2}{\mathrm{d}T}$ 的条件,对式3-7求导数,得出(除 T_B 处,其余均已知):

$$K_0 Q V C_A C_B \frac{E}{RT_B^2} \mathrm{e}^{-\frac{E}{RT_B}} = hA \tag{3-8}$$

将式3-8除以式3-7得出:

$$T_B - T_0 = \frac{RT_B^2}{E} \tag{3-9}$$

解二次方程即可求出 T_B 的值为:

$$T_B = \frac{E}{2R} \pm \frac{E}{2R}\sqrt{1 - \frac{4RT_0}{E}} \tag{3-10}$$

式中，根号前的符号应取负值，否则所得结果过大从而不符合实际情况。将式 3-10 中的根号按级数展开，可得：

$$T_{\mathrm{B}} = \frac{E}{2R} - \frac{E}{2R}\left(1 - \frac{2RT_0}{E} - \frac{2R^2T_0^2}{E^2} + \Lambda\right)$$

$$= T_0 + \frac{RT_0^2}{E} + \Lambda \tag{3-11}$$

在一般情况下 $E = 200\mathrm{kJ/mol}$，误差为 0.5% 以内时，以后各项可忽略不计，因而：

$$\Delta T = T_{\mathrm{B}} - T_0 \approx \frac{RT_0^2}{E} \tag{3-12}$$

式 3-12 说明，在着火条件下，混合气着火温度 T_{B} 与适应于着火条件的起始温度 T_0（器壁温度）之间的差值是较小的。

3.2.3　着火时混合气压力与其他参数的关系

将式 3-11 中 T_{B} 之值代入式 3-7 中，可得：

$$K_0 Q V C_{\mathrm{A}} C_{\mathrm{B}} \mathrm{e}^{-\frac{E}{R\left(T_0 + \frac{RT_0^2}{E}\right)}} = hA\left(\frac{RT_0^2}{E}\right) \tag{3-13}$$

由于 $\dfrac{RT_0}{E} = \dfrac{\Delta T}{T_0} \ll 1$，式 3-13 中：

$$T_0 + \frac{RT_0^2}{E} = T_0\left(1 + \frac{RT_0}{E}\right) \approx T_0$$

因而，式 3-13 可写为：

$$\frac{K_0 Q V C_{\mathrm{A}} C_{\mathrm{B}} E}{hART_0^2} \mathrm{e}^{-\frac{E}{RT_0}} = 1 \tag{3-14}$$

设反应物总摩尔浓度为 C，即 $C = C_{\mathrm{A}} + C_{\mathrm{B}}$，$x_{\mathrm{A}}$ 表示燃料的摩尔分数，x_{B} 表示空气（氧）的摩尔分数，则：

$$C_{\mathrm{A}} = Cx_{\mathrm{A}}$$

$$C_{\mathrm{B}} = Cx_{\mathrm{B}}$$

同时，在着火条件下，根据理想气体状态方程：

$$C = \frac{p_{\mathrm{c}}}{RT} \tag{3-15}$$

式中　p_{c}——混合气的临界压力，即着火时混合气压力。

将式 3-14 中 $C_{\mathrm{A}} C_{\mathrm{B}}$ 换成压力和温度的函数，则得：

$$\frac{K_0 Q V E p_{\mathrm{c}}^2 x_{\mathrm{A}} x_{\mathrm{B}}}{hAR^3 T_0^4} \mathrm{e}^{-\frac{E}{RT_0}} = 1 \tag{3-16}$$

这就是着火条件下混合气压力与温度及其他参数的关系。当其他条件已知，混合气压力如小于式 3-16 中的 p_c 值，则这种混合气不能着火；如大于该值，则可以着火。这个公式便是着火条件的基本公式。它也可以写成对数形式，如：

$$\ln \frac{p_c}{T_0^2} = \frac{E}{2RT_0} + \frac{1}{2}\ln \frac{AhR^3}{K_0 QVEx_A x_B} \tag{3-17}$$

在一定的容器和混合气成分条件下，式 3-17 也可写成：

$$\ln \frac{p_c}{T_0^2} = \frac{A}{T_0} + B \tag{3-18}$$

式中 A，B——常数。

式 3-18 称为谢苗诺夫方程式，它是着火条件的基本公式之一，从该方程可以看出着火的一些基本规律。具体为：

（1）当混合气成分和容器形状不变时，外界温度 T_0（容器温度）愈高，则着火所需的临界压力愈小。式 3-16 ~ 式 3-18 中 p_c 值随 $e^{-\frac{E}{RT_0}}$ 一项的变化远超过分母中 T_0 的变化。因此，当 T_0 值增大时，p_c 总是减小。在现场，各种烃类着火的临界压力与容器温度的关系如图 3-3 所示。在图 3-3 中曲线的左下方（无爆炸区）条件下，燃料不能着火；在曲线的右上方（爆炸区）则能引起着火。从图上可以看出：当容器温度降低时，所需引起着火的混合气压力值升高；当混合气压力降低时，必须提高外界温度才能保证着火。无论压力或温度降低时，混合气着火范围均缩小。反之，提高混合气压力或温度，均有利于燃料的着火。

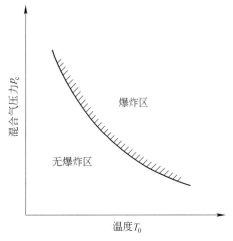

图 3-3　着火临界压力与容器温度的关系

飞机发动机在飞行高度增加时，燃烧性能变差，例如再启动性能降低、燃烧不完全等，主要原因就是由于燃烧室内压力和温度降低，引起反应速度变慢，散热速度增加，因而使燃料着火困难。汽车在高原或寒冷地区行驶时，启动特别困难的主要原因也在于此。

（2）混合气的成分对着火有密切的关系。当温度不变，燃料的摩尔分数 x_A 开始减小时，从气体状态方程可知 p_c 会逐渐降低，但超过一定值后，由于空气的摩尔分数 x_0 的增大，p_c 又逐渐上升。它们之间的关系如图 3-4 所示。当压力不变时，混合气成分与着火温度的关系也是如此，如图 3-5 所示。

从图 3-4 和图 3-5 还可以看到，在一定的压力和外界温度下，并不是任何成分的混合气都能引起着火，而只是在一定浓度极限范围内的混合气才能着火。例如，在图 3-5 中外界温度为 T_{01} 条件下，混合气成分只有在 x_{A1} 和 x_{A2} 之间才能引起着火，这个范围就称为混合气在该温度下的燃烧极限或爆炸极限。当混合气温度或压力增大时，爆炸极限也随之增大。反之，当 T_0 及 p_c 减小时，爆炸极限也随之缩小。低于一定的 T_0 及 p_c 值时，任何混合气均不能着火。一般当燃料与空气按化学当量比混合时的 p_c 值最小。

（3）燃烧室的体积和容器散热面积的比值对着火的临界压力也有影响。从式 3-16 可

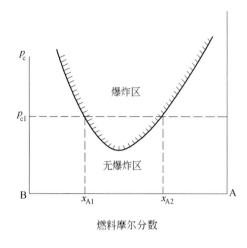

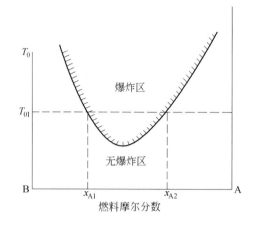

图 3-4   混合气成分与着火临界压力的关系   图 3-5   混合气成分与着火温度的关系

以看出，燃烧室容积（混气体积 V）愈大，或容器壁面积愈小，混合气着火的临界压力 p_c 也愈低，即愈有利于着火。因此，在涡轮喷气发动机中，小直径的燃料室不利于在飞行高度很高的条件下工作。

3.3   弗兰克-卡门涅茨基热自燃理论

在谢苗诺夫热自燃理论中，假定体系内部各点温度相等。对于气体混合物，由于温度不同的各部分之间的对流混合，可以认为体系内部温度均一；对于毕渥数 Bi 较小的固体物质，也可认为物体内部温度大致相等。上述两种情况均可由谢苗诺夫热自燃理论进行分析。但是，当毕渥数较大时（$Bi > 10$），体系内部各点温度相差较大，在这种情况下，谢苗诺夫热自燃理论中温度均一的假设显然是不成立的，如图 3-6 所示。

因此，需要建立一种新的理论模型，对大毕渥数 Bi 下的物质体系进行分析，这就是弗兰克-卡门涅茨基（Frank-Ramenetskil）热自燃

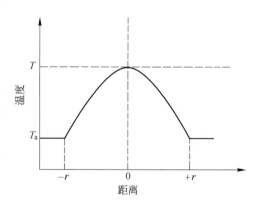

图 3-6   弗兰克-卡门涅茨基理论
反应体系中的温度轮廓

理论。该理论考虑到了大 Bi 数条件下物质体系内部温度分布的不均匀性，它以体系最终是否能得到稳态温度分布作为自燃着火的判断准则，提出了热自燃的稳态分析方法。

3.3.1   弗兰克-卡门涅茨基热自燃理论概述

该理论认为，可燃物质在堆放情况下，空气中的氧将与之发生缓慢的氧化反应，反应

放出的热量一方面使物体内部温度升高，另一方面通过堆积体的边界向环境散失。如果体系不具备自燃条件，则从物质堆积时开始，内部温度逐渐升高，经过一段时间后，物质内部温度分布趋于稳定，这时化学反应放出的热量与边界传热向外流失的热量相等。如果体系具备了自燃条件，则从物质堆积开始，经过一段时间后（称为着火延滞期），体系着火。显然，在后一种情况下，体系自燃着火之前，物质内部出现了随时间而变化的非稳态温度分布。因此，体系能否达到稳态温度分布就成为判断物质体系能否自燃的依据。

当体系不具备自燃条件时，得到稳态温度分布方程：

$$\frac{\partial^2 T}{\partial x^2} + \frac{\partial^2 T}{\partial y^2} + \frac{\partial^2 T}{\partial z^2} + \frac{q}{K} = 0 \tag{3-19}$$

式中 q——反应体系放热速率，

$$q = \Delta H_c K_n C_{A0}^n \exp[-E/(RT)] \tag{3-20}$$

为便于分析，引入无因次温度和无因次距离 x_1、y_1、z_1，得：

$$\theta = (T - T_0)/(RT_0^2/E) \tag{3-21}$$

$$x_1 = x/x_0,\ y_1 = y/y_0,\ z_1 = z/z_0 \tag{3-22}$$

式中 x_0，y_0，z_0——体系的特征尺寸，分别定义为体系在 x 轴、y 轴、z 轴方向上的长度。

将式 3-20、式 3-21、式 3-22 代入式 3-19 并整理，得到：

$$\frac{\partial^2 \theta}{\partial x_1^2} + \left(\frac{x_0}{y_0}\right)^2 \frac{\partial^2 \theta}{\partial y_1^2} + \left(\frac{x_0}{z_0}\right)^2 \frac{\partial^2 \theta}{\partial z_1^2} = -\frac{\Delta H_c K_n C_{A0}^n E x_0^2}{KRT_0^2} e^{-E/(RT)} \tag{3-23}$$

由于 $T - T_0 \ll T_0$，式 3-23 中的指数项可以按照当 z 为小量时，$(1+z)^{-1} = 1 - z$ 的等式来简化，即：

$$e^{-E/(RT)} = e^{-E/[R(T+T_0-T_0)]} = e^{-[E/(RT_0)][1+(T-T_0)/T_0]^{-1}}$$

将上式代入式 3-23 得：

$$\frac{\partial^2 \theta}{\partial x_1^2} + \left(\frac{x_0}{y_0}\right)^2 \frac{\partial^2 \theta}{\partial y_1^2} + \left(\frac{x_0}{z_0}\right)^2 \frac{\partial^2 \theta}{\partial z_1^2} = -\delta \exp(\theta) \tag{3-24}$$

式中

$$\delta = \frac{\Delta H_c K_n C_{A0}^n E x_0^2}{KRT_0^2} e^{-E/(RT_0)} \tag{3-25}$$

相应的边界条件为：在边界面 $z_1 = f_1(x_1, y_1)$ 上，$\theta = 0$；在最高温度处，$\frac{\partial \theta}{\partial x_1} = 0$，$\frac{\partial \theta}{\partial y_1} = 0$，$\frac{\partial \theta}{\partial z_1} = 0$。

显然，式 3-24 的解完全受 x_0/y_0，x_0/z_0 和 δ 控制，即物体内部的稳态温度分布取决于物体的形状和 δ 的大小。当物体的形状确定后，其稳态温度分布则仅取决于 δ 值。

由式 3-25 可知，δ 表征物体内部化学放热和通过边界向外传热的相对大小。因此，当 δ 大于某一临界值 δ_{cr} 时，式 3-24 无解，即物体内部不能得到稳态温度分布。显然，δ_{cr} 仅取决于体系的外形，可从式 3-24 的分析得知。

当 $\delta = \delta_{cr}$ 时，与体系有关的参数均为临界参数，此时的环境温度称为临界环境温度 $T_{a,cr}$。由式 3-25 得：

$$\delta_{cr} = \frac{\Delta H_c K_n C_{A0}^n E x_{0c}^2}{K R T_{a,cr}^2} e^{-E/(RT_{a,cr})} \tag{3-26}$$

如果物质以无限大平板、无限长圆柱体、球体和立方体等简单形状堆积，则内部导热均可归纳为一维导热形式，建立如图 3-6 所示的坐标系，则相应的稳态导热方程式为：

$$\frac{d^2 T}{dx^2} + \frac{\beta}{x} \cdot \frac{dT}{dx} + \frac{Q'''}{K} = 0 \tag{3-27}$$

式中，对厚度为 $2x_0$ 的平板，$\beta = 0$；对半径为 x_0 的无限长圆柱，$\beta = 1$；对半径为 x_0 的球体，$\beta = 2$；对边长为 $2x_0$ 的立方体，$\beta = 3.28$。

相应地对式 3-27 无量纲化，可得：

$$\frac{\partial^2 \theta}{\partial x_1^2} + \frac{\beta}{x_1} \cdot \frac{d\theta}{dx_1} = -\delta \exp(\theta) \tag{3-28}$$

δ 的表达式与式 3-25 相同。对这些简单外形，经过数学求解，得出各自的临界自燃准则参数 δ_{cr} 为：对无限大平板，$\delta_{cr} = 0.88$；对无限长圆柱体，$\delta_{cr} = 2$；对球体，$\delta_{cr} = 3.32$；对立方体，$\delta_{cr} = 2.52$。当体系 $\delta > \delta_{cr}$ 时，体系自燃着火。

3.3.2　自燃临界准则参数 δ_{cr} 的求解

对具有简单几何外形的物质，δ_{cr} 可以通过数学方法求解。这里以无限大平板为例，说明 δ_{cr} 求解过程。

无因次导热方程和边界条件分别为：

$$\frac{\partial^2 \theta}{\partial x_1^2} + \delta e^\theta = 0 \tag{3-29}$$

$$x_1 = 1 \text{ 时}, \quad \theta = 0 \tag{3-30}$$

$$x_1 = -1 \text{ 时}, \quad \theta = 0 \tag{3-31}$$

解式 3-29 得：

当 $x_1 \geqslant 0$ 时，

$$x_1 = -\frac{1}{\sqrt{2a\delta}} \ln \frac{1 - \sqrt{1 - e^\theta/a}}{1 + \sqrt{1 - e^\theta/a}} + b$$

当 $x_1 < 0$ 时，

$$x_1 = \frac{1}{\sqrt{2a\delta}} \ln \frac{1 - \sqrt{1 - e^\theta/a}}{1 + \sqrt{1 - e^\theta/a}} + b$$

式中　a, b——待定积分常数。

应用边界条件式 3-30、式 3-31 分别得：

$$1 = -\frac{1}{\sqrt{2a\delta}} \ln \frac{1 - \sqrt{1 - e^\theta/a}}{1 + \sqrt{1 - e^\theta/a}} + b$$

和
$$-1 = \frac{1}{\sqrt{2a\delta}}\ln\frac{1 - \sqrt{1 - e^{\theta}/a}}{1 + \sqrt{1 - e^{\theta}/a}} + b$$

两式相减并整理得：

$$\delta = \frac{1}{2a}\left(\ln\frac{1 - \sqrt{1 - 1/a}}{1 + \sqrt{1 - 1/a}}\right)^2 \quad (3-32)$$

图 3-7 所示为 δ 随 a 的变化关系。从图中可以看出，存在一个 δ 的最大值，当 δ 大于此最大值时，a 无解，相应的稳态导热方程也无解。因此，此最大值即是所要求的自燃临界准则参数 δ_{cr}。图中，$\delta_{cr} \approx 0.88$。

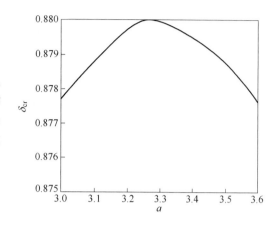

图 3-7 δ 随 a 的变化关系

3.3.3 理论应用

应用弗兰克-卡门涅茨基热自燃理论模型，并辅之一定的实验手段，可以研究各种物质体系发生自燃的条件。这对于防止物质发生自燃和确定火灾原因，无疑是有意义的。整理关系式 3-26，并对两边取对数，得：

$$\ln\left(\frac{\delta_{cr}T_{a,cr}^2}{x_{0c}^2}\right) = \ln\left(\frac{E\Delta H_c K_n C_{A0}^n}{KR}\right) - \frac{E}{RT_{a,cr}} \quad (3-33)$$

式 3-33 表明，对特定的物质，右边第一项为常数，左边是 $1/T_{a,cr}$ 的线性函数。对于许多系统，这种线性关系是成立的。对于给定几何形状的材料，$T_{a,cr}$ 和 x_{0c} （即试样特征尺寸）之间的关系可通过试验确定。下面举例说明应用弗兰克-卡门涅茨基热自燃模型预测物质发生自燃的可能性。

【例 3-1】 经实验得到立方堆活性炭的数据如下。已知，该材料以无限大平板形式堆放时，在 40℃有自燃着火危险的最小堆积厚度。

x_0（立方堆边长）/mm	25.40	18.60	16.00	12.50	9.53
$T_{a,cr}$（临界温度）/K	408	418	426	432	441

解 根据提供的试验数据得：

$\ln(2.52 T_{a,cr}^2/x_{0c}^2)$	6.47	7.15	7.49	8.01	8.59
$1000/T_{a,cr}$	2.45	2.39	2.35	2.31	2.27

以 $1000/T_{a,cr}$ 为横轴，以 $\ln(2.52 T_{a,cr}^2/x_{0c}^2)$ 为纵轴作坐标系，得出图 3-8。

从图 3-8 中得出，$T_{a,cr} = 40 + 273 = 313$K 时，$\ln(\delta_c T_{a,cr}^2/x_{0c}^2) = -2.2$。对"无限大平板"堆积方式，$\delta_c = 0.88$。

所以
$$\ln(0.88 \times 313^2/x_{0c}^2) = -2.2$$

由此得到：
$$x_{0c} = 839 \quad (\text{mm})$$

即在环境温度为 40℃时，为避免自燃，以"无限大平板"形式堆积的活性炭厚度不

能大于 $2x_{0c} = 1.678m$。

对于可燃气体和空气的混合物，延滞期很少超过 1s；对于固体堆，其自燃延滞期可以是若干小时或者若干天，甚至若干月，这要看所储存的材料多少和环境温度。实验表明，对于边长为 1.2m 的立方堆活性炭，其自燃延滞期为 68h。所以，对于尺寸更大的堆积固体，自燃延滞期更长，即使实验条件和经费允许，人们也不愿意花如此长的时间来做实验。因此，弗兰克-卡门涅茨基自燃模型为人们提供了一种很好的方法。借此方法，可以通过小规模实验来确定大量堆积固体发生自燃的条件，为预防堆积固体自燃和确定自燃火灾的原因提供坚实的理论依据。

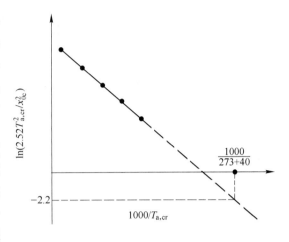

图 3-8   立方堆活性炭自燃数据之间的关系

3.4   链式反应

3.4.1   热爆燃理论及其局限性

从化学反应的分子碰撞理论及阿累尼乌斯定律可知，反应速度是由系统内部分子间碰撞时动能改组反应物分子结构所需的活化能的分子数所决定的，而决定分子动能的平均速度是温度的函数。因此，反应系统的温度不仅影响分子动能的大小，而且也影响分子间的碰撞频率。

当燃烧反应的反应物聚集在一起并在一定温度条件下，分子间由于碰撞而有一部分分子能完成放热反应，放出燃烧热。如反应系统是绝热的，则这部分燃烧热使整个反应系统的温度增高，温度增高又使反应物间的反应速度加速，放热速度也增加，使系统的温度进一步增大，反应系统仿佛是处于一种正反馈的加热、加速反应的过程，直到反应速度激增至趋向于无限大，这就是爆炸或燃烧。这种由于反应热量的积聚的加速反应导致燃烧爆炸的理论称为热爆燃理论。阿累尼乌斯定律及分子碰撞理论就是这种理论的基础。

但是，这种理论只能对一些燃烧速度随反应温度的升高而急剧增高的、较简单的燃烧速度与温度的关系作出合乎逻辑的解释。它是建立在"一步反应"的基础之上的，对于有些燃烧现象中出现的问题并不能作满意的解释。例如，磷及乙醚蒸气在低温氧化时出现的冷焰，CO 与 O_2 反应时加入不能参加燃烧的水蒸气可使反应速度加速，碳氢化合物燃料的燃烧在低温时出现冷焰，H_2 与 O_2 反应的爆炸界限产生的燃烧半岛现象等。简单热爆燃理论不能对上述现象作出解释，使得人们对反应机理做进一步深入的研究。

3.4.2   链式反应的概念

如前所述，谢苗诺夫理论及热爆炸理论表明，自燃以及爆炸之所以会产生，主要是由于系统化学反应放出的热量大于系统向周围环境散失的热量，出现热量积累而导致反应速度自动加速的结果，它可以解释许多相关的燃烧与爆炸现象，但是在实践中发现，并非在所有情况下着火都是由于放热的积累而引起的自动加速反应。为了解释一些特殊的燃烧与爆炸现象，有必要对燃烧和爆炸所发生的化学反应机理加以研究，这时就要用链式着火理论。这一理论认为，使反应自动加速并不一定仅仅依靠热量积累，也可以通过链式反应的分支，迅速增加活化中心，来使反应不断加速直至着火爆炸。链式反应从链引发和链传递过程可以分为两大类：直链反应（如 $H_2 + Cl_2$）与支链反应（如 $H_2 + O_2$），前者在发展过程中不发生分支链，后者将产生分支链。

链式反应过程能以很快的速度进行，其原因是每一个基元反应或链反应中的每一步都会产生一个或一个以上的活化中心，这些活化中心再去与反应系统中的反应物进行反应。这些基元反应的反应活化能很小，一般为 $4 \times 10^4 \text{J/mol}$ 以下，比通常的分子与分子间化合的活化能（如 $16 \times 10^4 \text{J/mol}$）要小得多。离子、自由基、原子间相互化合时，其活化能就更小，接近于零。

3.4.3　直链反应

在链反应过程中的每一步（step）只产生一个活化中心，由这个活化中心再与反应系统中的反应物作用，生成产物与新的活化中心……如此不断地进行，直到反应完成或链反应中断为止。

通常，链反应开始时需要外界输入一定能量（如光照、热量、撞击等），使反应物的分子中分化出活化中心，这个过程为"链的引发"。这个活化中心便与其他分子迅速作用，开始链反应。在随后的链反应过程中，每一步反应都先消耗一个活化中心后又产生另一个活化中心，供下一步反应用，这些连续的链反应过程为"链的传播（递）"。在链反应过程中，有许多的活化中心与反应容器壁面相撞时被吸收、活化中心相互碰撞从而复合成活性很差的分子，使这个链反应中断，所以称为链的断链、链中止或链中断等。例如，氯与氢的反应过程，可以先是氯分子在光照下由于光子作用而分解成两个氯原子：

$$H_2 + Cl_2 \longrightarrow 2HCl$$

$$(1) \qquad M + Cl_2 \longrightarrow 2Cl^* + M（链引发）$$

$$(2) \qquad Cl^* + H_2 \longrightarrow HCl + H^*（链传递）$$

$$(3) \qquad H^* + Cl_2 \longrightarrow HCl + Cl^*$$

$$(4) \qquad H^* + HCl \longrightarrow H_2 + Cl^*$$

$$\vdots$$

$$(5) \qquad M + 2Cl^* \longrightarrow Cl_2 + M（链终止）$$

从上述链反应过程中可以了解到 H_2 与 Cl_2 生成 HCl 的机构（或称机理），其中，（4）、（5）两步为链的抑制。因为在这两步反应中活化中心 H 及 Cl 并未与系统中的反应物 H_2 或 Cl_2 作用，而局限与 HCl（产物）作用重新生成原来的反应物，同时也产生出能开展链传播的 H 及 Cl。反应过程的反应速度在这些环节未被中断而只是抑制，所以这种反应称为链的抑制。

对于这样一个直链反应过程，HCl 的生成速度不能由其整体反应化学式：

$$H_2 + Cl_2 \longrightarrow 2HCl \tag{3-34}$$

直接计算其反应速度，而必须按照其链反应机构来分析。

3.4.4　分支链反应

分支链反应（或称支链反应）的特点是，在反应链中（基元反应）每消耗 1 个自由基就产生 1 个以上的新自由基，由它们去进行下一步链环反应，如此繁殖下去使反应速度成几何级数的增速发展，反应能迅速地达到爆炸的程度。

人们常用倍增因子 α 来表示自由基在一个链反应周期过程中增长的倍数。在分支链反应过程中，有些步骤能产生 2 个自由基，但有些步骤只能产生 1 个自由基。通常链反应的倍增因子是 $1 \leqslant \alpha \leqslant 2$，$\alpha = 1$ 时为直链反应，$\alpha > 1$ 时为分支链反应。

这就是说，1 个自由基 H^* 参加反应后，经过一个链传递形成最终产物 H_2O 的同时产生 3 个 H^*，这 3 个 H^* 又开始形成另外 3 个链，而每个 H^* 又将产生 3 个 H^*。这样，随着反应的进行，H^* 的数目不断增加，因此，反应不断加速。H^* 数目增加情况如图3-9所示。

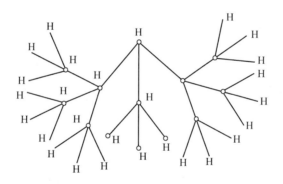

图 3-9　氢原子数目增加示意图

3.4.5　链式自燃着火条件（链式分支反应的发展条件）

由于反应物浓度降低，简单反应的反应速度随时间的进展逐渐减小，但在某些复杂的反应中，反应速度却随产物浓度的增加而自动加速。链式反应就属于后一类型，其反应速度受到中间某些不稳定产物浓度的影响，在某种外加能量使反应产生活化中心后，链的传播就不断进行下去，活化中心的数目因分支而不断增多，反应速度就急剧加快，导致着火爆炸。但是，在链式反应过程中，不但有导致活化中心形成的反应，也有使活化中心消失和链式中断的反应，因此，链式反应的速度能否增长导致着火爆炸，还取决于这两者之间的关系，即活化中心浓度增加的速度。

在链式反应中，活化中心浓度增大有两个原因：一是由于热运动的结果而产生；二是由于链式分支的结果。另外，在反应的任何时刻都存在活化中心被消灭的可能，它的速度也与活化中心本身浓度成正比。

3.4.5.1 链式反应中的化学反应速度

链式反应理论认为，反应自动加速并不一定要依靠热量的积累，也可以通过链式反应逐渐积累自由基的方法使反应自动加速，直至着火。系统中自由基数目能否发生积累是链式反应过程中自由基增长因素与自由基销毁因素相互作用的结果。自由基增长因素占优势，系统就会发生自由基积累。

在链引发过程中，由于引发因素的作用，反应分子会分解成自由基。自由基的生成速度用 w_1 表示，由于引发过程是个困难过程，所以 w_1 一般比较小。

在链传递过程中，对于支链反应，由于支链反应的分支，自由基数目将增加。例如，氢氧反应中 H^* 在链传递过程中 1 个生成 3 个。显然 H^* 浓度 n 越大，自由基数目增长越快。设在链传递过程中自由基增长速度为 w_2，$w_2 = fn$，f 为分支链生成自由基的反应速度常数。由于分支过程是由稳定分子分解成自由基的过程，需要吸收能量，因此，温度对 f 的影响很大。温度升高，f 值增大，即活化分子的百分数增大，w_2 也就随着增大。链传递过程中，因分支链分解引起的自由基增长速度 w_2 在自由基数目增长中起决定作用。

在链终止过程中，自由基与器壁相碰撞或者自由基之间相复合而失去能量，变成稳定分子，自由基本身随之销毁。设自由基销毁速度为 w_3。自由基浓度 n 越大，碰撞机会越多，销毁速度 w_3 越大。即 w_3 正比于 n，写成等式为 $w_3 = gn$，g 为链终止反应速度常数。由于链终止反应是复合反应，不需要吸收能量（实际上是放出较小的能量）。在着火条件下，g 与 f 相比较小，因此，可认为温度对 g 的影响较小，将 g 近似看做与温度无关。

整个链式反应中，自由基数目随时间变化的关系为

$$\frac{dn}{dt} = w_1 + w_2 - w_3$$

$$= w_1 + fn - gn$$

$$= w_1 + (f - g)n \tag{3-35}$$

令 $f - g = \varphi$，则式 3-35 可以写为：

$$\frac{dn}{dt} = w_1 + \varphi n \tag{3-36}$$

设 $t = 0$，$n = 0$，对式 3-36 积分可得：

$$n = \frac{w_1}{\varphi}(e^{\varphi t} - 1) \tag{3-37}$$

如果以 a 表示在链传递过程中一个自由基参加反应生成最终产物的分子数（如氢氧反应的链传递过程中，消耗 1 个 H^*，生成 2 个 H_2O 分子），那么，反应速率即最终产物的生成速度为：

$$w_{产} = aw_2 = afn = af\frac{w_1}{\varphi}(e^{\varphi t} - 1) \tag{3-38}$$

3.4.5.2 链式反应着火条件

在链引发过程中，自由基生成速率很小，可以忽略。引起自由基数目变化的主要因素是链传递过程中链分支引起的自由基增长速度 w_2 和链终止过程中的自由基销毁速率 w_3。

w_2 与温度关系密切，而 w_3 与温度关系不大，不难理解，随着温度的升高，w_2 越来越大，自由基更容易积累，系统更容易着火。下面分析不同温度下 w_2 和 w_3 的对应关系，从而找出着火条件。

系统处于低温时，w_2 很小，w_3 相对 w_2 而言较大，因此 $\varphi = f - g < 0$。按照式 3-38，反应速率为：

$$w_{j \alpha} = af \frac{w_1}{-|\varphi|}(\mathrm{e}^{-|\varphi|t} - 1) = af \frac{w_1}{-|\varphi|}\Big(\frac{1}{\mathrm{e}^{|\varphi|t}} - 1\Big) \tag{3-39}$$

因为
$$t \to \infty, \frac{1}{\mathrm{e}^{|\varphi|t}} \to 0$$

所以
$$w_{j \alpha} \to af \frac{w_1}{|\varphi|} = 常数 = w_0 \tag{3-40}$$

这说明，在 $\varphi < 0$ 的情况下，自由基数目不能积累，反应速度不会自动加速，而只能趋向某一定值，因此，系统不会着火。

随着系统温度升高，w_2 加快，w_3 可视为不随温度变化，这就可能出现 $w_2 = w_3$ 的情况。按照式 3-36，反应速率将随时间呈线性增加。

因为
$$\frac{\mathrm{d}n}{\mathrm{d}t} = w_1, \quad n = w_1 t$$

所以
$$w_{j \alpha} = aw_2 = afn = afw_1 t \tag{3-41}$$

由于反应速度是线性增加，而不是加速增加，所以系统不会着火。

系统温度进一步升高，w_2 进一步增大，则有 $w_2 > w_3$，即 $\varphi = f - g > 0$。按照式 3-38，反应速度 $w_{j \alpha}$ 将随时间呈指数形式加速增加，系统会发生着火。

若将以上 3 种情况画在 $w_{j \alpha}$-t 图上，则很容易找到着火条件。如图 3-10 所示，只有当 $\varphi > 0$ 时，即分支链形成的自由基增长速度 w_2 大于链终止过程中自由基销毁速度 w_3 时，系统才可能着火。

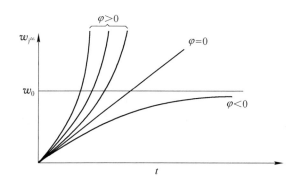

图 3-10　不同 φ 值条件下的反应速率

$\varphi = 0$ 是临界条件，此时对应的温度为自燃温度。在此自燃温度以上，只要有链引发发生，系统就会自发着火。

3.4.5.3　链式反应理论中的着火感应期

链式反应中的着火感应期有 3 种情况：

（1）$\varphi < 0$ 时，系统的化学反应速度趋向于一个常数，系统化学反应速度不会自动加速，系统不会着火，着火感应期 $\tau = \infty$。

（2）$\varphi > 0$ 时，由式 3-38 可知，反应速率将随时间按指数规律增长，但由于 w_1 很小，在开始一段时间，即在着火延迟期 τ 内，反应非常缓慢。在延迟期后，由于活化中心的不断积累，反应速率自动加速而着火，这种着火方式就是链式自燃。其反应速率随时间的变化如图 3-11 所示。这种情况下，反应的自动加速主要取决于系统内活化中心的自动积累。

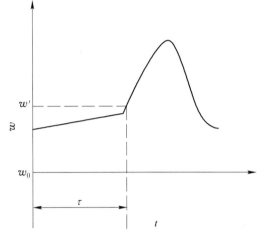

着火感应期 τ 的大小可由下列关系式得到：

$$w_{产} = \frac{faw_1}{\varphi}(\mathrm{e}^{\varphi\tau} - 1) \qquad (3\text{-}42)$$

图 3-11　链式自燃示意图

当 φ 较大时，$\varphi \approx f$，并相应地可略去式 3-42 中的 1，若将式 3-42 取对数，可得：

$$\tau = \frac{1}{\varphi}\ln\frac{w_{产}}{aw_1}$$

实际上 $\ln\dfrac{w_{产}}{aw_1}$ 随外界影响变化很小，可以认为是常数，所以有：

$$\tau = \frac{常数}{\varphi} \quad 或 \quad \tau\varphi = 常数 \qquad (3\text{-}43)$$

（3）$\varphi = 0$ 是一种极限情况，其着火感应期是指 $w_{产} = w_0$ 时的时间。

3.4.6　着火半岛现象

将按化学计量比混合的 H_2 及 O_2 在 101.325kPa 下置于容器中，并沉浸在 500℃ 的恒温热浴槽中；然后将容器内抽成几百帕（几毫米汞柱）的真空时，H_2 及 O_2 发生爆炸；逐步增加容器内的压力至 0.01 ～ 0.13MPa 时，氢与氧的混合气不能爆炸；继续增加混合气的压力至 0.2MPa 时又能发生爆炸。可见，即使极易发生爆炸的氢氧混合气也需在一定的温度、压力等条件下才能发生爆炸。此压力、温度条件为该可燃混合气的爆炸极限。图 3-12 所示为化学计量比的氢氧混合气的爆炸极限，呈半岛状，所以又称为氢氧混合气的燃烧半岛。从图中可

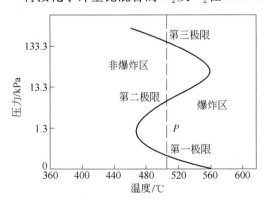

图 3-12　氢氧着火半岛现象

以看出，爆炸极限曲线将混合气的压力、温度范围划分成爆炸区及非爆炸区。在非爆炸区，尽管有足够高的温度，由于压力对反应速度的影响，混合气不能爆炸。究其原因就必须研究其反应机理。

氢氧的混合气体的临界着火温度和临界着火压力的关系如图 3-12 所示。从图 3-12 可以看出，氢氧反应存在着 3 个着火极限，现用链式反应着火理论进行简单解释。

设第一、第二极限之间的爆炸区内有一点 P，保持系统温度不变而降低系统压力，P 点则向下垂直移动，此时，因氢氧混合气体压力较低，自由基扩散较快，氢自由基很容易与器壁碰撞，自由基销毁主要发生在器壁上。压力越低，自由基销毁速度越大，当压力下降到某一数值后，自由基销毁速度有可能大于链传递过程中由于链分支而产生的自由基增长速度，于是系统由爆炸转为不爆炸，爆炸区与非爆炸区之间就出现了第一极限。如果在混合气中加入惰性气体，则能阻止氢自由基向容器壁扩散，导致下限下移。从着火半岛图 3-12 可以看出，若提高混合气的温度，可使其临界着火压力降低，也就是说，两者成反比。谢苗诺夫把这一关系归纳为：

$$p_{\mathrm{i}} = A\mathrm{e}^{\frac{B}{T_{\mathrm{i}}}} \tag{3-44a}$$

式中　A，B　　常数，它们的数值与活化中心、反应的物质和不可燃添加剂的性质以及器壁形状、尺寸等有关。

实际上式 3-44a 也就是着火第一极限的表达式。

如果保持系统温度不变而升高系统压力，P 点则向上垂直移动。这时，因氢氧混合气体压力较高，自由基在扩散过程中，与气体内部大量稳定分子碰撞而消耗掉自己的能量，自由基结合成稳定分子，因此，自由基主要销毁在气相中。混合气压力增加，自由基气相销毁速度增加，当混合气压力增加到某一值时，自由基销毁速度可能大于链传递过程中因链分支而产生的自由基增长速度，于是系统由爆炸转为不爆炸，爆炸区与非爆炸区之间就出现了第二极限。同样，谢苗诺夫把该极限表达为：

$$p_{\mathrm{i}} = A'\mathrm{e}^{\frac{B'}{T_{\mathrm{i}}}} \tag{3-44b}$$

式中　A'，B'——常数。

压力再增高，又会发生新的链反应，即：

$$H' + O_2 + M \longrightarrow HO_2 + M \tag{1}$$

HO_2 会在未扩散到器壁前又发生如下反应而生成 OH'：

$$HO_2' + H_2 \longrightarrow H_2O + OH' \tag{2}$$

该反应导致自由基增长速度增大，于是又能发生爆炸，这就是爆炸的第三极限。此时，该极限的放热大于散热，属于一种热力爆炸，完全遵循热自燃理论的规律。因此，"着火半岛"现象中的第三极限本质上就是热自燃极限。

实验表明，式（1）和式（2）不仅能够用来计算分析氢氧混合气的"着火半岛"现象，而且还可以用来计算分析 $CO + O_2$ 的混合气的"着火半岛"现象。

目前还提出了第三种着火理论，即链式反应热爆炸理论，这种理论认为反应的初期可能是链式反应，但随着反应的进行放出热量，并自动加热，最后变为纯粹的热爆炸。

3.4.7 烃类氧化的链反应

烃类的高温气相氧化除了有诱导期外，还往往表现出明显的阶段性，即在着火前常出现冷焰的现象（与着火时的热焰比较，温度较低，辉光较弱，产生的热量很少，因此称为冷焰），这种现象是烃类气相氧化的特征之一。

各种烃类在高温气相条件下的氧化过程或机理是很复杂的，根据现代理论，烃类的氧化过程本质上是一系列通过自由基的链反应过程。

自由原子或自由基是指带自由电子的原子或原子团，例如氢自由原子（H）、羟基自由基（OH）、烃自由基（R）等，通常自由基是由分子受光辐射、热、电或其他（如化学引发剂）能量的作用而产生的。例如，一个烃分子 RH 可以和一个富有能量的惰性分子 M 相撞，获得足够的振动能而离解，称为热离解。反应式为：

$$RH + M \longrightarrow R + H + M \tag{1}$$

根据现代链反应理论，自由基是引起链式发展的活化质点，因而也称为活性中心。这是因为自由基与分子比较，特别是和具有饱和键的分子比较，具有更大的活性。实验证明，自由基和分子之间产生化学反应所需活化能一般不超过 30 ～ 40kJ，少数为 40 ～ 80kJ，而当饱和键分子之间产生反应的时候，所需活化能则达几百千焦，两者之间的差别是很显著的。

自由基具有自由价，因此就可以用它的化学力去和那些与其相遇的分子的成键电子相作用，也就是说，在这种情况下，发生了自由基与分子中的某一基团同时为争夺分子的某一个成键的价电子的竞争。竞争的结果往往是分子中的这个键被破坏。例如，烃过氧化物自由基与烃类的反应，使 RH 之间的键破坏而生成烃自由基和烃过氧化物：

$$ROO + RH === ROOH + R \tag{2}$$

产生的 R 将与空气中的氧作用而再生成烃过氧化物自由基：

$$R + O_2 === ROO \tag{3}$$

自由基反应的另一特点就是当一价的自由基与饱和价的分子作用，自由价是不会消失的，在反应产物中一定会产生新的一价自由基，有时还可以产生另一个具有两个自由价的自由基，例如上述反应式（2）和式（3），以及如下的低压下氢的氧化（温度约 500℃）反应式：

$$H + O_2 === OH + O \tag{4}$$

$$O + H_2 === OH + H \tag{5}$$

$$OH + H_2 === H_2O + H \tag{6}$$

根据上述可以看出，在一个可以产生化学变化的体系中，如果出现了第一个自由基，那么它将很快与一个分子反应生成一个新的自由基，后者又参加反应，再产生一个自由基。这样，反应就继续进行下去，这个自由基就很容易形成产生化学变化行为的长链，这就是链反应，前面的反应式(1) ～ 式(6)就是这样。这种链反应的链只有在自由基消失的时候才会中断。

同其他的链式反应一样，烃类物质的氧化链反应由 3 个基本步骤组成：

（1）链的引发。就是指从原料分子中生成最初的原子或自由基。自由基的产生有赖于分子中键的断裂，因此，它所需要的活化能就等于饱和价分子中所作用的键能。当分子吸收的能量大于键能破坏的能量时，就可以生成自由基。通常在分子中键能较小的地方首先产生断裂而生成自由基。

（2）链的发展。自由基一经发生，便可以自动发展而形成长链，即依次交替作用，直至原料消耗殆尽，或自由基被消灭为止。由于原料的不同和条件的区别，链的发展又可分为4种类型：1）直链；2）连续分支链；3）稀有分支链；4）退化分支链。

（3）链的终止。这就是自由基消失的反应。例如，当两个自由基相互作用，或与惰性分子 M 作用，将能量传给惰性分子，引起自由价相互饱和，从而使自由价消失。这种现象也称为气相销毁。反应式为：

$$H + OH + M \Longrightarrow H_2O + M$$

$$H + H + M \Longrightarrow H_2 + M$$

此外，反应链碰到反应器皿壁上也会产生断链。据研究，当自由基撞着器壁时，就被器壁所吸附而在壁的表面形成不很牢固的化合物。这时，自由基不再和原料分子起反应，但是却可以和来自容器的自由基互相作用。相互碰撞的质点即成为中性的不活化的分子而飞入容器。因而，器壁可以影响到链反应的减缓，其作用和抑制剂相似。这种现象称为墙面销毁。

下面进一步详细讨论烃类的氧化过程。根据巴赫-恩格勒（Bax-Engler）的过程氧化理论，烃类氧化时是以破坏氧的一个键，而不是破坏氧的两个键进行的，因为要同时破坏氧的两个键需要 489.879kJ，而破坏一个键只需要 293.09 ~ 334.96kJ 的能量。因此，烃类氧化首先生成的是烃的过氧化物或过氧化物自由基 ROO（即 R—O—O），而过氧化物也会分解为自由基。随着自由基的产生，反应具有链反应性质，因而可以自动延续，并且由于出现分支而自动加速。整个燃烧前的氧化过程是一连串的有自由基参加的链反应。下面就第一和第二诱导期中的反应的一些特点分别讨论。在出现冷焰以前的阶段（τ_1 感应期）中，首先是烃分子受光辐射、热离解或其他作用而分离出自由基，如：

$$RH + M \Longrightarrow R + H + M$$

烃分子也可以和氧直接作用而产生自由基，如：

$$RH + O_2 \Longrightarrow R + HO_2$$

HO_2 是活性较小的自由基，它可以继续与烃作用而生成 H_2O_2 及 R，从而使链继续发展，即：

$$RH + HO_2 \Longrightarrow R + H_2O_2$$

生成的烃自由基 R 与分子氧可以化合而生成过氧化物自由基，即：

$$R + O_2 \Longrightarrow ROO$$

此时，氧加在烃中有自由价的碳原子上，由于烃分子中碳原子被氢遮蔽，所以氧分子首先攻击的不是烃分子中较弱的 C—C 键而是较强的 C—H 键。一般 C—C 键平均键能为 346.98kJ/mol，C—H 键平均键能为 413.47kJ/mol。实际上，不同分子中的 C—H 键以及分子中的不同 C—H 键能是不同的。

在各种位置的碳原子中，具有最弱的 C—H 键的碳原子最易受到攻击。因此，叔碳原子（直接与 3 个碳原子相连的碳原子）上最易生成过氧化物自由基，仲碳原子（直接与 2 个碳原子相连的碳原子）次之，伯碳原子（只与 1 个碳原子直接相连的碳原子以及甲烷中的碳原子）反应能力最小。在低温冷焰范围内，三者生成的几率比例大致为 $33 : 3 : 1$。

烃基过氧化物自由基在 τ_1 时期继续与烃分子作用，生成单烃基过氧化物及自由基，使链反应继续发展：

$$ROO + RH \Longrightarrow ROOH + R$$

此时，生成的烃基过氧化物由于 —O—O— 链较弱（链能只有 $125.61 \sim 167.48kJ$），容易断裂，随烃类结构不同而分解为不同产品，例如：

$$RCH_2OOH \Longrightarrow RCH_2O + OH$$

$$RCH_2O \Longrightarrow R + HCHO$$

$$OH + RH \Longrightarrow R + H_2O$$

上述反应具有退化分支的特性，即过氧化物的分解较慢，且不都是按分支发展，这就使烃类氧化具有一个压力上升平缓的时期，即诱导期。

上述反应产生甲醛，但也可以按下列反应而生成醇类产品：

$$RCH_2O + RH \Longrightarrow RCH_2OH + R$$

因此，此烷烃氧化的初期产物中，总是可以分析出醛类、醇类和过氧化物等，除上述外，烷烃在较高温度下还可以裂解生成烯烃，醛类也可以继续氧化而生成 CO、CO_2 及 H_2O 等。

综上所述，在 τ_1 时期，氧化反应的特点是生成过氧化物，此过氧化物在甲醛的催化作用下自行分解，生成多个自由基而使反应发生分支。由于退化分支的特性而使反应具有诱导期。同时，由于产生分支链反应，在诱导期后出现压力的突增，同时因甲醛被激化而产生冷焰。当温度升高时，反应速度加快，过氧化物会加速分解，使诱导期 τ_1 缩短。当压力增高时，反应物的浓度加大，反应速度也会随之增加，也会使诱导期 τ_1 缩短。在反应物中加入过氧化物，会使过氧化物的分解（$ROOH \Longrightarrow RO + OH$）向右方进行，使分支反应进行得更快，因而导致 τ_1 缩短。

冷焰以后至自燃发火时期（τ_2 诱导期）中的化学反应研究较少。一般认为在 τ_2 时期反应的主要特点是过氧化物自由基的分解阻止了过氧化物的形成。这是因为在 τ_2 时期温度较高，有利于过氧化物自由基的分解反应。

τ_2 时期过氧化物自由基的分解大致按下述方式进行：

$$RCH_2 + O_2 \Longrightarrow RCH_2OO$$

$$RCH_2OO \Longrightarrow RCHO + OH$$

$$RCH_2OO \Longrightarrow H_2O + RCO, \ RCO \Longrightarrow R + CO$$

$$RCH(OO)R \Longrightarrow RCHO + RO$$

$$RCH(OO)CH_2R \Longrightarrow RCHO + RCH_2O$$

$$RCH_2O \Longrightarrow R + HCHO$$

在上述反应中，过氧化物自由基分解生成各种醛（甲醛等）和自由基，这些自由基继续与氧分子或烃作用而使链按直链形式传播。

在反应中，有的自由基还会分解成烯烃，后者进一步与烃作用，再生成烃的自由基使链继续下去。反应式为：

$$C_3H_7 + O_2 = C_3H_7OO$$

$$C_3H_7OO = C_3H_6 + HO_2$$

$$C_3H_8 + HO_2 = C_3H_7 + H_2O_2$$

总之，在 τ_2 时期直链反应起控制作用。应该指出，上述过氧化物的自由基分解反应在 τ_1 时期也可以发生，并和过氧化物的生成反应进行竞争。当温度不高时，过氧化物的生成占主要地位。只是在温度达到400℃左右的高温条件下，过氧化物自由基的分解反应才逐渐取得优势。因而可以理解，当其他条件不变而温度升高时，反应将经过一个最高分支速率区（以冷焰为标志），然后达到一个微弱分支速率区，这样就在冷焰后出现一个压力升高较缓慢的诱导期 τ_2。

τ_2 初期的反应速度和 τ_1 末期剩余的中间产物的浓度有关，其中特别是和甲醛的浓度关系很大，因为它能催化 τ_2 时期的分解反应。当系统的原始温度较高时，由于 τ_1 时期的分支反应强烈，剩余的甲醛减少，这样就使 τ_2 诱导期加长。但是，在 τ_2 中，由于过氧化物自由基的分解，仍不断生成甲醛，使甲醛的浓度不断增加并放出大量热能，最终仍使反应自动加速而导致自燃。当系统的压力增大时，由于反应速度增加，τ_2 和 τ_1 一样都会缩短。关于冷焰的反复出现，有人推测与 τ_1 时期甲醛的抑制作用有关。根据研究，甲醛虽然对 τ_2 时期的反应有催化作用，但在 τ_1 时期却有明显的抑制作用。例如，在戊烷和氧或己烷和氧的混合物中加入适量的甲醛，均可延长其诱导期。甲醛能和自由基作用，生成不活泼的甲醛自由基 CHO，从而使反应断链，例如：

$$HCHO + OH = H_2O + CHO$$

$$HCHO + CH_3O = CHO + CH_3OH$$

τ_1 时期的分支反应不断生成甲醛，当具有强烈分支特性的冷焰出现时，甲醛浓度也增大从而使冷焰熄灭；当温度继续升高后，冷焰则可随分支反应的发展而重复出现。

3.5 强迫着火

3.5.1 强迫着火的特点

强迫着火也称为点燃，一般指用炽热的高温物体引燃火焰，使混合气的一小部分着火形成局部的火焰核心，然后这个火焰核心再把邻近的混合气点燃，这样逐层依次地引起火焰的传播，从而使整个混合气燃烧起来。一切燃烧装置和燃烧设备都需经过点火过程而后才能开始工作，因此，研究点火问题具有重要的实际意义。下面首先分析一下强迫着火与自发着火不同的特点：

第一，强迫着火仅仅在混合气局部（点火源附近）进行，而自发着火则在整个混合气空间进行。

　　第二，自发着火是全部混合气体都处于环境温度 T_0 包围下，反应自动加速，使全部可燃混合气体的温度逐步提高到自燃温度而引起的。强迫着火时，混合气处于较低的温度状态，为了保证火焰能在较冷的混合气体中传播，点火温度一般要比自燃温度高得多。

　　第三，可燃混合气能否被点燃，不仅取决于炽热物体附近局部混合气能否着火，而且还取决于火焰能否在混合气中自行传播。因此，强迫着火过程要比自发着火过程复杂得多。

　　强迫着火过程和自发着火过程一样，两者都具有依靠热反应和（或）链式反应推动的自身加热和自动催化的共同特征，都需要外部能量的初始激发，也有点火温度、点火延迟和点火可燃界限问题。但它们的影响因素却不同，强迫着火比自发着火影响因素复杂，除了可燃混合气的化学性质、浓度、温度和压力外，还与点火方法、点火能和混合气体的流动性质有关。

3.5.2　常用点火方法

　　工程上常用的点火方法有炽热物体点火、火焰点火、电火花引燃等，不论采用哪一种点火方法，其基本原理都是使混合气局部受到外来的热作用而使之着火燃烧。

3.5.2.1　炽热物体点火

　　被电流加热的电阻丝、棒或者板都属于炽热物体，可用来点燃预混可燃气（也有的用热辐射加热耐火砖或陶瓷棒等，形成各种炽热物体，在可燃混合气中进行点火）。这种点火设备的优点是结构简单、紧凑，缺点是易于氧化烧蚀。下面以高温质点为例说明炽热物体的引燃机理。

　　假定如图 3-13 所示，在无限的可燃混合气（其温度为 T_0，小于 T_w）中有一个热的金属质点（其温度为 T_w）。由于温度差，质点向邻近的混合气散失热量，热流的速率是混合气的流动和热性质的函数。在质点周围薄的边界层内，混合气温度从 T_w 下降到了 T_0。对可燃混合气，由于化学反应放热会加热混合气体，因此热边界层内的温度分布曲线高于不可燃混合气体中的温度分布曲线。图 3-13 表示了这种温度分布，其中 a 曲线表示混合物不可燃，b 曲线表示混合物可燃。根据壁面的温度梯度可见，在气体反应放热时，由壁面向混合气传递的热流要低于当混合气为惰性气体时的情况。

　　如果选择较前更高的质点温度，反应气体和惰性气体温度分布之间的差别就更显著。反应气体质点温度愈高，由壁面来的热流愈小。如图 3-14 所示，若此时 T_n 的取值等于反

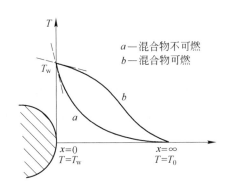

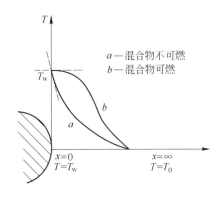

图 3-13　位于不可燃介质和可燃介质中的
炽热质点附近的温度分布

图 3-14　位于不可燃介质和可燃介质中的炽热
质点附近的温度分布（质点的温度更高）

应混合物的着火温度 T_c 时，由壁面向反应混合物的热流等于零，曲线 b 在 $x = 0$ 处的斜率为零，这时，热边界层内由化学反应放出的热量全部向外界的冷混合气体传递。当质点温度稍高于 T_c 时，化学反应速率增大到这样的程度，以至于化学反应放热的速率大于热边界向外的热传递速率，所以热边界层内的温度升高，其温度最大值出现在离质点表面很小距离处，于是热流就部分地传向质点。在这样的条件下，稳定的温度分布就变为不可能，因为这时温度最大值不断地离开质点表面。当在质点表面处的温度梯度等于零时，气体反应层（即火焰）开始向未燃混合气传播。这种火焰传播的开始即认为是强迫着火的判据。

3.5.2.2　电火花引燃

关于电火花点火的机理有两种理论：一种是着火的热理论，它把电火花看做一个外加的高温热源，由于它的存在使靠近它的局部混合气体温度升高，以致达到着火临界工况而被点燃，然后再靠火焰传播使整个容器内混合气体着火燃烧；另一种是着火的电理论，它认为混合气的着火是由于靠近火花部分的气体被电离而形成活性中心，提供了进行链式反应的条件，由于链式反应的结果使混合气燃烧起来。实验表明，两种机理同时存在，一般情况，低温时电离作用是主要的；但当电压提高后，主要是热的作用。它是发动机燃烧室中广泛应用的一种点火方式，因此，研究电火花点燃有重要的实际意义。

电火花点火的特点是所需能量不大，如化学计量比的氢和空气混合气体，所需电火花点火的能量仅仅需要 2.01×10^{-5} J。其点火如图 3-15 所示，由放在可燃混合气中两根电极间的电火花放电来实现，电极可以是有凸缘电极也可以是无凸缘电极，通常用不锈钢制成。

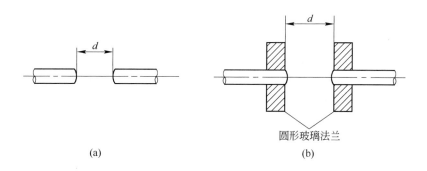

图 3-15　研究火花引燃的有无凸缘电极的几何布置
（a）无凸缘电极；（b）有凸缘电极

3.5.2.3　火焰点火

很多工业燃烧装置及航空发动机上，由于所使用的燃料着火比较困难（如煤粉、重油等）或着火条件差，所以要求使用能量更高的点火装置来实现点火过程，此时，上述的炽热物体、电火花等点燃方式均不能满足要求。这种情况下，一般采用多级点火方式，即首先利用电火花等点燃气体燃料或轻质燃油，形成能量较大的引燃火焰，再使该火焰点燃煤粉、重油或其他燃料，实现燃烧工况。

火焰点火就是先用其他方法将燃烧室中易燃的混合气点燃，形成一股稳定的小火焰，并以它作为热源去点燃较难着火的混合气。其最大优点在于具有较大的点火能量。

3.5.3 引燃最小能量

实验表明，当电极间隙内的混合气比、温度、压力一定时，为形成初始火焰中心，电极放电能量必须有一最小极值。放电能量大于此最小极值，初始火焰中心就可能形成；放电能量小于此最小极值，初始火焰中心就不能形成，这个最小放电能量就是引燃最小能量，见表3-1。从表3-1中可以看出，不同的混合气所需的最小引燃能 E_{min} 是不相同的。对于给定的混合气，混合气压力及初温不同时，最小引燃能 E_{min} 也不相同。

表 3-1　在室温及 0.1MPa 下化学计量混合剂的淬熄距离和着火能量

燃　料	氧化剂	d_p/mm	E_{min}/J
氢	45%溴	3.65	
氢	空气	0.64	$0.48 \times 4.186 \times 10^{-5}$
氢	O_2	0.25	$0.10 \times 4.186 \times 10^{-5}$
甲　烷	空气	2.55	$7.90 \times 4.186 \times 10^{-5}$
甲　烷	O_2	0.30	$0.15 \times 4.186 \times 10^{-5}$
乙　炔	空气	0.76	$0.72 \times 4.186 \times 10^{-5}$
乙　炔	O_2	0.09	$0.01 \times 4.186 \times 10^{-5}$
乙　烯	空气	1.25	$2.65 \times 4.186 \times 10^{-5}$
乙　烯	O_2	0.19	$0.06 \times 4.186 \times 10^{-5}$
丙　烷	空气	2.03	$7.29 \times 4.186 \times 10^{-5}$
丙　烷	Ar + 空气	1.04	$1.84 \times 4.186 \times 10^{-5}$
丙　烷	He + 空气	2.53	$10.83 \times 4.186 \times 10^{-5}$
丙　烷	O_2	0.24	$0.10 \times 4.186 \times 10^{-5}$
1-3 丁二烯	空气	1.25	$5.62 \times 4.186 \times 10^{-5}$
异丁烷	空气	2.20	$8.22 \times 4.186 \times 10^{-5}$
二硫化碳	空气	0.51	$0.36 \times 4.186 \times 10^{-5}$
n-戊烷	空气	3.30	$19.6 \times 4.186 \times 10^{-5}$
苯	空气	2.79	$13.15 \times 4.186 \times 10^{-5}$
环己烷	空气	3.30	$20.55 \times 4.186 \times 10^{-5}$
环己烷	空气	4.06	$32.98 \times 4.186 \times 10^{-5}$
n-己烷	空气	3.56	$22.71 \times 4.186 \times 10^{-5}$
l-己烷	空气	1.87	$5.24 \times 4.186 \times 10^{-5}$
n-庚烷	空气	3.81	$27.49 \times 4.186 \times 10^{-5}$
异辛烷	空气	2.84	$13.71 \times 4.186 \times 10^{-5}$
n-烷	空气	2.06	$7.21 \times 4.186 \times 10^{-5}$
l-烷	空气	1.97	$6.60 \times 4.186 \times 10^{-5}$
n-丁苯	空气	2.28	$8.84 \times 4.186 \times 10^{-5}$
氧乙烯	空气	1.27	$2.51 \times 4.186 \times 10^{-5}$
氧丙烯	空气	1.30	$4.54 \times 4.186 \times 10^{-5}$
甲基甲酸盐	空气	1.65	$14.82 \times 4.186 \times 10^{-5}$
二乙基醚	空气	2.54	$11.71 \times 4.186 \times 10^{-5}$

3.5.4　电极熄火距离

大量实验表明，当其他条件给定时，最小引燃能 E_{min} 与电极间距离 d 有关，如图 3-16 所示。从图 3-16 中可以看出，电极距离 d 过小时，由于间隙太小，初始火焰向电极传热过大，传递给周围预混可燃气的热量相应减少，造成火焰不能传播。当 d 小于某一临界值 d_p 时，无论多大的点火能量都不能使混合气引燃，这个不能引燃混合气的电极间最大距离 d_p 称为电极熄火距离，又称为淬熄距离。d_p 与 E_{min} 两者间具有如下关系：

$$E_{min} = K d_p^2 \tag{3-45}$$

式中　K——比例常数，对于大多数碳氢化合物，K 值约为 $7.02 \times 10^{-3} \text{J/cm}^2$。

当 $d > d_p$ 时，随着 d 的增大，点火能量逐渐减小，直至为 E_{min}；但是，随后点火能量又会随着 d 的增大而逐渐提高。也就是说，在给定条件下，电极距离有一最危险值 $d_{危}$，电极距离大于或小于最危险值时，最小引燃能增加；电极距离等于最危险值时，最小引燃能最小。

最小点火能量 E_{min} 和电极熄火距离（淬熄距离）d_p 主要取决于混合可燃气性质、成分、压力、温度、流动状况以及电极形状等参数。图 3-17 所示为最小引燃能 E_{min} 与预混可燃气中燃料成分 x_f 之间的关系。该图表明，在化学当量比附近，E_{min} 最低；燃料过富或者过贫时，E_{min} 趋于无穷大，即意味着预混可燃气无法被点燃。另外，当电火花的点火能量降低时，预混可燃气的着火范围 $x_{f1} \sim x_{f2}$ 将会变窄，存在点火极限。

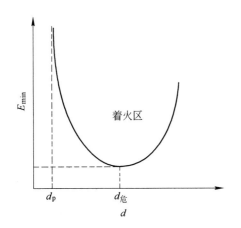

图 3-16　最小引燃能 E_{min} 与
电极熄火距离 d_p 的关系

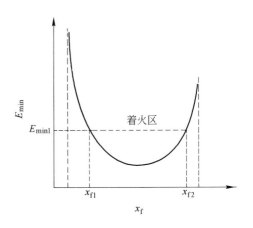

图 3-17　最小引燃能 E_{min} 与
预混可燃气中燃料成分 x_f 之间的关系

3.5.5　静止混合气中电火花引燃最小能量的半经验公式

3.5.5.1　假设条件

在静止混合气中，电极间的火花使气体加热，当在下列条件时，物理模型如图 3-18 所示：（1）火花加热区是球形，最高温度是混合气理论燃烧温度 T_m，温度均匀分布，环

境温度为 T_∞；（2）引燃时，在火焰厚度 δ 内形成由温度 T_m 变成 T_∞ 的线性温度分布；（3）电极间距离足够大，忽略电极的熄火作用；（4）反应为二级反应。

3.5.5.2 最小火球半径

当火球半径达到最小火球半径时，其对应的能量为最小引燃能，引燃成功。现在求这个最小火球半径。

火球区的混合气在电火花加热下进行化学反应并放出热量，同时，火球又通过表面向未燃混合气散失热量。根据前面分析，如果引燃，在传播开始瞬间，化学反应放出的热量应等于火球导走的热量，火球的温度才会回升，并形成稳定的温度分布，同时向未燃混合气传播出去，即：

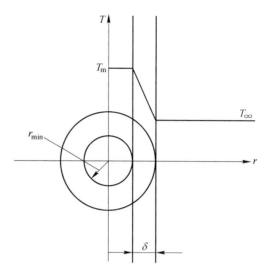

图 3-18　电火花点火模型

$$\frac{4}{3}\pi r^3 K_{0s}\Delta H_c\rho_\infty^2 f_F f_{0x}e^{-\frac{E}{RT_m}} = -4\pi r_{min}^2 K\left(\frac{dT}{dr}\right)_{r=r_{min}} \tag{3-46}$$

式 3-46 右边的温度梯度可以近似简化为：

$$-\left(\frac{dT}{dr}\right)_{r=r_{min}} = \frac{T_m - T_\infty}{\delta} \tag{3-47}$$

式中　δ——层流火焰前沿厚度。

若进一步假定：

$$\delta = Cr_{min} \tag{3-48}$$

式中　C——常数。

将式 3-46、式 3-47 代入式 3-48 得：

$$r_{min} = \left[\frac{3K(T_m - T_\infty)e^{\frac{E}{RT_m}}}{CK_{0s}\Delta H_c\rho_\infty^2 f_F f_{0x}}\right]^{1/2} \tag{3-49}$$

3.5.5.3 电火花引燃最小能量 E_{min} 计算公式

对半径为 r_{min} 的火球内的混合气，温度从初温 T_∞ 升到理论燃烧温度 T_m，其能量是由电火花供给的，这个能量就是最小引燃能 E_{min}。计算式为：

$$E_{min} = K_1\left(\frac{4}{3}\pi r_{min}^3\right)\rho_\infty\bar{c}_p(T_m - T_\infty) \tag{3-50}$$

式中　K_1——经验修正系数，因为电火花提供的最小引燃能 E_{min} 不一定恰好使混合气温度升高到理论燃烧温度 T_m，而是往往比 T_m 高，所以用 K_1 修正所做的假定；

　　　　$\bar{c}_p$——混合气平均比定压热容。

将式 3-49 代入式 3-50 得：

$$E_{min} = K'\bar{c}_p K^{3/2}\Delta H_c^{-3/2} f_F^{-3/2} f_{0x}^{-3/2}\rho_\infty^{-2}(T_m - T_\infty)^{5/2}e^{\frac{3E}{2RT_m}} \tag{3-51}$$

式 3-51 即为电火花引燃最小能量 E_{min} 的半经验公式,式中 K' 为常数,其计算式为:

$$K' = K_1 \frac{4}{3} \pi \left(\frac{3}{CK_{0s}} \right)^{3/2} \tag{3-52}$$

3.5.5.4 影响电火花引燃的主要因素

用电火花引燃混合气,电极距离必须大于熄火距离 d_p,同时,放电能量必须大于某一最小引燃能,否则电火花不能引燃混合气。

不同的预混可燃气体,其最小引燃能和电极熄火距离是不同的;对于给定的某种混合气,混合气比、混合气压力和混合气温度不同时,其最小引燃能也不相同。影响电火花引燃的主要因素是:

(1)比定压热容 $\bar{c}_p$ 越大,最小引燃能 E_{min} 越大,混合气越不容易引燃。这是因为比定压热容大,混合气升温时吸收的热量多。

(2)导热系数 K 越大,最小引燃能 E_{min} 越大,混合气越不容易引燃。这是因为火花能量被迅速传导出去,使与火花接触的混合气温度不易升高。

(3)燃烧热 ΔH_c 大,最小引燃能 E_{min} 小,混合气容易引燃。

(4)混合气压力大,即密度 ρ_∞ 大,最小引燃能 E_{min} 小,混合气容易引燃。

(5)混合气初温 T_∞ 高,最小引燃能 E_{min} 小,混合气容易引燃。

(6)混合气活化能 E 大,最小引燃能 E_{min} 大,混合气不容易引燃。

3.6 白磷自燃实验

本节介绍用红磷演示白磷自燃的方法,实验目的是为了观测自燃的过程和现象。实验原理是:红磷在隔绝空气加热达到其升华温度 416℃时,即变成磷蒸气。磷蒸气遇冷凝结,生成白磷。若使磷蒸气分散凝结在纸条上,当纸条与空气接触时,由于大量白磷小颗粒被氧化,产生的热量使附有白磷的纸条发生燃烧。

3.6.1 实验方法

(1)在干燥试管中加入 0.1~0.2 克红磷,然后把试管固定在铁架台上,使管口稍微向下倾斜,如图 3-19 所示。

(2)将书写用的白纸,裁成长 20 厘米、宽 2 厘米左右的纸条。把纸条沿试管壁伸入试管中,使纸条的顶端离红磷约 3 厘米,再在试管口堵上一团浸有硫酸铜浓溶液的棉花。

(3)用酒精灯先均匀预热试管,然后固定在试管底部加热。这时红磷逐渐气化并冷凝附着在纸条上。待红磷完全气化后停止加热。

(4)当试管冷却后,把纸条从试管中抽出(注意不要把纸条弄断,也不要把纸条上附着的白磷抖落),则附着在上面的白磷小颗粒被

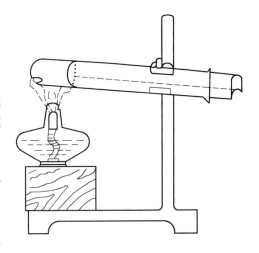

图 3-19 磷的自燃实验

空气氧化发热，立即燃烧。

（5）如要使纸条抽出后不立即燃烧，可在抽出纸条前，用一长滴管把酒精滴在附有白磷的纸条上（滴管不要与白磷接触），纸条吸附酒精然后再抽出。这样用酒精润湿的纸条，就不会立即燃烧，过 3~5 分钟，待酒精完全挥发后，白磷才燃烧。

3.6.2 注意事项

（1）红磷的用量以 0.1~0.2 克为宜。过多不仅实验时间延长，还可能使附着在纸条上的白磷在纸条抽出时脱落，把燃烧的白磷引向其他地方或把实验者的衣物、皮肤烧伤；过少则达不到氧化燃烧的温度，不能发火燃烧。

（2）为使纸条抽出试管后，过几分钟才开始燃烧。滴入酒精（工业酒精）的量很重要，酒精量多，完全蒸发需时较长，开始燃烧所需时间也长；反之则短。酒精滴量以纸条抽出时不向下滴酒精为度。

（3）实验中所用的二硫化碳、白磷都是有毒物质，因此应注意安全。二硫化碳的蒸气和氰化氢一样，空气中浓度超过 $10mg/m^3$ 就会对人身产生毒害。故必须控制白磷二硫化碳溶液的用量，同时还要注意通风。

白磷是剧毒品，0.1 克白磷进入人体即可致死。为防止磷蒸气逸散于空气中，故在试管口要堵一团浸有硫酸铜浓溶液的棉花，使逸出的磷蒸气与硫酸铜作用生成无毒、难挥发的磷酸。

（4）实验时所使用的仪器若附有白磷（如试管），应在清洗前用 5% 的硫酸铜溶液浸泡，使白磷转化为无毒、不易自燃的化合物。不要用试管刷直接刷附有白磷的试管，以防白磷在试管刷上燃烧发生危险。

吸收白磷表面水的滤纸、滴有白磷二硫化碳而未燃尽的纸条、吸收白磷蒸气的棉花等物，必须及时集中起来销毁。

习题与思考题

3-1 可燃物有哪几种着火方式，它们有什么相同点和不同点，如何正确地理解着火条件？用谢苗诺夫热自燃理论解释着火条件。

3-2 热自燃理论的基本出发点是什么，热自燃着火的机理是什么？

3-3 什么是放热速度，什么是散热速度，用公式如何表达它们？利用放热曲线和散热曲线的位置关系，分析说明谢苗诺夫热自燃理论中着火的临界条件。

3-4 什么是热自燃着火的感应期，当初始温度远远高于着火温度时，是否还存在感应期，为什么？

3-5 防止热自燃的措施有哪些？

3-6 着火与熄火是否是可逆的两个过程？请说明原因。

3-7 链式自燃的临界条件是如何定义的？

3-8 以 H_2 和 O_2 的爆炸过程说明化学爆炸的发展过程。

3-9 用支链反应理论解释氢氧混合气的燃烧半岛现象。

3-10 为什么氢氧反应会存在着火半岛现象？

3-11 常用的点火方式有哪些？

3-12 什么是电火花点火的最小点火能量？

4 可燃气体的燃烧与爆炸

在石油化工企业的生产中，会产生各种各样的可燃气体，可燃气体也经常作为这些企业生产过程中的原料。而在人们的日常生活中，可燃气体也是随处可见。可燃气体燃烧会引起爆炸，在特定条件下还会引起爆轰，对建筑设施、工业设备等会造成严重破坏，同时还会危及人身安全。因此，研究气体的燃烧及爆炸规律，对于预防此类事故以及事故发生后的救灾都具有重要意义。

4.1 层流预混火焰传播机理

如果在静止的可燃混合气中某处发生了化学反应，则随着时间的进展，此反应将在混合气中传播，根据反应机理的不同，可划分为缓燃和爆震两种形式。火焰正常传播是依靠导热和分子扩散使未燃混合气温度升高，并进入反应区而引起化学反应，从而使燃烧波不断向未燃混合气中推进。这种传播形式的速度一般不大于 $1\sim3\mathrm{m/s}$。传播是稳定的，在一定的物理、化学条件下（例如温度、压力、浓度、混合比等），其传播速度是一个不变的常数。而爆震波的传播不是通过传热、传质发生的，它是依靠激波的压缩作用使未燃混合气的温度不断升高而引起化学反应，使燃烧波不断向未燃混合气推进。这种形式的传播速度很高，常大于 $1000\mathrm{m/s}$。这与正常火焰传播速度形成了明显的对照，其传播过程也是稳定的。下面从化学流体力学的观点来进一步阐明这个问题。

为了研究其基本特点，考察一种最简单的情况，即一维定常流动的平面波，即假定混合气的流动（或燃烧波的传播速度）是一维的稳定流动；忽略黏性力及体积力；并假设混合气为完全气体，其燃烧前后的比定压热容 c_p 为常数，其相对分子质量也保持不变。反应区相对于管子的特征尺寸（如管径）是很小的，与管壁无摩擦、无热交换。在分析过程中，不是分析燃烧波在静止可燃混合气中的传播，而是把燃烧波驻定下来，混合气不断向燃烧波流来，则燃烧波相对于无穷远处可燃混合气的流速 u_∞ 就是燃烧波的传播速度，其物理模型如图 4-1 所示。

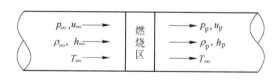

图 4-1 燃烧过程示意图

根据以上假设，可得如下守恒方程：

（1）连续方程。

$$\rho_p u_p = \rho_\infty u_\infty = C = 常量 \tag{4-1}$$

式中，下标"∞"表示燃烧波上游无穷远处的可燃混合气的参数；下标"p"表示燃烧波下游无穷远处的燃烧产物的参数。

（2）动量方程。由于忽略了黏性力与体积力，因此动量方程为：

$$p_p + \rho_p u_p^2 = p_\infty + \rho_\infty u_\infty^2 = 常量 \tag{4-2}$$

（3）能量方程。由于忽略了黏性力、体积力以及无热交换，则能量方程可简化为：

$$h_p + \frac{u_p^2}{2} = h_\infty + \frac{u_\infty^2}{2} = 常量 \tag{4-3}$$

状态方程（完全气体）为：

$$pV = nRT$$

或

$$p_p = \rho_p R_p T_p, \quad p_\infty = \rho_\infty R_\infty T_\infty$$

（4）状态的热量方程。对于不变化比定压热容的热量方程为：

$$h_p - h_{p*} = c_p(T_p - T_*), h_\infty - h_{\infty*} = c_p(T_\infty - T_*) \tag{4-4}$$

式中 h_{p*}——在参考温度 T_* 时的焓（包括化学焓）。

由式 4-3、式 4-4 得：

$$c_p T_p + \frac{u_p^2}{2} - (\Delta h_{\infty p})_* = c_p T_\infty + \frac{u_\infty^2}{2} \tag{4-5}$$

式中，$(\Delta h_{\infty p})_* = h_{p*} - h_{\infty*} = Q$（单位质量可燃混合气的反应热），因此式 4-5 可改写为：

$$c_p T_p + \frac{u_p^2}{2} - Q = c_p T_\infty + \frac{u_\infty^2}{2} \tag{4-6}$$

由式 4-1、式 4-2 得：

$$p_\infty + \frac{m^2}{\rho_\infty} = p_p + \frac{m^2}{\rho_p} \tag{4-7}$$

或

$$\frac{p_p - p_\infty}{\dfrac{1}{\rho_p} - \dfrac{1}{\rho_\infty}} = -m^2 = -\rho_\infty^2 u_\infty^2 = -\rho_p^2 u_p^2 \tag{4-8}$$

式 4-8 在图 4-2 上是一直线，其斜率为 $-m^2$，此直线称为瑞利（Rayleigh）直线，它

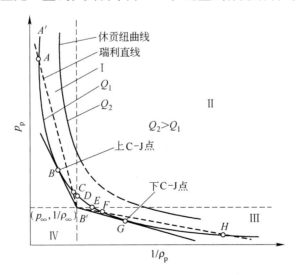

图 4-2　燃烧状态图

是在给定的初态 p_∞ 和 ρ_∞ 情况下，过程终态 p_p 和 ρ_p 间应满足的关系。

另一方面，由式 4-4、式 4-6、式 4-8 得：

$$h_p - h_\infty = c_p T_p - c_p T_\infty - Q$$

$$= \frac{u_\infty^2}{2} - \frac{u_p^2}{2} = \frac{m^2}{2}\left(\frac{1}{\rho_\infty^2} - \frac{1}{\rho_p^2}\right) = \frac{m^2}{2}\left(\frac{1}{\rho_\infty} - \frac{1}{\rho_p}\right)\left(\frac{1}{\rho_\infty} + \frac{1}{\rho_p}\right)$$

$$= \frac{1}{2}(p_p - p_\infty)\left(\frac{1}{\rho_\infty} + \frac{1}{\rho_p}\right) \tag{4-9}$$

利用状态方程及下式（γ 是比热比，它是描述气体热力学性质的一个重要参数，定义为比定压热容 c_p 与比定容热容 c_V 之比）：

$$c_p/R = \frac{\gamma}{\gamma - 1}$$

消去温度得：

$$\frac{\gamma}{\gamma - 1}\left(\frac{p_p}{\rho_p} - \frac{p_\infty}{\rho_\infty}\right) - \frac{1}{2}(p_p - p_\infty)\left(\frac{1}{\rho_\infty} + \frac{1}{\rho_p}\right) = Q \tag{4-10}$$

式 4-10 称为休贡纽（Hugoniot）方程，它在图 4-2 上的曲线为休贡纽曲线，它是在消去参量 m 之后，在给定初态 p_∞、ρ_∞ 及反应热 Q 的情况下，终态 p_p 和 ρ_p 之间的关系。

此外，从式 4-8 可得：

$$u_\infty^2\left(\frac{1}{\rho_\infty} - \frac{1}{\rho_p}\right) = \frac{p_p - p_\infty}{\rho_\infty^2}$$

即

$$u_\infty^2 = \frac{1}{\rho_\infty^2}\left(\frac{p_p - p_\infty}{1/\rho_\infty - 1/\rho_p}\right)$$

因为声速 c_∞ 可写成：

$$c_\infty^2 = \gamma R T_\infty = \gamma p_\infty \frac{1}{\rho_\infty}$$

所以可得：

$$\gamma Ma_\infty^2 = \left(\frac{p_p}{p_\infty} - 1\right)\bigg/\left(1 - \frac{1/\rho_p}{1/\rho_\infty}\right) \tag{4-11}$$

或

$$\gamma Ma_p^2 = \left(1 - \frac{p_\infty}{p_p}\right)\bigg/\left(\frac{1/\rho_\infty}{1/\rho_p} - 1\right) \tag{4-12}$$

式中 Ma——马赫数，$Ma = \dfrac{u}{C_\infty}$。

一旦混合气的初始状态（p_∞，ρ_∞）给定，则最终状态（p_p，ρ_p）必须同时满足式 4-8 和式 4-10，即在图 4-2 上瑞利直线与休贡纽曲线之交点就是可能达到的终态。现在将瑞利直线（m 不同时可得一组直线）和休贡纽曲线（当 Q 不同时可得一组曲线）同时画在图上，如图 4-2 所示。分析图 4-2 可得出如下一些重要结论：

（1）图 4-2 中（$1/\rho_\infty$，p_∞）是初态，通过（$1/\rho_\infty$，p_∞）点分别作 p_p 轴、$1/\rho_p$ 轴的平行线（即图中互相垂直的两虚线），则将（p_∞，$1/\rho_\infty$）平面分成 4 个区域（Ⅰ、Ⅱ、Ⅲ、Ⅳ）。过程的终态只能发生在Ⅰ区、Ⅲ区，不可能发生在Ⅱ区、Ⅳ区。这是因为从式 4-8 中可知，瑞利直线的斜率为负值，因此，通过（$1/\rho_\infty$，p_∞）点的两条虚直线是瑞利直线的极限状况，这样，休贡纽曲线中 DE 段（以虚线表示）是没有物理意义的，所以整个Ⅱ区、Ⅳ区是没有物理意义的，终态不可能落在此两区内。

（2）交点 A、B、C、D、E、F、G、H 等是可能的终态。区域Ⅰ是爆震区，而区域Ⅲ是缓燃区。因为在Ⅰ区中，$1/\rho_p < 1/\rho_\infty$，$p_p > p_\infty$，即经过燃烧波后气体被压缩，速度减慢。其次，由式 4-11 可知，这时等式右边分子的值要比 1 大得多，而分母小于 1，这样等式右边的数值肯定要比 1.4 大得多，若取 $\gamma = 1.4$，则得 $M_\infty > 1$，由此可见，这时燃烧波是以超声速在混合气中传播的。因此Ⅰ区是爆震区。相反，在Ⅲ区 $1/\rho_p > 1/\rho_\infty$，$p_p < p_\infty$，即经过燃烧波后气体膨胀，速度增加。同时由式 4-11 可知，这时等式右边的分子绝对值小于 1，而其分母绝对值大于 1，因此等式右边的值将小于 1，这样使 $M_\infty < 1$，所以这时燃烧波是以亚声速在混合气中传播的，该区称为缓燃区。

（3）瑞利与休贡纽曲线分别相切于 B、G 两点。B 点称为上恰普曼-乔给特（Chapman-Jouguet）点，简称为上 C-J 点，具有终点 B 的波称为 C-J 爆震波。AB 段称为强爆震，BD 段称为弱爆震。在绝大多数实验条件下，自发产生的都是 C-J 爆震波，但人工的超声速燃烧可以造成强爆震波。EG 段为弱缓燃波，GH 段称为强缓燃波。实验指出，大多数的燃烧过程是接近于等压过程的，因此，强缓燃波不能发生，有实际意义的将是 EG 段的弱缓燃波，而且是 $M_\infty \approx 0$。

（4）当 $Q = 0$ 时，休贡纽曲线通过初态（$1/\rho_\infty$，p_∞）点，这就是普通的气体力学激波。

4.2 层流预混火焰传播速度

4.2.1 火焰传播速度的定义

4.2.1.1 火焰前沿（前锋、波前）

若在一容器中充满均匀混合气体，当用点火花或其他加热方式使混合气的某一局部燃烧，并形成火焰，此后依靠导热的作用将能量输送给火焰邻近的冷混合气层，使混合气温度升高而引起化学反应，并形成新的火焰，这样，一层一层的混合气依次着火，也就是薄薄的化学反应区开始由点燃的地方向未燃混合气传播，它使已燃区与未燃区之间形成了明显的分界线，这层薄薄的化学反应发光区称为火焰前沿。

试验证明，火焰前沿厚度相对于系统的特性尺寸来说是很薄的，因此，在分析实际问题时，经常把它看成一个几何面。

4.2.1.2 火焰位移速度及火焰法向传播速度

火焰位移速度是火焰前沿在未燃混合气中相对于静止坐标系的前进速度，其前沿的法向指向未燃气体。若火焰前沿在 t 到 $t + dt$ 时间间隔内的位移为 dn，则位移速度 u 为：

$$u = \lim_{\Delta t \to 0} \frac{\Delta n}{\Delta t} = \frac{\mathrm{d}n}{\mathrm{d}t} \tag{4-13}$$

火焰法向传播速度是指火焰面对于无穷远处的未燃混合气在其法线方向上的速度。若火焰前沿的位移速度为 u，未燃混合气流速为 w，它在火焰前沿法向上的分速度为 w_n，则火焰法向传播速度 s_1 为：

$$s_1 = u \pm w_n \tag{4-14}$$

当位移速度 u 与气流速度的方向一致时，取负号；反之，则取正号。当气流速度 $w = 0$ 时，$s_1 = u$，这时所观察到的火焰移动的速度就是火焰传播速度。

4.2.2　火焰焰锋结构

设想在一圆管中有一平面形焰锋（实际上，火焰在管中传播时焰锋呈抛物线形状），焰锋在管内稳定不动，预混可燃混合气体以 s_1 的速度沿着管子向焰锋流动（见图4-3）。实验指出，火焰前锋是一很窄的区域，其宽度只有几百微米甚至几十微米，它将已燃气体和未燃气体分隔开，并在这很窄的宽度内（宽度为 δ 的区域内）完成化学反应、热传导和物质扩散等过程。图4-3中显示出了火焰焰锋内反应物的浓度、温度及反应速度的变化情况。由于火焰前锋的宽度和表面曲率很小，可以认为在焰锋内温度和浓度只是坐标 x 的函数。从图中可以看出：在前锋宽度内，温度由原来的预混气体的初始温度 T_0 逐渐上升到燃烧温度 T_f，同时反应物的浓度 C 由 o—o 截面上的接近于 C_0 逐渐减少到 a—a 截面上接近于零。严格地说，预混气体初始状态 $T = T_0$、$C = C_0$、$w = 0$，应相当于 $x \to -\infty$ 处截面；而已燃气体的最终状态 $T = T_f$、$C = 0$、$w = 0$，应相当于 $x \to +\infty$ 处截面。在火焰前锋内，实际上只有 95% ~ 98% 燃料发生了反应。火焰前锋的变化宽度极小，但在此宽

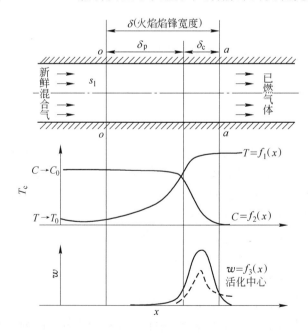

图4-3　火焰前沿结构示意图

度内，温度和浓度变化很大，出现极大的温度梯度 dT/dx 和浓度梯度 dC/dx，因而火焰中有强烈的热流和扩散流。热流的方向从高温火焰向低温新鲜混合气，而扩散流的方向则从高浓度向低浓度，如新鲜混合气的分子由 $o—o$ 截面向 $a—a$ 截面方向扩散，反之，燃烧产物分子，如已燃气体中的游离基和活化中心（如 OH、H 等）则向新鲜混合气方向扩散。因此，在火焰中分子的迁移不仅受到质量流（气体有方向的流动）的作用，而且还受到扩散的作用。这样就使火焰前锋整个宽度内产生了燃烧产物与新鲜混合气的强烈混合。

从图 4-3 中还可看到化学反应速度的变化情况。在初始较大宽度 δ_p 内，化学反应速度很小，一般可不考虑，其中温度和浓度的变化主要由于导热和扩散，所以这部分焰锋宽度统称为"预热区"，新鲜混合气在此得到加热。此后，化学反应速度随着温度的升高按指数函数规律急剧地增大，同时发出光与热，温度很快地升高到燃烧温度 T_f。在温度升高的同时，反应物浓度不断减少，因此，化学反应速度达到最大值时的温度要比燃烧温度 T_f 略低，但接近燃烧温度。由此可见，火焰中化学反应总是在接近于燃烧温度的高温下进行的（这点很重要，它是火焰传播速度热力理论的基础）。化学反应速度愈快，火焰传播速度愈快，气体在火焰前锋内停留时间就愈短。但这短促的时间对于在高温作用下的化学反应来说已足够了。绝大部分可燃混合气（约 95% ~98%）是在接近燃烧温度的高温下发生反应的，因而火焰传播速度也就对应于这个温度。这些变化都是发生在焰锋宽度余下的极为狭窄的区域 δ_c 内，在这个区域内，反应速度、温度和活化中心的浓度达到了最大值。这一区域一般称为"反应区"或"燃烧区"或火焰前锋的"化学宽度"。焰锋的化学宽度总小于其物理宽度（即焰锋宽度 δ_c），即 $\delta_c < \delta_p$。在火焰焰锋中发生的化学反应还有一个特点，就是着火延迟时间（即感应期）很短，甚至可以认为没有，这是与自燃过程不同的。因在自燃过程中，加速化学反应所需的热量和活化中心都是靠过程本身自行积累，因此需要一个准备时间；而在火焰焰锋中，导入的热流和活化中心的扩散都很强烈，预混气体温度的升高很快，因而着火准备期很短。

4.2.3 层流火焰传播速度——马兰特简化分析

其物理模型如图 4-4 所示。主要思想是，若由Ⅱ区导出的热量能使未燃混合气的温度上升至着火温度 T_i，则火焰就能保持温度的传播。并设反应区中温度分布为线性分布，即：

$$\frac{dT}{dx} \approx \frac{T_m - T_i}{\delta_c} \qquad (4-15)$$

式中 δ_c——反应区宽度。

因此，热平衡方程式为：

$$Gc_p(T_i - T_\infty) = Ak\frac{T_m - T_i}{\delta_c} \qquad (4-16)$$

式中 G——质量流量；

A——管道的横截面积；

k——导热系数。

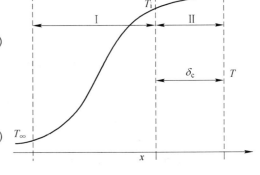

图 4-4 马兰特的火焰前沿中温度分布模型
Ⅰ—预热区；Ⅱ—反应区

因为

$$G = \rho F u = F \rho_\infty s_1 \qquad (4\text{-}17)$$

所以

$$\rho_\infty s_1 c_p (T_i - T_\infty) = k \frac{T_m - T_i}{\delta_c}$$

或

$$s_1 = \frac{k}{\rho_\infty c_p} \cdot \frac{T_m - T_i}{T_i - T_\infty} \cdot \frac{1}{\delta_c} = a \frac{T_m - T_i}{T_i - T_\infty} \cdot \frac{1}{\delta_c} \qquad (4\text{-}18)$$

式中，F 为管道的横截面积；$a = k/\rho_\infty c_p$，称热扩散系数。

又因

$$\delta_c = s_1 \tau_c = s_1 \frac{\rho_\infty f_{s\infty}}{w_s} \qquad (4\text{-}19)$$

式中 τ_c——化学反应时间；

ρ_∞——混合气初始质量浓度；

$f_{s\infty}$——混合气的初始质量相对浓度；

w_s——可燃混合气反应速度。

将式 4-19 代入式 4-18 得：

$$s_1 = \sqrt{a \frac{T_m - T_i}{T_i - T_\infty} \cdot \frac{w_s}{\rho_\infty f_{s\infty}}} \qquad (4\text{-}20)$$

式 4-20 表明层流火焰传播速度 s_1 与热扩散系数 a 及化学反应速度 w_s 的平方根成正比。这一结论已由实验证明是正确的。

又因

$$w_s = k_{0s} \rho_\infty^n f_{s\infty}^n \mathrm{e}^{\frac{-E}{RT_m}}, \quad a = \frac{k}{\rho_\infty c_p}$$

所以

$$s_1 = \sqrt{\frac{k(T_m - T_i) k_{0s} \rho_\infty^{n-2} f_\infty^{n-1} \mathrm{e}^{\frac{-E}{RT_m}}}{c_p(T_i - T_\infty)}} \qquad (4\text{-}21)$$

据 $p \propto \rho$ 关系可得：

$$s_1 \propto \sqrt{\rho_\infty^{n-2}} \propto \sqrt{p^{n-2}} = p^{\frac{n}{2}-1}$$

式中 n——反应级数。

式 4-21 意味着对于二级反应，火焰传播速度 s_1 与压力无关。大多数碳氢化合物与氧的反应，其反应级数接近 2，因此，火焰传播速度 s_1 与压力关系不大，实验也证明了这个结论。

4.2.4 影响火焰传播速度的因素

4.2.4.1 燃料与氧化剂比值的影响

图 4-5 及图 4-6 所示为 CO 与空气和氢气与空气的比值对火焰传播速度的影响示意图。

从图中可以十分清楚地看到，当混合物太浓或太稀时，火焰均不能传播，这就形成了燃烧界限的上限及下限，在燃烧界限处的燃烧速度急速降低。对大多数混合物而言，最大火焰传播速度是发生在组分为化学计量比处。

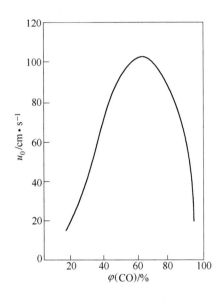

图4-5　CO与空气的比值对
火焰传播速度的影响

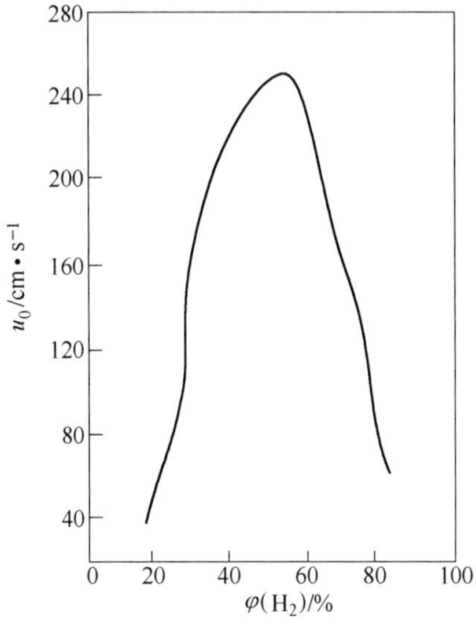

图4-6　氢气与空气比值和
火焰传播速度的关系

4.2.4.2　燃料结构的影响

Gerslein、Levine 及 Wong 对大量的碳氢化合物、空气混合物的燃烧速度做了测定，以便了解燃料分子结构对燃烧速度的影响。

随着相对分子质量的增加，燃烧界限的范围变窄。图4-7所示为三族烃燃料分子的碳原子数不同时对燃烧速度的影响。对于饱和碳氢化合物（如烷属烃中的乙烷、丙烷、丁烷、戊烷、己烷等），燃烧速度（约为70cm/s）几乎与碳原子数 n_C 无关。对于非饱和烃，碳原子数 n_C 减少时，燃烧速度 u_0 增加。当 $n_C < 4$ 时，u_0 随 n_C 的增加而急剧下降。随碳原子数的进一步增加，燃烧速度 u_0 下降得很缓慢了，当 $n_C > 8$ 时，燃烧速度 u_0 达到其饱和值后不再变化。

4.2.4.3　压力的影响

Lewis 对不同的碳氢、氧、氮、氩混合剂，用定容燃烧研究了压力对燃烧速度的影响。他按 $u_0 \propto p^n$ 比例关系成立的原则，决定了不同混合剂的 n 值。图4-8所示为不同碳氢化合物火焰的压力指数 n。大体上，当燃烧速度低时（小于

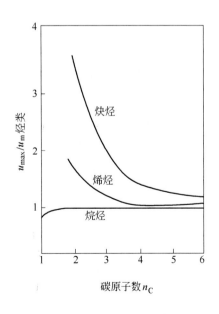

图4-7　不同碳原子数 n_C 对燃烧速度的影响

50cm/s），随压力的降低燃烧速度增高；在 50～100cm/s 范围时，燃烧速度与压力无关；当速度很高时（大于 100cm/s），随压力的增大，燃烧速度加快。

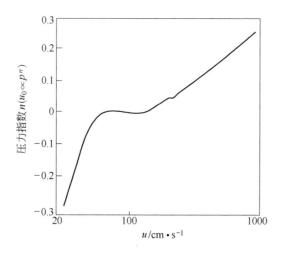

图 4-8　压力指数对燃烧速度 u 的影响

在火焰传播机理中知道，上述 $u_0(p)$ 的关系表明：当燃烧速度 $u_0 < 50$cm/s 时，总的燃烧反应级数小于 2；对于 50cm/s $< u_0 <$ 100cm/s，总燃烧反应级数为 2；对于 $u_0 >$ 100cm/s，其反应级数大于 2。Spalding 从 Levine 实验结果得出的结论为：当混合物的燃烧速度 $u_0 = 25$cm/s 时，总的燃烧反应级数与压力的关系表明总的反应级数为 1.4；而 $u_0 =$ 800cm/s 的混合物的反应级数为 2.5。

4.2.4.4　混合物初始温度的影响

Dugger 及 Heimel 所做试验表明 u_0 与 T_s 有关。他们的试验肯定了 Mallard 及 Lechateler 的疑点，即预热确实使燃烧速度增加。图 4-9 所示为氢气与空气混合物的初始温度对燃烧速度的影响。Dugger 为三种混合物的 u_0 随 T_s 的变化做了测量，结果如图 4-10 所示。由这些数据可以推导出 $u_0 \propto T_s^m$ 的关系，m 值为 1.5～2。

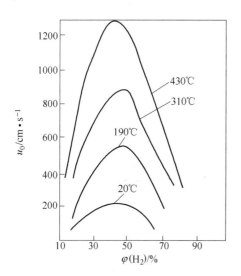

图 4-9　氢气与空气混合物的
初始温度对燃烧速度的影响

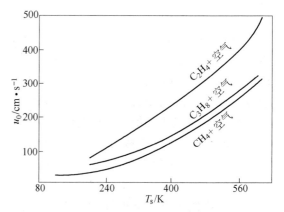

图 4-10　三种混合物的 u_0 随 T_s 的变化

4.2.4.5 火焰温度的影响

图 4-11 所示为几种混合物的最终燃烧温度 T_f 与燃烧速度 u_0 的关系。此图中的数据是由 Bartholorne 及 Sachsse 编辑的，从图中可以看出，火焰温度越高，对燃烧速度 u_0 的影响越强烈，可以得出结论：就温度的影响而言，实质上是火焰温度影响燃烧速度。而且对大多数混合物来说，燃烧速度的增加远比火焰温度的增加更快。因为在高温时易于发生分解反应，在很多情况下使中间反应加速，从而导致了这样的结果。

分解反应也使火焰中出现自由基，这些自由基起着载链子（chain carrier）的作用，能促进反应与火焰的传播。接近火焰温度时产生的自由基和原子易于扩散，因此，原子 H（在某种程度上也包括 O 及自由基 OH）能显著地增加燃烧温度。

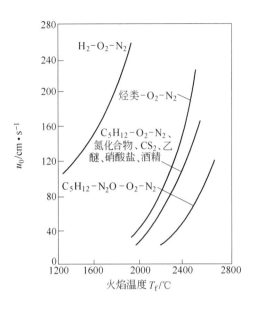

图 4-11　几种混合物的最终燃烧温度 T_f 与
燃烧速度 u_0 的关系

Tanford 认为：在 CO 与 O_2 火焰中，H 原子所起的作用是按下述反应方式进行的（其中 R 代表 CO 或 H_2，而 P 则相应地代表 CO_2 或 H_2O）：

$$H_2 \longrightarrow 2H \text{ 燃烧气体中产生}$$

$$H \longrightarrow \text{向未燃气体中扩散}$$

$$H_2 + O_2 + M \longrightarrow HO_2 + M$$
$$HO_2 + R \longrightarrow P + OH \quad \left.\vphantom{\begin{matrix}a\\b\\c\end{matrix}}\right\} \text{连续链反应}$$
$$OH + R \longrightarrow P + H$$

$$H + H + M \longrightarrow H_2 + M \text{（链终止）}$$

式中，M 是惰性气体分子，链终止反应可发生在容器壁（低压时）处或气相气体中（压力很高时）。

在煤的燃烧及某些金属氯化物的燃烧中，氢有着相似的催化作用。在许多可燃混合物中，用氦来取代氮时可以减小混合气的比热容，从而提高了它的火焰温度，进而增加了活化 H 原子的浓度及燃烧速度。

基于这些观察及类似的观察，Tanford 坚决认为自由基的扩散在某些混合气中起着极重要的作用。Simon 就 Tanford 所说对 35 种碳氢化合物在空气中的燃烧做了试验，其中包括烷属烃及烯烃（包括正烃及分支烃）、炔属烃、苯及环己烷等，发现燃烧速度 u_0 与 $(6.5C_H + C_O + C_{OH})$ 间有着单一的关系，它可以描述所有这些烃、苯燃料的火焰，这表明所有这些混合剂的燃烧机构是相同的。

4.2.4.6 惰性添加剂的影响

CO_2、N_2、He 及 Ar 等化学惰性添加剂对可燃混合物的物理特性（如热扩散系数、比热容等）有影响。许多人对这些添加剂的效应做过研究。在 H_2 与 O_2、CO 与 O_2 及 CH_4 与 O_2

混合物中加入 CO_2 及 N_2 产生了相似的效应，即降低了燃烧速度、使燃烧界限变窄了、将 u_0 最大值移向燃料含量较少的一侧了。它们的效应可以定性地用图 4-12 表示。图 4-13 所示为测量的数据。惰性气体添加剂对燃烧速度的影响主要影响了导热系数对比热容的比值。在燃料混合气中有过量的燃料或过量的氧化剂时，多余的燃料或氧化剂的影响与惰性气体的影响相似。

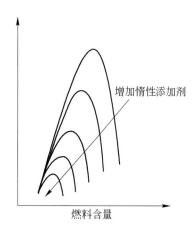

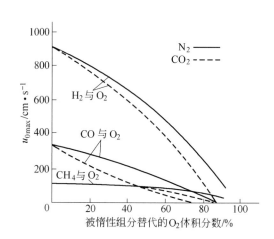

图 4-12　惰性组分对燃烧
　　　　　速度的影响

图 4-13　惰性组分影响燃烧
　　　　　速度的实验结果

4.2.4.7　活性添加剂的影响

在燃气混合物中添加活性添加剂会对其火焰传播速度产生一定的影响。但在某些燃料混合剂中，添加活性添加剂对燃烧速度的影响较小，且燃烧速度曲线的转移也有其自己的特点。例如，在 CO 与空气的混合物中，逐渐地用 CH_4 置换 CO，则曲线向左移动，当 CO 仅有 5% 被 CH_4 置换时，u_0 的增加达到一最大值，如图 4-14 所示。显然，CO 与空气混合物的燃烧速度的增强是由于 CH_4 产生的 H 原子所致。

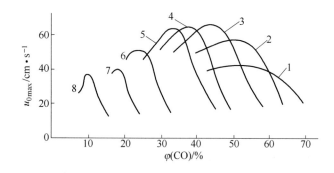

图 4-14　甲烷对 CO 与空气混合物的燃烧速度的影响（图中 1~8 见表 4-1）

表 4-1　空气中的燃料体积分数

曲　　线		1	2	3	4	5	6	7	8
成分	CO	100%	96%	95%	90%	85%	70%	50%	0
	CH_4	0	4%	5%	10%	15%	30%	50%	100%

4.3　可燃气体爆炸

火焰在预混气中正常传播时，会产生二氧化碳和水蒸气等燃烧产物，同时放出热量，并使产物受热、升温、体积膨胀。如果受热膨胀的燃烧产物不能及时排走，则会产生爆炸。例如，密闭容器中预混气的燃烧就会产生爆炸。在自由空间，预混气较多时，燃烧也会产生爆炸。但由于部分热量向空间散失以及产物可产生膨胀（热胀冷缩），其爆炸压力一般低于密闭容器中发生的爆炸。

4.3.1　预混合气爆炸温度计算

物质的爆炸温度是衡量爆炸破坏力的一个重要参数。可燃气体的爆炸温度指的是该物质爆炸所放出的全部热量用来加热反应产物，使其达到的最高温度。爆炸温度与燃烧温度实质上是相同的，可以根据反应前后物质的能量守恒关系确定。

在此以乙醚为例说明预混气爆炸时的温度计算。密闭容器中乙醚和空气的预混气的燃烧，由于燃烧速度快，热量来不及散发，可近似看做绝热等容燃烧，燃烧产生的热量全部用来加热燃烧产物。如果乙醚与空气的比值作为化学当量比，并已知燃烧热、燃烧产物量及比热容，就可以计算出乙醚爆炸时的最高温度。

乙醚在空气中的燃烧反应方程式为：

$$C_4H_{10}O + 6O_2 + 22.6N_2 \longrightarrow 4CO_2 + 5H_2O + 22.6N_2$$

由于空气中氮气与氧气的体积比为 79：21，而气体体积比等于摩尔数之比，所以 1mol 的乙醚需 6mol 的氧气，必然伴随有 $6 \times 79/21 = 22.6$mol 的氮气。

从燃烧反应方程式可以看出，爆炸前未燃混合气总的物质的量为 29.6mol，爆炸后已燃气总的物质的量为 31.6mol。

气体平均摩尔定容热容计算公式见表4-2。

表4-2　气体平均摩尔定容热容计算式

气　体	平均摩尔定容热容/J·(mol·℃)$^{-1}$
单原子气体(Ar、He、金属蒸气)	4.93×4.1868
双原子气体(N_2、O_2、H_2、CO、NO 等)	$(4.8 + 0.00045t) \times 4.1868$
CO_2、SO_2	$(9.0 + 0.00058t) \times 4.1868$
H_2O、H_2S	$(4.0 + 0.00215t) \times 4.1868$
所有四原子气体(NH_3 及其他)	$(10.0 + 0.00045t) \times 4.1868$
所有五原子气体(CH_4 及其他)	$(12.0 + 0.00045t) \times 4.1868$

根据表4-2 中所列的计算式，燃烧产物各组分的摩尔定容热容为：N_2 摩尔定容热容为 $(4.8 + 0.00045t) \times 4.1868$ J/(mol·℃)；H_2O 摩尔定容热容为 $(4.0 + 0.00215t) \times 4.1868$ J/(mol·℃)；CO_2 摩尔定容热容为 $(9.0 + 0.00058t) \times 4.1868$ J/(mol·℃)。

燃烧产物的总热容为：

$$22.6 \times \left[(4.8 + 0.00045t) \times 4.1868 \right] + 5 \times \left[(4.0 + 0.00215t) \times 4.1868 \right] +$$

$$4 \times \left[(9.0 + 0.00058t) \times 4.1868 \right] = 688.4 + 0.0967t \quad J/(mol \cdot ℃)$$

燃烧产物的总热容为 $688.4 + 0.0967t$ J/(mol·℃)。这里的热容是摩尔定容热容,符合密闭容器中爆炸的情况。

查得乙醚的燃烧热为 2.7×10^6 J/mol。

因为爆炸速度极快,是在近乎绝热情况下进行的,所以全部燃烧热可近似地看做用于提高燃烧产物的温度,也就是等于燃烧产物热容与温度的乘积,即

$$2.7 \times 10^6 = (688.4 + 0.0967t)t$$

解上式得爆炸最高温度 t 为 2826℃。

上面计算是将原始温度视为 0℃,虽然与正常室温有若干度的差值,但爆炸最高温度非常高,对计算结果的准确性并无显著的影响。

4.3.2　可燃性混合气爆炸压力的计算

可燃性混合气爆炸产生的压力与初始压力、初始温度、浓度、组分以及容器等因素有关。爆炸时产生的压力可按压力与温度及摩尔数成正比的规律确定,根据这个规律有下列关系式:

$$\frac{p_m}{p_0} = \frac{T_m}{T_0} \cdot \frac{n_m}{n_0}$$

式中　p_m,T_m,n_m——爆炸后的最大压力、最高温度和气体摩尔数;

　　　　p_0,T_0,n_0——爆炸前的初始压力、初始温度和气体摩尔数。

由此可以得出爆炸压力计算公式为:

$$p_m = \frac{T_m n_m}{T_0 n_0} p_0 \tag{4-22}$$

可燃性混合气的爆炸压力是造成破坏力的基本原因。混合比不同,其爆炸压力是不相同的,当量比时的爆炸压力最大。某些物质的最大爆炸压力见表 4-3。

表 4-3　某些物质的最大爆炸压力

物质名称	最大爆炸压力/MPa	物质名称	最大爆炸压力/MPa
乙　醛	0.73	丙　烷	0.86
乙　烯	0.89	氢	0.74
乙　醇	0.75	环己烷	0.86
乙　醚	0.92	丙　烯	0.86
乙　炔	1.03	二硫化碳	0.78
丙　酮	0.89	硫化氢	0.50
苯	0.90	氯乙烯	0.68

汽油在不同质量分数下的爆炸压力见表 4-4。

表 4-4 汽油在不同质量分数下的爆炸压力

质量分数/%	爆炸压力/Pa	质量分数/%	爆炸压力/Pa
1.36	不 爆	4.02	7.3×10^5
1.58	5.56×10^5	4.28	6.63×10^5
2.08	8.01×10^5	4.44	2.16×10^5
2.58	7.85×10^5	5.04	1.57×10^5
2.78	8.25×10^5	5.84	1.08×10^5
3.14	7.95×10^5	6.08	0.68×10^5
3.40	8.06×10^5	6.48	0.58×10^5
3.98	6.74×10^5		

4.3.3 爆炸时的升压速度

上面计算出的爆炸压力 p_m 是可燃气体在该条件下爆炸所能达到的最大压力。从初始压力上升到最大爆炸压力，有一段很短的时间，在这段时间内压力是逐渐上升的。任一时刻的瞬时压力 p（在 $p < p_m$ 的范围内）可由下式计算：

$$p = K_d p_0 \frac{s_1^3 t^3}{V_0} + p_0 \tag{4-23}$$

其中

$$K_d = \frac{4}{3}\pi \left(\frac{n_m T_m}{n_0 T_0}\right)^2 \left(\frac{n_m T_m}{n_0 T_0} - 1\right) K \tag{4-24}$$

式中　p——瞬时压力，Pa；

s_1——火焰传播速度，cm/s；

K_d——系数；

K——系数，取 1.4；

t——时间，s。

爆炸最大压力 p_m 减去初始压力 p_0 除以到达最大压力需要的时间，即为平均升压速度：

$$v = \frac{p_m - p_0}{t}$$

显然，不同的可燃气的最大爆炸压力及火焰传播速度是不同的，到达最大压力所需的时间也不一样。因此，不同的可燃气爆炸时升压速度不同。例如，氢气爆炸时的升压速度就比甲烷爆炸时快。甲烷爆炸时的升压速度如图 4-15 所示。另外，容器体积不同，升压速度也不一样。体积越大，升压速度越小；体积越小，升压速度越大。某些可燃气体的最大爆炸压力和升压速度见表 4-5。

表 4-5 某些可燃气体的最大爆炸压力和升压速度

名　称	最大爆炸压力/MPa	升压速度/MPa·s^{-1}
氢	0.74	90
乙 炔	1.03	80
乙 烯	0.89	55
苯	0.90	3
乙 醇	0.75	

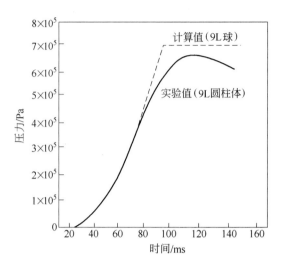

图 4-15 甲烷爆炸时的升压速度

4.3.4 爆炸威力指数

爆炸时对设备的破坏程度不仅与最大爆炸压力有关，而且与升压速度有关。

爆炸威力指数 = 最大爆炸压力 × 平均升压速度

某些可燃气体的爆炸威力指数见表 4-6。

表 4-6 某些可燃气体的爆炸威力指数

名　称	丁　烷	苯	乙　烷	氢	乙　炔
威力指数	9.30	2.4	12.13	55.80	76.00

4.3.5 爆炸总能量

爆炸总能量可用下式计算：

$$E = Q_v V \tag{4-25}$$

式中　E——可燃气爆炸总能量，kJ；

　　　Q_v——可燃气热值，kJ/m³；

　　　V——可燃气体积，m³。

4.3.6 爆炸参数测定

4.3.6.1 实验设备

实验设备由爆炸室、容器、喷管、点火器以及压力测量系统组成，如图 4-16 所示。

爆炸室：体积为 1m³ 的圆柱形容器，高度：直径为 1:1。

容器：体积为 5L，并能用空气加压至 2MPa。容器附近设一个 19mm 的快速开启阀，开阀 10ms 内可将内含物注入爆炸室。

喷管：内径 19mm 的半圆形管，管上有孔，孔径为 4~6mm，孔的总面积为 300mm² 左右。

电子点火器：点火器功率约300W，输出电压为15kV，电火花间距为3~5mm，位于实验装置的几何中心。

4.3.6.2 实验设备测试参数

（1）爆炸压力（p_m）：某种可燃气在某一浓度的最大爆炸压力。

（2）爆炸最大压力（p_{max}）：某种可燃气在一个大浓度范围内的最大爆炸压力。

（3）升压速度（dp/dt）$_m$：某种可燃气在某一浓度时的升压速度。

（4）最大升压速度（dp/dt）$_{max}$：某种可燃气在一个大的浓度范围内的最大升压速度。

（5）爆炸指数 K_m：

$$K_m = (dp/dt)_m V^{1/3} \tag{4-26}$$

（6）最大爆炸指数 K_{max}：

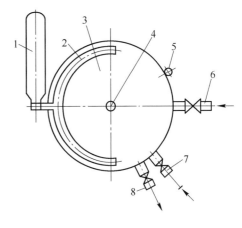

图4-16 可燃气体爆炸测定仪
1—容器；2—半圆形喷管；3—爆炸室；4—点火源；
5—压力传感器；6—可燃气和空气入口；
7—吹洗空气；8—排气管

$$K_{max} = (dp/dt)_{max} V^{1/3} \tag{4-27}$$

式中　V——爆炸容器体积，但 V 不小于 $1m^3$，且长度与直径之比不大于2。

（7）扰动指数 t_v（点燃延迟）：为开始注入空气与可燃气和启动点火源之间的时间间隔。

（8）扰动指数 T_u：

$$T_u = K_{max}（扰动）/K_{max}（静止）$$

4.3.6.3 实验方法

A　静态可燃气爆炸试验

在爆炸室中预制一定浓度的可燃气与空气混合物，压力为101.325kPa，确保气体混合均匀且处于静态，打开压力记录仪，启动点火源。测得 p_m 和（dp/dt）$_m$ 如图4-17所示。

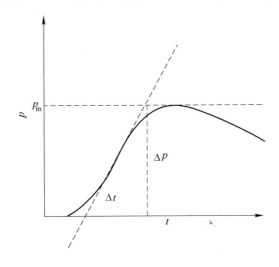

图4-17　p_m 和（dp/dt）$_m$ 的关系

在一个大的气体浓度范围内重复试验，可测出 p_m 和（dp/dt）$_m$ 最大值。

　　B　动态可燃爆炸试验

　　在爆炸室中预制一定浓度的可燃气与空气混合物，用空气加压 5L 容器至 2MPa，开启容器阀门，打开压力记录仪，在某一点燃延迟条件下，点燃扰动可燃气与空气混合物（延迟时间越长，混合物扰动程度越低）。在一个大的可燃气体浓度范围内可测出 p_m 和（dp/dt）$_m$。

4.4　爆炸极限理论及计算

4.4.1　爆炸极限理论

　　可燃性气体或蒸气与空气组成的混合物，并不是在任何混合比例下都可以燃烧或爆炸，而且混合的比例不同，燃烧的速度（火焰蔓延速度）也不同。由实验得知，当混合物中可燃气体含量接近于化学计量时（即理论上完全燃烧时该物质的含量），燃烧最快或爆炸最剧烈。若含量减少或增加，火焰蔓延速度则降低，当浓度低于或高于某一极限值时，火焰便不再蔓延。可燃性气体或蒸气与空气组成的混合物能使火焰蔓延的最低浓度，称为该气体或蒸气的爆炸下限；同样，能使火焰蔓延的最高浓度，称为爆炸上限。浓度若在下限以下及上限以上的混合物，则不会着火或爆炸，但上限以上的混合物在空气中是能燃烧的。

　　爆炸极限一般可用可燃性气体或蒸气在混合物中的体积分数来表示，有时也用单位体积气体中可燃物的含量来表示（g/m^3、mg/L）。混合爆炸物浓度在爆炸下限以下时含有过量空气，由于空气的冷却作用，阻止了火焰的蔓延。此时，活化中心的销毁数大于产生数。同样，浓度在爆炸上限以上，含有过量的可燃性物质，空气非常不足（主要是氧不足），火焰也不能蔓延。但此时若补充空气，同样有火灾爆炸的危险。所以爆炸上限以上的混合气不能认为是安全的。

　　燃烧与爆炸从化学反应角度上来看是没有什么区别的，当混合气燃烧时，其波面上的反应式为：

$$A + B \longrightarrow C + D + Q \tag{4-28}$$

式中　A，B——反应物；

　　　C，D——生成物；

　　　　Q——反应热（燃烧热），J。

　　A、B、C、D 不一定是稳定分子，也可以是原子或自由基。反应前后的能量变化为：反应物（A + B）当给予活化能 E 时，成为活化状态，反应结果变为生成物（C + D），此时放出能量为 W，则反应热 $Q = W - E$。

　　如将燃烧波的基本反应浓度作为 n（每单位体积内发生反应的分子数），则单位体积放出能量为 nW，如燃烧波连续不断，放出的能量作为新反应中的活化能，将 α 作为活化概率（$\alpha \leqslant 1$），则第二批单位体积内得到活化的基本反应数为 $\alpha nW/E$，第二批再放出能量为 $\alpha nW^2/E$。

前后两批分子反应时放出的能量之比为 β：

$$\beta = \frac{\alpha n W^2 / E}{nW} = \alpha \frac{W}{E} = \alpha\left(1 + \frac{Q}{E}\right) \tag{4-29}$$

现在探讨 β 值。当 $\beta < 1$ 时，表示反应系统在受能源激发后，放热越来越少，引起反应的分子数越来越少，最后反应停止，不能形成燃烧或爆炸；当 $\beta = 1$ 时，表示反应系统在受能源激发后能均衡放热，有一定数量的分子在持续进行反应，这就是决定爆炸极限的条件（严格说稍微超过一些才能爆炸）；当 $\beta > 1$ 时，表示放热量越来越大，反应分子数越来越多，形成爆炸。

在爆炸极限时，$\beta = 1$，则：

$$\alpha\left(1 + \frac{Q}{E}\right) = 1$$

设爆炸下限为 $L_{下}$（容积百分比）与反应概率 α 成正比，即：

$$\alpha = KL_{下}$$

式中 K——比例常数。

因此

$$\frac{1}{L_{下}} = K\left(1 + \frac{Q}{E}\right) \tag{4-30a}$$

当 Q 与 E 相比较大时，式 4-30a 可近似写做：

$$\frac{1}{L_{下}} = K\frac{Q}{E} \tag{4-30b}$$

式 4-30b 进一步表明爆炸下限 $L_{下}$ 与燃烧热 Q 和活化能 E 的相互关系。如各可燃气体的活化能变化不大，可大体上得出：

$$L_{下} Q = 常数 \tag{4-31}$$

这说明爆炸下限 $L_{下}$ 与可燃性气体的燃烧热 Q 近似成反比，也就是说，可燃性气体分子燃烧热越大，爆炸下限就越低。从烷烃 $L_{下} Q$ 值接近 1091，可证明上面的结论是正确的。

对其他可燃性气体，也有此常数，如醇类、醚类、酮类、烯烃类等，该常数接近于 1000，而氯代和溴代烷烃类，$L_{下} Q$ 值较高，这是由于引入了卤素原子，从而大大提高了爆炸下限的缘故。利用爆炸下限与燃烧热乘积成常数的关系，可用来推算同系物的爆炸下限，但不能应用于氢、乙炔、二硫化碳等可燃气体。

以 mg/L 为单位来表示爆炸下限 $L'_{下}$。$L_{下}$ 为以容积百分数表示的爆炸下限。

在 20℃时，两者的关系为：

$$L'_{下} = \frac{L_{下}}{100} \times \frac{1000M}{22.4} \times \frac{273}{273 + 20} = L_{下} M/2.4 \tag{4-32}$$

式中 M——可燃气体相对分子质量。

将 $1/L_{下} \approx 2.4KQ/(ME)$ 代入式 4-32，则：

$$1/L'_{下} = 2.4KQ/(ME) \tag{4-33a}$$

若设 q 相当于1g可燃气的燃烧热。如令 $2.4K = K'$，则式4-33a为：

$$1/L'_{下} = K'q/E \qquad (4-33b)$$

式4-33b与式4-30b完全形同。如以碳氢化合物为例，Q 随碳氢链长短而异，但1g物质的燃烧热 q 则大致相同，q 为 $42 \sim 46kJ/g$，几乎为一常数。

由于碳氢化合物的活化能 E 几乎相同，则以 mg/L 为单位表示的爆炸下限 $L'_{下}$ 值基本相等。$L'_{下}$ 为 $40 \sim 45mg/L$，即 $40 \sim 45g/m^3$。因此，$L'_{下}q$ 为 $1600 \sim 2100kJ/m^3$。

4.4.2　爆炸极限的影响因素

爆炸极限不是一个固定值，它随着各种因素的变化而变化。但如果掌握了外界条件变化对爆炸极限的影响，则在一定条件下所测得的爆炸极限仍有其普遍的参考价值。

影响爆炸极限的主要因素有以下几个。

4.4.2.1　初始温度

爆炸性混合物的初始温度越高，则爆炸极限范围越大，即爆炸下限降低而爆炸上限增高。因为系统温度升高，其分子内能增加，使原来不燃的混合物成为可燃、可爆系统，所以温度升高使爆炸危险性增大。

温度对甲烷和氢气的爆炸上、下限的影响实验结果如图4-18和图4-19所示。从图中可以看出，甲烷和氢气的爆炸范围随温度的升高而扩大，其变化接近直线。

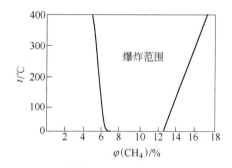

图 4-18　不同温度下甲烷的爆炸极限　　　　图 4-19　不同温度下氢在空气中的爆炸极限

温度对丙酮爆炸极限的影响见表4-7。

表 4-7　温度对丙酮爆炸极限的影响

混合物温度/℃	爆炸下限/%	爆炸上限/%
0	4.2	8.0
50	4.0	9.8
100	3.2	10.0

4.4.2.2　初始压力

混合物的初始压力对爆炸极限有很大的影响，在增压的情况下，其爆炸极限的变化也很复杂。一般压力增大，爆炸极限扩大。这是因为系统压力增高，其分子间距更为接近，碰撞几率增大，因此，使燃烧的最初反应和反应的进行更为容易。

压力降低，则爆炸极限范围缩小。待压力降至某值时，其下限与上限重合，将此时的最低压力称为爆炸的临界压力。若压力降至临界压力以下，系统便不爆炸。因此，在密闭容器内进行减压（负压）操作对安全生产有利。不同压力下甲烷的爆炸极限变化如图4-20所示。一般而言，压力对爆炸上限的影响十分显著，对下限影响则较小。

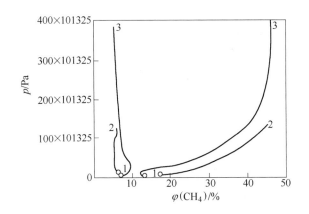

图4-20　不同压力下甲烷的爆炸极限变化
1—火焰向下传播，圆筒容器尺寸为37cm×8cm；2—端部或中心点，
球形容器；3—火焰向下传播，圆筒容器

4.4.2.3　惰性介质及杂质

若混合物中含惰性气体的比例增加，爆炸极限的范围缩小，惰性气体的浓度提高到某一数值，可使混合物不爆炸。

如在甲烷的混合物中加入惰性气体（氮、二氧化碳、水蒸气、氢、四氟化碳等），随着混合物中惰性气体量的增加，对爆炸上限的影响比对爆炸下限的影响更为显著。因为惰性气体浓度加大，氧的浓度相对降低，而在上限中氧的浓度本来已经很小，所以惰性气体浓度稍微增加一点，即产生很大影响，从而使爆炸上限急剧下降。

对于有气体参与的反应，杂质也有很大的影响。例如，如果没有水，干燥的氯没有氧化的性能，干燥的空气也完全不能氧化钠或磷。干燥的氢和氧的混合物在较高的温度下不会产生爆炸。少量的水会急剧加速臭氧、过氧化物等物质的分解。少量的硫化氢会大大降低水煤气和混合物的燃点，并因此促使其爆炸。从图4-21可以看出，惰性气体对甲烷爆炸极限影响大小依次为：CCl_4 > CO_2 > 水蒸气 > N_2 > He > Ar。

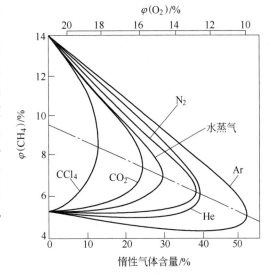

图4-21　不同惰性气体下的甲烷爆炸极限

4.4.2.4　容器

充装容器的材质、尺寸等对物质爆炸

极限均有影响。实验证明，容器管子直径越小，爆炸极限范围越小。同一可燃物质，管径越小，其火焰蔓延速度越小。当管径（或火焰通道）小到一定程度时，火焰即不能通过。这一间距称为最大灭火间距，也称为临界直径。当管径小于最大灭火间距，火焰因不能通过而被熄灭。容器大小对爆炸极限的影响也可以从器壁效应得到解释。燃烧是由自由基产生一系列链式反应的结果，只有当新生自由基大于消失的自由基时，燃烧才能继续。但随着管径（尺寸）的减小，自由基与管道壁的碰撞几率相应增大。当尺寸减少到一定程度时，即因自由基（与器壁碰撞）销毁大于自由基产生，燃烧反应便不能继续进行。

关于材料的影响，例如氢和氟在玻璃器皿中混合，甚至放在液态空气温度下在黑暗中也会发生爆炸。而在银制器皿中，一般温度下才能发生反应。

4.4.2.5　点火能源

火花的能量、热表面的面积、火源与混合物的接触时间等对一般混合物的爆炸极限均有影响。如甲烷对电压为 100V、电流强度为 1A 的电火花，无论在什么比例下都不爆炸；如电流强度为 2A 时，其爆炸极限为 5.9% ~ 13.6%；电流强度为 3A 时，其爆炸极限为 5.85% ~ 14.8%。因此，各种爆炸混合物都有一个最低引爆能量（一般在接近于化学理论量时出现）。图 4-22 所示为甲烷和空气的混合气体的爆炸极限与火花能量的关系。

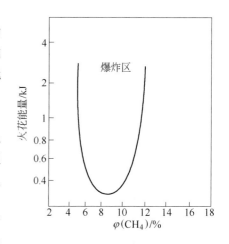

图 4-22　甲烷和空气的混合气体的
爆炸极限与火花能量的关系

除上述因素外，光对爆炸极限也有影响。众所周知，在黑暗中氢与氯的反应十分缓慢，但在日光照射下，便会引起激烈的反应，如果两种气体的比例适当则会发生爆炸。另外，表面活性物质对某些介质也有影响，如在球形器皿内，温度为 530℃ 时，氢与氧完全无反应，但是向器皿中插入石英、玻璃、铜或铁棒时，则发生爆炸。

4.4.3　可燃混合气爆炸极限计算

可燃混合气的爆炸极限可以用经验公式进行近似计算。

（1）通过 1mol 可燃气在燃烧反应中所需氧原子的摩尔数 N 计算有机可燃气爆炸极限（体积分数，%），计算公式为：

$$x_下 = \frac{100\%}{4.76(N - 1) + 1}, \quad x_上 = \frac{4 \times 100\%}{4.76N + 4} \tag{4-34}$$

式中　$x_下$——有机可燃气的爆炸下限；

　　　$x_上$——有机可燃气的爆炸上限；

　　　N——1mol 可燃气体完全燃烧所需的氧原子摩尔数。

（2）利用可燃气体在空气中完全燃烧时的化学计量浓度 x_0 计算有机物爆炸极限计算公式为：

$$x_{\text{下}} = 0.55x_0, \quad x_{\text{上}} = 4.8\sqrt{x_0} \tag{4-35}$$

式中　$x_{\text{下}}$——有机可燃气的爆炸下限,%;

　　　$x_{\text{上}}$——有机可燃气的爆炸上限,%;

　　　x_0——有机可燃气在空气中完全燃烧时的化学计量浓度,%。

式4-35适用于以饱和烃为主的有机可燃气体,但不适用于无机可燃气体。

设有机可燃气A在氧气中完全燃烧的化学计量浓度为$z(\%)$,同时设1mol A在氧气中完全燃烧需要$n$mol氧气。根据反应式:

$$A + nO_2 \longrightarrow \text{生成物}$$

则有

$$z = \frac{100\%}{1 + n}$$

有机可燃气A在空气中完全燃烧时,除$n$mol O_2以外,还伴有3.76$n$mol的氮气,于是有:

$$A + nO_2 + 3.76nN_2 \longrightarrow \text{生成物}$$

所以,有机可燃气A在空气中的化学计量浓度为:

$$z = \frac{100\%}{1 + 3.76n}$$

(3)多种可燃气体组成的混合物爆炸极限的计算公式为:

$$x = \frac{100\%}{\dfrac{\varphi_1}{N_1} + \dfrac{\varphi_2}{N_2} + \dfrac{\varphi_3}{N_3} + \cdots + \dfrac{\varphi_i}{N_i}} \tag{4-36}$$

式中　　　　　　　x——混合可燃气的爆炸极限;

　φ_1,φ_2,φ_3,$\cdots$,φ_i——混合气中各组分的体积分数,%;

　N_1,N_2,N_3,$\cdots$,N_i——混合气中各组分的爆炸极限,%。

式4-36称为莱-夏特尔公式。运用式4-36计算时,将各组分可燃气爆炸下限代入式4-36计算出来的结果为可燃气的爆炸下限;将各组分可燃气爆炸上限代入式4-36计算出来的结果为可燃气上限。

在应用莱-夏特尔公式时,应注意组成混合气体的各组分之间不得发生化学反应。对含有氢-乙炔、氢-硫化氢、硫化氢-甲烷及二硫化碳等的混合气体,其计算结果误差比较大,应用莱-夏特尔公式计算得到的爆炸下限比较接近实际,爆炸上限偏差较大。

(4)含有惰性气体的可燃气爆炸极限的计算方法。

如果可燃混合气中含有惰性气体,如N_2、CO_2等,计算其爆炸极限时,仍然利用莱-夏特尔公式,但需将每种惰性气体与一种可燃气编为一组,将该组气体看成一种可燃气体成分。该组在混合气体中的体积分数为该组中惰性气体和可燃气体体积分数之和。而该组气体的爆炸极限可先列出该组惰性气体与可燃气的组合比值,再从图4-23中查出,然后代入莱-夏特尔公式进行计算。

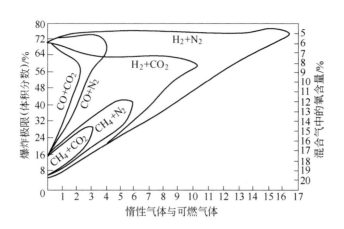

图 4-23　氢、一氧化碳、甲烷和氮气、二氧化碳
混合气在空气中的爆炸极限

【例 4-1】　求煤气的爆炸极限。煤气组成为：$\varphi(H_2)12.4\%$；$\varphi(CO)27.3\%$；$\varphi(CO_2)$ 6.2%；$\varphi(O_2)0\%$；$\varphi(CH_4)0.7\%$；$\varphi(N_2)53.4\%$。

解　将煤气中惰性气体与可燃气体编为两组：CO_2 与 H_2 为第一组；N_2 与 CO 为第二组；CH_4 单独作为第三组。显然，CO_2 与 H_2 组在整个混合气体中的体积分数应等于 6.2% + 12.4% =18.6%；N_2 与 CO 组气体在整个混合气体中的体积分数为 27.3% + 53.4% = 80.7%；CH_4 则为 0.7%。

各组中惰性气体与可燃气体的组合比为：

$$\frac{\varphi(CO_2)}{\varphi(H_2)} = \frac{6.2\%}{12.4\%} = 0.5, \quad \frac{\varphi(N_2)}{\varphi(CO)} = \frac{53.4\%}{27.3\%} = 1.96$$

从图 4-23 查得：$H_2 + CO_2$ 组的爆炸极限为 6.0% ~70%；$CO + N_2$ 组的爆炸极限为 40% ~73%；而 CH_4 的爆炸极限为 5% ~15%，它可直接采用 CH_4 在空气中的爆炸极限。

将以上数据代入式 4-36，即可计算出该煤气的爆炸极限为：

$$x_{下} = \frac{100\%}{\dfrac{18.6}{6.0} + \dfrac{80.7}{40} + \dfrac{0.7}{5.0}} = 19\%, \quad x_{上} = \frac{100\%}{\dfrac{18.6}{70} + \dfrac{80.7}{73} + \dfrac{0.7}{15}} = 70.93\%$$

某些混合气体的爆炸极限见表 4-8 和图 4-24。

表 4-8　某些混合气体的爆炸极限

混合气体	气体组成(体积分数)/%							实测值(体积分数)/%	
	CO_2	C_mH_n	O_2	CO	H_2	CH_4	N_2	下限	上限
焦炉气	1.9	3.9	0.4	6.3	54.4	31.5	1.6	5.0	28.4
城市煤气	2.5	3.2	0.5	10.5	47.0	25.8	10.5	5.6	31.7
水煤气	6.2	0.0	0.3	39.2	49.0	2.3	3.5	6.9	69.5
发生炉煤气	6.2		0.0	27.3	12.4	0.7	53.0	20.7	73.7
天然气		9.16	0.1			87.4	3.2	4.8	13.46

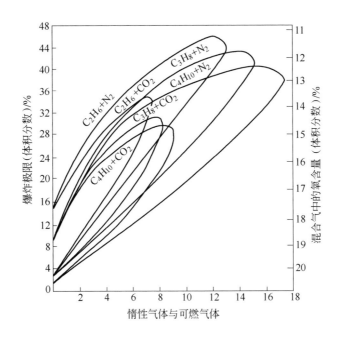

图 4-24　乙烷、丙烷、丁烷和二氧化碳、氮气混合物的爆炸极限(空气中)

4.5　爆　　轰

4.5.1　激波的形成

　　事实表明，当气体以超声速绕物体流动时，在物体前会形成一道突跃的压缩波。气流通过这道压缩波时，其压强、密度和温度突跃地上升一个数值，流速或马赫数 Ma 相应地下降一个数值，即气流受到突然的压缩。这道突跃的压缩波就称为激波。这是一种强扰动波。气流通过强扰动波时，已不再是一个等熵过程，而是一个增熵过程。这种波的运动速度大于波前气体的声速。或者说，若假定物体不动，只有气体以超声速吹来时，在物体前才能形成激波。当气体以超声速在管道中运动或从喷管中流出时，在一定条件下，也会形成激波。

　　激波与膨胀波一样，是超声速流动中经常遇到的另一个基本现象。可以这样说，超声速气流在加速时通常要通过膨胀波，减速时则要通过激波或等熵压缩波。当飞行器在气体中做超声速飞行时，或者在超声速进气道、超声速气体流动的地方，几乎总会遇到激波现象。因此，研究激波问题对于掌握气体的超声速流动规律是非常重要的。

　　为了使对激波问题的讨论更具一般性，在这里研究一种典型情况，即活塞在长管中做加速运动，压缩管内气体，从而形成运动激波的过程。

　　设有一根等截面的直管道，管内起初是静止的气体，参数为 p_1、ρ_1、T_1。管左端有一活塞，右端在很远的地方。在所讨论的问题中，右端状况不影响气体的状态，如图 4-25 所示。

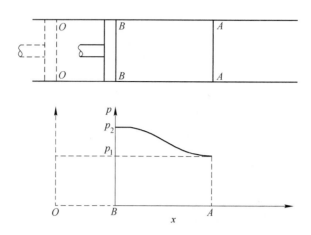

图 4-25   时刻 0 和时刻 t_1 管内压强分布

（虚线和实线分别表示时刻 0 和 t_1 的状况）

设从时刻 0 起，活塞由静止连续向右做加速运动，对管内气体进行压缩，推动管内气体向右运动。这时，紧靠活塞面的气体压强逐渐升高：压强升高对气体来说是一种压缩扰动，它将以压缩波的形式向前传播，如图 4-25 AA 所示波面，AA 所经之处气体的压强以及密度、温度都有一个微小的提高，并获得一个微小的向前运动的速度。由于活塞是连续加速的，所以到时刻 t_1，紧靠活塞的气体压强由 p_1 上升到 p_2。

图中 OO 为活塞的初始位置，BB 为时刻 t_1 活塞所处位置，AA 是活塞刚刚开始做加速运动时，由于压缩气体所形成的第一道微弱压缩波于时刻 t_1 所到达的位置。因为 AA 是弱扰动波，所以它前进的速度等于波前气体的声速 a_1，即有：

$$OA = a_1 t_1 \tag{4-37}$$

在 AA 与 BB 之间，是从时刻 0 起到时刻 t_1 这段时间内由于活塞连续做加速运动压缩气体所形成的无穷多道微弱压缩波。每有一道这样的压缩波经过气体，气体的压强、密度和温度就有一个微小的提高，并获得一个微小的向前运动的速度增量，经与 BB 之间无穷多道微弱压缩波的扰动，气体的压强、密度和温度产生一定量的变化，如压强从 p_1 升至 p_2，密度、温度等也分别由 ρ_1、T_1 提高到 ρ_2、T_2，气体的速度也由 0 提高到与活塞等同的运动速度，把它记为 Δv。如果 t_1 以后，活塞不再做加速运动，而以等速前进，那么活塞面附近的气体压强也就不再提高，而保持为 p_2 不变。

现在，进一步分析从时刻 0 到时刻 t_1 管内气体状态的变化。

根据极限的概念，连续加速，可以看成是由无穷多微小的脉冲加速所组成的。为了便于理解，将活塞从时刻 0 到时刻 t_1 这段时间内的连续加速近似地看成是由有限个很小的脉冲加速所组成的。这样，管中将形成有限道压缩波，它们可以近似地代表从 AA 与 BB 之间的无限多道微弱压缩波。

设从时刻 0 起，在很短暂的瞬间内，将活塞突然加速到一个很小的速度 Δv_1，然后活塞等速前进。这时，靠近活塞面的气体首先受到压缩，并被向前推动，直到这部分气体获得与活塞相同的运动速度 Δv_1 时为止。这时，气体的压强由 p_1 上升到 $p_1 + \Delta p_1$，温度由 T_1

上升到 $T_1 + \Delta T_1$，密度也随之上升一个很小的数值。已被压缩的气体，又压缩和推动它右方的气体，于是，这种扰动以压缩波的形式向前传播，波面所经之处，气体压强、温度、密度分别上升 Δp_1、ΔT_1、$\Delta \rho_1$，并获得一个很小的速度增量 Δv_1。由于所取的速度增量 Δv_1 很小，所以相应的压强、温度等增量也都很小，这个扰动近似于微弱扰动，它向前传播的速度近似等于波前未受扰动气体中的声速 a_1（$a_1 = \sqrt{\gamma g R T_1}$），如同图 4-25 所示的 AA 那样。

在经过一段很小的时间间隔 Δt 后，又给活塞一个很小的速度增量 Δv_2，于是活塞运动的速度由 Δv_1 增大到 $\Delta v_1 + \Delta v_2$。它进一步压缩并推动其右方的气体，使气体的压强上升到 $p_1 + \Delta p_1 + \Delta p_2$，温度上升到 $T_1 + \Delta T_1 + \Delta T_2$，速度也由 Δv_1 增大到 $\Delta v_1 + \Delta v_2$。这第二个扰动也是以压缩波的形式向前传播的，波面所经之处，气体的参数都发生同样的变化。在这里必须注意的是，这第二道压缩波是在已被第一道压缩波压缩过的气体中传播的，对于第二道压缩波来讲，波前气体的温度已不是 T_1，而是 $T_1 + \Delta T_1$ 了，因此，第二道压缩波相对于波前气体的运动速度已不是 a_1，而近似为 $a'_1 = \sqrt{\gamma g R (T_1 + \Delta T_1)}$ 了，所以 $a'_1 > a_1$。此外，由于后一道压缩波向前运动的合速度为 $a_1 + \Delta v_1$，它比 a'_1 更大于 a_1。因此，第二道压缩波将逐渐赶上前面的第一道压缩波。同理，在以后活塞每次小的脉冲加速所产生的压缩波之间，也都存在类似的关系，即后面的压缩波总比前面的压缩波运动速度大，所以后面的波与前面波的间距随着时间的推移将越来越小，直到后面的波赶上前面的波为止。对于图 4-25 所示 AA 与 BB 之间的无穷多道微弱压缩波来讲，皆存在与上述情况相同的规律。

现在研究时刻 t_1 以后的情况。设 t_1 以后活塞不再加速，而以等速前进，即活塞不再进一步压缩气体。这时会看到，时刻 t_1 以后，BB 与 AA 之间的距离逐渐变小，BB 逐渐接近 AA，后面的波逐渐赶上前面的波。在最后一道波 BB 与活塞面之间，压强将保持为 p_2。设 t_2 为 t_1 以后的某个时刻，这时 AA 与 BB 的位置内压强分布如图 4-26 所示。

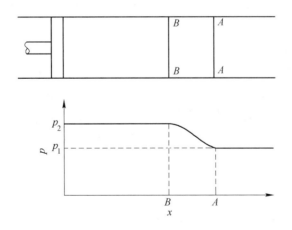

图 4-26　时刻 t_2 波面 AA 与 BB 到达的位置及管内压强分布

这样，总会有一个时刻 t_3，后面的波赶上了前面的波，BB 与 AA 之间所有的压缩波叠加在一起，这时波的性质将起变化，即它们从微弱的，也即等熵的压缩波叠加成一道强扰动波——激波。如图 4-27 的 CC 所示。在激波 CC 的前方为未受扰动的静止气体，参数为 p_1、ρ_1、T_1，在激波 CC 之后为受到强扰动的气体，其参数值突跃为 p_2、ρ_2、T_2。气体运动的速度，也由波前的 0 突增到与活塞相同的运动速度 Δv。所以，激波也可以说是气体参数的一个突跃面，凡被激波扰动过的气体，参数值都发生一个突跃的变化。激波 CC 前进的速度 $v_{激}$ 既不等于原来 AA 前进的速度 a_1，也不等于 BB 前进的速度 $a_2 + \Delta v$（其中 $a_2 = \sqrt{\gamma g R T_2}$），而是介于两者之间，即 $a_2 + \Delta v > v_{激} > a_1$。这表明激波相对于波前气体的运动速度是超声速的（$v_{激} > a_1$），相对于波后气体的运动速度是亚声速的（$v_{激} - \Delta v < a_2$）。

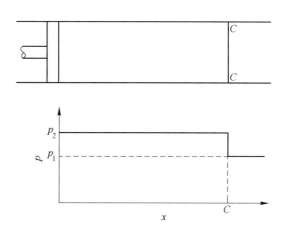

图 4-27　时刻 t_3 时 BB 与 AA 面间的微弱压缩波叠加为激波

在实验中是可以观测到上述激波形成的过程的，例如激波管试验器就是依据这个原理设计的。通过激波管可以观测到激波形成的过程和激波运动的情况，并可利用它研究激波的性质以及有关激波的其他问题。

最后应当指出，微弱压缩波可以叠加在一起，成为一道强的压缩波——激波，但是，膨胀波则不再叠加在一起，变成一道"强的"膨胀波。以活塞在长管中的运动为例，如果设活塞从初始位置起向左加速运动，那么管内气体就要膨胀，压强、密度、温度等相应降低，这时将产生无穷多道膨胀波，它们同压缩波一样，也将自左向右各自以波前气体的声速向前传播，后面的波也总是在被前面的波扰动过的气体中运动，但是，由于被膨胀波扰动过的气体温度是降低的，所以后面一道膨胀波比前面一道膨胀波波前气体的声速值要小，因此，越靠后的膨胀波运动速度越小，后面的膨胀波永远也赶不上前面的膨胀波。各膨胀波之间的距离将越来越大，所以膨胀波不能像压缩波那样集中或叠加在一起，形成一道强的膨胀波。

4.5.2　激波的性质

4.5.2.1　激波运动的速度与激波强度

前节已经指出，激波相对于波前气体的运动速度 $v_{激}$ 大于波前气体的声速 a_1，激波相对于波后气体的运动速度（$v_{激} - \Delta v$）小于波后气体的声速 a_2。现在进一步研究激波运动速度的大小取决于哪些因素。

参看图 4-28，设某时刻 t 激波前进到 2 截面处，波前参数为 p_1、ρ_1、T_1，波后参数为 p_2、ρ_2、T_2。激波前进的速度为 $v_{激}$，波后气体运动的速度为 Δv。设 $\mathrm{d}t$ 时间后，激波由 2

截面前进到 1 截面，于是 1—2 截面间的距离为：

$$dx = v_激 dt \tag{4-38}$$

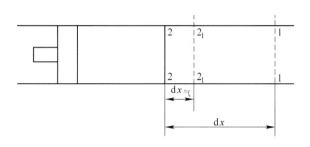

图 4-28 激波压缩气体的过程

同时，dt 时 2 截面的气体前进到 2_1 截面。2—2_1 截面间的距离为：

$$dx_气 = \Delta v dt \tag{4-39}$$

这时，处于 1 截面的气体刚刚受到扰动，获得了速度 Δv，但还没有位移。在 dt 这段时间里，激波将原来占据 1—2 截面间的气体压缩到 1—2_1 截面之间，于是这部分气体的密度由 ρ_1 提高到 ρ_2。根据质量守恒定律，1—2 截面间的气体在压缩前和压缩后质量是不变的。

设管道的截面面积为 A，应有：

$$\rho_1 A dx = \rho_2 A(dx - dx_气)$$

将 dx 和 $dx_气$ 的表达式 4-38 和式 4-39 代入，消去 A，得到：

$$v_激 = \frac{\rho_2}{\rho_2 - \rho_1} \Delta v \tag{4-40}$$

再来研究 1—2 截面间气体的动量变化：在激波通过前，气体的速度为 0；激波通过后，气体的速度由 0 增加到 Δv，所以 1—2 截面间在 dt 时间内的动量变化为 $\rho_1 A dx \Delta v$。在这段时间内，作用于这部分气体上的冲量为 $(p_2 - p_1)A dt$。根据动量守恒定律，这两者应相等。消去 A，得到等式：

$$(p_2 - p_1)dt = \rho_1 dx \Delta v$$

将 dx 的表达式 4-38 代入，消去 dt 后得到：

$$p_2 - p_1 = \rho_1 v_激 \Delta v \tag{4-41}$$

联立式 4-40 和式 4-41，可以解出：

$$v_激 = \sqrt{\frac{\rho_2}{\rho_1} \cdot \frac{p_2 - p_1}{\rho_2 - \rho_1}} \tag{4-42}$$

$$\Delta v = \sqrt{\frac{(\rho_2 - \rho_1)(p_2 - p_1)}{\rho_1 \rho_2}} \tag{4-43}$$

从式 4-42 中提出 $\sqrt{\gamma p_1 / \rho_1}$，注意到 $\sqrt{\gamma p_1 / \rho_1} = \sqrt{\gamma g R T_1} = a_1$，于是有：

$$v_{激} = a_1 \sqrt{\frac{1}{\gamma} \cdot \frac{\rho_2}{\rho_1} \frac{\frac{p_2}{p_1} - 1}{\frac{\rho_2}{\rho_1} - 1}} \tag{4-44}$$

可以看到，如果已知激波前后气体的压强比 p_2/p_1，欲求激波的运动速度，还必须知道激波前后压强比 p_2/p_1 与激波前后密度比 ρ_2/ρ_1 的关系。为此，要研究 1—2 截面间气体能量的变化。

在 dt 时间内，外界压力对 1—2 截面间气体所做的功为 $p_2 A \Delta v dt$。根据能量守恒定律，它应等于这部分气体动能及内能的增量之和：

$$\rho_1 A dx \left[\frac{\Delta v^2}{2} + \frac{g}{\mathscr{A}} (u_2 - u_1) \right]$$

式中　u——单位质量气体的内能；

　　　$\mathscr{A}$ ——功热当量。

由热力学基本定律知道：

$$u - c_V T - \frac{1}{\gamma - 1} \mathscr{A} R T$$

式中　c_V——气体的比定容热容。

代入理想气体的状态方程 $T = p/\rho g R$，得到：

$$u = \frac{1}{\gamma - 1} \cdot \frac{\mathscr{A}}{g} \cdot \frac{p}{\rho}$$

于是应有：

$$p_2 A \Delta v dt = \rho_1 A dx \left[\frac{\Delta v^2}{2} + \frac{1}{\gamma - 1} \left(\frac{p_2}{\rho_2} - \frac{p_1}{\rho_1} \right) \right]$$

将 dx 的表达式 4-38 代入，等式两端消去 $A dt$ 得到：

$$p_2 \Delta v = \rho_1 v_{激} \left[\frac{\Delta v^2}{2} + \frac{1}{\gamma - 1} \left(\frac{p_2}{\rho_2} - \frac{p_1}{\rho_1} \right) \right] \tag{4-45}$$

将 $v_{激}$ 和 Δv 的表达式 4-42 和式 4-43 代入式 4-45，便可以解出：

$$\frac{\rho_2}{\rho_1} = \frac{\frac{\gamma + 1}{\gamma - 1} \cdot \frac{p_2}{p_1} + 1}{\frac{p_2}{p_1} + \frac{\gamma + 1}{\gamma - 1}} \tag{4-46}$$

这就是激波前后压强比和密度比之间的关系式。把它代回式4-44，就得到激波运动速度的公式：

$$v_{激} = a_1 \sqrt{\frac{\gamma - 1}{2\gamma} \left(1 + \frac{\gamma + 1}{\gamma - 1} \cdot \frac{p_2}{p_1} \right)} \tag{4-47}$$

如果将 p_2/p_1 写成 $1 + (p_2 - p_1)/p_1$ 的形式，式 4-47 还可以表达为：

$$v_{激} = a_1 \sqrt{1 + \frac{\gamma + 1}{2\gamma} \cdot \frac{p_2 - p_1}{p_1}} \tag{4-48}$$

由于波后压强 p_2 总是大于波前压强 p_1，所以式 4-48 根号内的数值是大于 1 的，所以

$v_{激} > a_1$。激波后与激波前的压强比 p_2/p_1 标志着激波强度的大小。在 a_1 不变的条件下，激波强度 p_2/p_1 越大，激波运动的速度 $v_{激}$ 也就越大；反之，激波运动的速度 $v_{激}$ 越小。例如，当 $p_2/p_1 \to 1$ 时，激波强度减弱到等熵压缩波。由式 4-47 可见，这时 $v_{激}$ 也趋近于声速 a_1。

用类似的方法，还可导出激波相对于波后气体的运动速度：

$$v_{激} - \Delta v = a_2 \sqrt{1 - \frac{\gamma + 1}{2\gamma} \cdot \frac{p_2 - p_1}{p_2}} \tag{4-49}$$

因为根号内的数值是小于 1 的，所以 $v - \Delta v < a_2$，这说明激波相对于波后气体的运动速度是亚声速的。

4.5.2.2 激波厚度与熵增

在前面的分析中，把激波看做是气体参数的突跃面，即激波是无厚度的。实际上并不是这样，因为果真如此的话，气体通过激波时，其参数的变化率如 $\partial p/\partial x$、$\partial T/\partial x$、$\partial v/\partial x$ 等都将变为无穷大，这是不可能的。事实上激波是有厚度的。当所有的压缩波靠得很近（即波区很窄）时，波区内的速度梯度 $\partial v/\partial x$ 和温度梯度都很大，这使得由气体黏性所引起的内摩擦作用以及波区内的热传导作用都变得很强，因而气体参数的变化过程不再是等熵的，而是增熵的。每道压缩波前进的速度也不再是基于等熵关系求出的波前气体的声速值，而是整个波区作为一个整体以激波的速度向前推进。但这个波区的厚度的确很薄。根据理论计算，当 $p_2/p_1 = 2$ 时，激波厚度为 4.47×10^{-4}mm（由公式可以算出，对于空气，这时 $v_{激}/a_1 = Ma_{激} = 1.36$，此处 $Ma_{激}$ 为激波运动的马赫数）。当 $p_2/p_1 = 10$ 时，激波厚度为 0.66×10^{-4}mm（此时 $Ma_{激} = 2.95$）。激波越强，其厚度越薄。在进行这些计算时，虽然做了某些理论假定（如连续介质假设），使计算结果不一定十分准确，但至少近似地给出了一个量级的概念，并说明激波的厚度很薄这一事实。因此，在通常遇到的问题中，仍可以近似地将激波看做是一个没有厚度的气体参数的突跃面，只是通过它时，气体的熵值要增加。

气体通过激波时，受到突跃的压缩，其状态参数的变化由前面已导出的式 4-46 所表达。这与气体等熵压缩过程状态变化的规律是不同的。在等熵过程中：

$$\frac{\rho_2}{\rho_1} = \left(\frac{p_2}{p_1}\right)^{1/\gamma} \tag{4-50}$$

把气体压强从 p_1 提高到 p_2，经激波压缩所达到的密度 ρ_2 低于经等熵压缩所达到的密度 $\rho_{2(等熵)}$，即：

$$\rho_2 < \rho_{2(等熵)} \tag{4-51}$$

这是由于在激波层内气体的一部分机械能不可逆地转化为热能所造成的。从这个关系出发，可以证明气体通过激波时，其熵值是增加的。

只有当激波强度不大时，激波压缩与等熵压缩所引起的密度变化才是相近的。这是由于激波较弱时，气体通过激波的熵增量不大，接近于一个等熵过程的缘故。

气体熵值的增加反映了机械能的损失，可以证明，气体的熵增与总压下降之间存在如下关系：

$$S_2 - S_1 = -\mathscr{A}R\ln(p_{02}/p_{01}) \tag{4-52}$$

式中 $S_2 - S_1$——气流通过激波时的熵增量；

p_{01}——激波前的气流总压值；

p_{02}——激波后的气流总压值。

对于等熵过程，气流的总压是不变的，但气流通过激波时，总压由 p_{01} 下降到 p_{02}，即 $p_{02} < p_{01}$，所以 $S_2 > S_1$。p_{02}/p_{01} 越小，即气流总压值下降得越显著，熵增量 $S_2 - S_1$ 越大。p_{01} 一般是给定的，p_{02} 根据激波关系式是可以计算的，因此，依照式 4-52，熵增量 $S_2 - S_1$ 也是可以计算的。

4.5.3 在空间运动的激波

物体在空间做加速运动时，也会形成激波，其过程和原理与活塞在管内运动形成激波的情况相同，即激波都是由微弱压缩波叠加而成。不同的是，当活塞在管内做加速运动造成激波之后，由于有管壁的存在，不论激波离活塞面有多远，只要活塞在加速以后，保持等速前进，即不再给波后气体以新的扰动，激波的强度就不会变化或减弱，所有被激波压缩过的气体，都被迫以等于活塞的速度前进，波后压强保持为 p_2 不变。活塞的运动可以是超声速的，也可以是亚声速的。但是在空间情况就不同，那时只有活塞或物体以超声速运动才能形成稳定的激波。现分析如下。

设活塞在空间运动，先假定有一个管壁包围着它，如图 4-29 中虚线所示。激波形成后以速度 $v_{激}$ 向前运动。波后气体压强为 p_2，速度等于活塞运动的速度。波前和管外气体都没有受到压缩，压强保持为 p_1。但实际上这个管壁是不存在的，所以波后的高压气体将向两侧运动，结果波后气体的压强下降，激波离活塞面越远，波后压强降低得越显著。如果活塞或物体以亚声速运动时，由于激波的速度总是大于声速的，所以激波与物面间的距离将越来越大，激波强度 p_2/p_1 也就越来越小，直至激波在无限远处弱化为微弱压缩波为止。所以活塞或物体在空间以亚声速运动不会形成稳定的激波。但当活塞或物体以超声速在空间运动时，情形就不是这样。由激波运动速度式 4-47、式 4-48 可见，$v_{激}$ 随着激波强度的减弱而减小。所以，当物体前方的激波速度减小到等于物体运动的速度时（它们都是超声速的），激波与物面间的距离就不再增大，激波强度也就不再进一步减弱，激波运动的速度也就恒定不变，与物体以相同的速度一起前进了。这时在物体的前方，就会有一道稳定的激波。

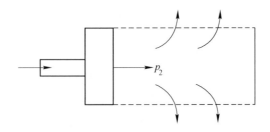

图 4-29　激波在空间的运动图

4.5.4 爆轰的发生

现有一根装有可燃预混气的长管，管子一端封闭，在封闭端点燃混合气，形成一燃烧波。开始的燃烧波是正常火焰传播，由正常火焰传播产生的已燃气体，由于温度升高，体积会膨胀。体积膨胀的已燃气体就相当于一个活塞——燃气活塞，压缩未燃混合气，产生一系列的压缩波，这些压缩波向未燃混合气传播，各自使波前未燃混合气的 p、ρ、T 发生一个微小增量，并使未燃混合气获得一个微小向前的运动速度，因此，后面的压缩波波速比前面的大。当管子足够长时，后面的压缩波就有可能一个赶上一个，最后重叠在一起，形成激波。由此可见，激波一定在开始形成的正常火焰前面产生。一旦激波形成，由于激波后面压力非常高，可使未燃混合气着火。经过一段时间以后，正常火焰传播与激波引起的燃烧合二为一。于是，激波传播到哪里，哪里的混合气就着火，火焰传播速度与激波速度相同。激波后的已燃气体又连续向前传递一系列的压缩波，并不断提供能量以阻止激波强度的衰减，从而得到稳定的爆轰波。爆轰波形成过程如图 4-30 所示。

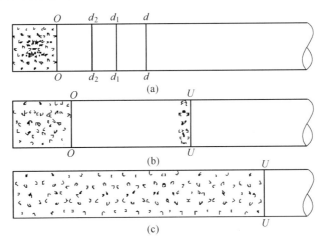

图 4-30　爆轰形成过程示意图

（a）正常火焰传播 O—O 前面形成一系列压缩波 d—d，d_1—d_1，d_2—d_2，…；

（b）正常火焰传播 O—O 前面爆轰波 U—U 已形成，并使未燃混合气着火；

（c）正常火焰传播与爆轰波引起的燃烧合二为一

4.5.5　爆轰形成条件

爆轰形成条件有：

（1）初始正常火焰传播能形成压缩扰动。爆轰波的实质是一个激波，该激波是燃烧产生的压缩扰动形成的。初始正常火焰传播能否形成压缩扰动，是能否产生爆轰波的关键。因为只有压缩波才具有后面的波速比前面快的特点。

（2）管子要足够长或自由空间的预混气体积要足够大。由一系列连续压缩波重叠形成激波有一个过程，需要一段距离，若管子不够长，或自由空间的预混气体积不够大，初始正常火焰传播不能形成激波。爆轰形成于正常火焰锋前面。正常火焰锋与爆轰形成位置之间的距离称为爆轰前期间距。如果其他条件都相同的话，那么爆轰前期间距与管径有着密切关系，所以可用管径的倍数来表示。对于光滑的管子，该爆轰前期间距为管径的数十倍；对于表面粗糙的管子，爆轰前期间距为管径的 2～4 倍。

（3）可燃气浓度要处于爆轰极限范围内。爆轰和爆炸一样，也存在极限问题，但爆轰极限范围一般比爆轰极限范围要窄。几种可燃混合气的爆轰极限与爆炸极限的比较见表 4-9。

表 4-9　几种可燃混合气的爆轰极限与爆炸极限的比较

可燃混合气	爆炸极限（体积分数）/%		爆轰极限（体积分数）/%	
	下　限	上　限	下　限	上　限
氢+空气	4.0	75.6	18.3	59.0
氢+氧	4.7	93.9	15.0	90.0
一氧化碳+氧	15.7	94.0	38.0	90.0
氨+氧	13.5	79.0	25.4	75.0
乙炔+空气	1.5	82.0	4.2	50.0
丙烷+氧	2.3	55.0	3.2	37.0
乙醚+空气	1.7	36.0	2.8	4.5
乙醚+氧	2.1	82.0	2.6	24.0

（4）管子直径大于爆轰临界直径。管子直径越小，火焰的热损失越大，火焰中自由基碰到管壁销毁的机会越多，火焰传播越慢。当管径小到一定程度以后，火焰便不能传播，也就不能形成爆轰。管子能形成爆轰的最小直径称为爆轰临界直径，约为 12～15mm。

4.5.6　爆轰波波速和压力

从爆轰波的形成过程可以看出，爆轰波相对于波前的气体是超声速的，爆轰波比正常火焰的传播速度快得多，某些可燃混合气形成爆轰波时传播速度（u_0）的实测结果见表 4-10。

表 4-10　某些可燃混合气形成爆轰波时传播速度实测结果

混合物	传播速度 u_0/m·s^{-1}	混合物	传播速度 u_0/m·s^{-1}
CH_4+2O_2	2146	$C_2H_4+2O_2+8N_2$	1734
$2CO+O_2$	1264	$C_3H_8+3O_2$	2600
$2H_2+O_2$	2821	$C_3H_8+6O_2$	2280
$C_2H_6+3.5O_2$	2363	$C_6H_6+22.5O_2$	1658
$C_2H_4+3O_2$	2209		

爆轰波波速不仅能够精确测量，还可以通过计算求得，而且计算值与测量值非常吻合。例如，在初温 $T_\infty=291K$，压力 $p_\infty=1.01325\times10^5Pa$ 的条件下，化学当量比的氢氧混合气，爆轰波波速 u_1 的计算值为 2806m/s，实验值为 2819m/s，误差不超过 1%。表 4-11 列出了其爆轰波波速的测量值与计算值，从中可以看出，大多数计算值高于测量值。这是因为温度较高，产物发生了离解，如果考虑离解的话，计算值就会降低，那就更加接近测量值了。

表 4-11 化学计量比的氢氧混合物的爆轰波波速表

混合物	p_m/Pa	T_m/K	$u_1/m \cdot s^{-1}$	
			计算值	实验值
$2H_2 + O_2$	18.5×10^5	3583	2806	2819
$(2H_2 + O_2) + 5O_2$	14.13×10^5	2620	1732	1700
$(2H_2 + O_2) + 5N_2$	14.39×10^5	2685	1850	1822
$(2H_2 + O_2) + 5H_2$	15.97×10^5	2975	3627	3527
$(2H_2 + O_2) + 5He$	16.32×10^5	2097	3617	3160
$(2H_2 + O_2) + 5Ar$	16.32×10^5	3097	1762	1700

4.6 气体爆炸的预防

可燃气体与空气或氧气混合后形成预混可燃气，一旦遇到点火源，就会发生爆炸，造成重大事故。气体爆炸是最常见的爆炸之一，采取有效的措施预防气体爆炸是十分重要的。

可燃气爆炸需具备 3 个要素，即可燃气、空气（可燃气与空气的比例必须在一定的范围内）和点火源。

因此，预防可燃气爆炸的方法有：（1）严格控制火源；（2）防止预混可燃气的产生；（3）用惰性气体预防气体爆炸；（4）用阻火装置防止爆炸传播；（5）用爆轰抑制器抑制爆轰；（6）用泄压装置保护设备，防止爆炸灾害的扩大，减少损失；（7）用抑爆装置抑制爆炸。

在有易燃易爆气体的场所，电气设备的使用和管理对预防爆炸尤其重要。本节对此加以重点讨论。

4.6.1 严格控制火源

火源种类很多，如电焊、气焊产生的明火源；电气设备启动、关闭、短路时产生的电火花；静电放电引起的火花；物体撞击、相互摩擦时产生的火花等。应严格控制各种点火源的产生。

由于在运行过程中设备和线路的短路，电气设备或线路接触电阻过大，超负荷或通风散热不良等使其温度升高，产生火花和电弧，就成为引起可燃气体爆炸的一个主要着火源。

电火花可分为工作火花和事故火花两类，前者是电气设备（如直流电焊机）正常工作时产生的火花，后者是电气设备和线路发生故障或错误作业时出现的火花。电火花一般具有较高的温度，特别是电弧的温度可达 5000 ~ 6000K，不仅能引起可燃物质燃烧，还能使金属熔化飞溅，构成危险的火源。

具有爆炸危险的厂房、矿井内，应根据危险程度的不同，采用防爆型电气设备。按照防爆结构和防爆性能的不同特点，防爆电气设备可分为增安型、隔爆型、充油型、充砂型、通风充气型、本质安全型、无火花型、特殊型等。各类防爆电气设备的类型和标志见表 4-12。

表 4-12 各类防爆电气设备的类型和标志

类 型		标 志		
		工厂用		煤矿用
旧	新	旧	新	
防爆安全型	增安型	A	e	KA
隔爆型	隔爆型	B	d	KB
防爆充油型	充油型	C	o	KC
	充砂型	—	s	
防爆通风充气型	通风充气型	F	p	KF
安全火花型	本质安全型	H	i	KH
—	无火花型		n	
防爆特殊型	特殊型	T	s	KT

增安型（原称为防爆安全型）是指在正常运行时不产生电火花、申弧和危险温度的电气设备，如防爆安全型高压水银荧光灯。

隔爆型是指在电气设备发生爆炸时，其外壳能承受爆炸性混合物在壳内爆炸时产生的压力，并能阻止爆炸火焰传播到外壳周围，不致引起外部爆炸性混合物爆炸的电气设备，如隔爆型电动机。

充油型（原称为防爆充油型）是指将可能产生火花的电气设备、电弧或危险温度的带电部分浸在绝缘油里，从而不会引起油面上爆炸性混合物爆炸的电气设备。

通风充气型（原称为防爆通风充气型或正压型）是指向设备内通入新鲜空气或惰性气体，并使其保持正压，能阻止外部爆炸性混合物进入内部引起爆炸的电气设备。

本质安全型（原称为安全火花型）是指在正常或故障情况下产生的电火花，其电流值小于所在场所爆炸性混合物的最小引爆电流，因而不会引起爆炸的电气设备。

特殊型（原称为防爆特殊型）是指结构上不属于上述各种类型的防爆电器设备，如浇注环氧树脂及填充石英砂的防爆电气设备。

电气设备按爆炸危险场所的等级选型。爆炸和火灾危险场所的等级划分见表 4-13。

表 4-13 爆炸和火灾危险场所的等级划分

类 别	等级	特 征
有可燃气体或易燃液体蒸气爆炸危险的场所	0	正常情况下（如开车、运转、停车等）能形成爆炸性混合物
	1	在正常情况下不能形成，但在不正常情况下（如设备损坏、误操作、检修等）能形成爆炸性混合物
	2	在不正常情况下虽也能形成爆炸性混合物，但可能性或范围均较小，如爆炸危险物质的数量较小、爆炸下限较小、所形成的爆炸性混合物的密度很小而难于积累等
有可燃粉尘和可燃纤维爆炸危险的场所	10	正常情况下能形成爆炸性混合物
	11	正常情况下不能形成，但在不正常情况下能形成爆炸性混合物

续表4-13

类　别	等级	特　征
有火灾危险性的场所	21	在生产过程中，生产、使用、储存和输送闪点高于场所环境温度的可燃液体，在数量和配置上，能引起火灾危险的场所
	22	在生产过程中，不可能形成爆炸性混合物的悬浮状或堆积状的可燃粉尘或可燃纤维，但在数量和配置上，能引起火灾危险的场所
	23	有固体状可燃物质，在数量和配置上，能引起火灾危险的场所

爆炸危险场所电气设备的选型见表4-14。

表4-14　爆炸危险场所电气设备的选型

场所等级		0	1	2	10	11
电　机		隔爆型、通风充气型	任意防爆类型	H43型	任意一级隔爆型、通风充气型	H44型
电器和仪表	固定安装式	隔爆型、充油型、通风充气型、本质安全型	H45型	H45型	任意一级隔爆型、通风充气型、充油型	H45型
	移动式	隔爆型、充气型、本质安全型	隔爆型、充气型、本质安全型	除充油型外任意一种防爆类型甚至H57型	任意一级隔爆型、通风充气型	
	携带式	隔爆型、本质安全型	隔爆型、本质安全型	隔爆型、增安型、H57型	任意一级隔爆型	
照明灯具	固定及移动式	隔爆型、通风充气型	增安型	H45型	任意一级隔爆型	H45型
	携带式	隔爆型	隔爆型	隔爆型、增安型、H57型	任意一级隔爆型	任意一级隔爆型
变压器		隔爆型、通风充气型	增安型、充油型	H45型	任意一级隔爆型、充油型、通风充气型	H45型
通信电器		隔爆型、充油型、通风充气型、本质安全型	增安型	H57型	任意一级隔爆型、充油型、通风充气型	H45型
配电装置		隔爆型、通风充气型	任意一种防爆类型	H57型	任意一级隔爆型、通风充气型	H45型

隔爆型的防爆性能比较好，一级爆炸危险场所应优先采用。增安型的防爆性能比较差，宜用于危险程度较低的场所。根据使用条件的不同，设备可分固定安装式、移动式、携带式等几种情况。充油型不能用于移动式和携带式，因为经常移动容易造成设备油面的

波动或油的渗漏，势必会产生火花或使高温的部件露出油面，从而失去防爆性能。

火灾危险场所的电气设备应根据场所等级的不同，按表 4-15 所列的类型选用。

表 4-15 火灾危险场所电气设备的选型

电气设备及使用条件		场所等级		
		21 级	22 级	23 级
电机	固定式	防溅式	封闭式	防滴式
	移动式或携带式	封闭式	封闭式	封闭式
电器和仪表	固定式	充油型、防火型、防尘型、保护型	防尘型	开启型
	移动式或携带式	防水型、防尘型	防尘型	保护型
照明灯具	固定式	保护型	防尘型	开启型
	移动式或携带式	防尘型	防尘型	保护型
配电装置		防尘型		保护型
接线盒		防尘型		保护型

4.6.2 防止预混可燃气产生

生产、储存和输送可燃气的设备和管线应严格密封，防止可燃气泄漏到大气中，与空气形成爆炸性混合气体。在重要防爆场所应装置监测仪，以便对现场可燃气泄漏情况随时进行监测。

在不可能保护设备使其绝对密封的情况下，应使厂房、车间保持良好的通风条件，使泄漏的少量可燃气能随时排走，不形成爆炸性混合气体。在设计通风排风系统时，应考虑可燃气的相对密度。有的可燃气比空气轻（例如氢气），泄漏出来以后，往往聚积在屋顶，与屋顶空气形成爆炸性混合气体，因此，其屋顶应有天窗等排气通道。有的可燃气比空气重，就有可能聚积在地沟等低洼地带，与空气形成爆炸性混合气体，应采取措施排走。为此设置的防爆通风排风系统，其鼓风机叶片应采用撞击下不会产生火花的材料。

4.6.3 用惰性气体预防气体爆炸

当厂房内或设备内已充满爆炸性混合气体又不易排走，或某些生产工艺过程中，可燃气难免与空气（或氧气）接触时（例如利用氨和氧生产硝酸，利用甲醇和氧生产甲醛，汽油罐（舱）液面上的油蒸气和空气混合），可用惰性气体（氮气、二氧化碳等）进行稀释，使之形成的混合气体不在爆炸极限之内，不具备爆炸性。这种方法称为惰性气体保护。在易燃固体物质的压碎、研磨、筛分、混合以及粉状物质的输送过程中，也可以用惰性气体进行保护。

在添加惰性气体时，只有混合气体中的氧的体积分数处在临界值以下，混合气体遇火才不会发生爆炸。甲烷的临界氧含量为 12%（温度为 26℃，101325Pa）。各种可燃气体在常温、常压下的临界氧含量见表 4-16。

表4-16　各种可燃气体在常温、常压下的临界氧含量

可燃物质	临界氧含量/%		可燃物质	临界氧含量/%	
	CO_2 稀释剂	N_2 稀释剂		CO_2 稀释剂	N_2 稀释剂
甲　烷	14.6	12.1	乙　烯	11.7	10.6
乙　烷	13.4	11.0	丙　烯	14.1	11.5
丙　烷	14.3	11.4	丁二烯	13.9	10.4
丁　烷	14.5	12.1	氢	5.9	5.0
戊　烷	14.4	12.1	一氧化碳	5.9	5.6
己　烷	14.5	11.9	丙　酮	15	13.5

4.6.4 用阻火装置防止爆炸传播

可燃性气体发生爆炸时，为了阻止火焰传播，需设置阻火装置。可安装阻火装置的设备有：石油罐的开口部位、可燃气的输入管路、溶剂回收管路、燃气烟囱、干燥机排气管、气体焊接设备与管道等。其作用是防止火焰窜入设备、容器与管道内，或阻止火焰在设备和管道内扩展。其工作原理是在可燃气体进出口两侧之间设置阻火介质，当任一侧着火时，火焰的传播就被阻止而不会烧向另一侧。常用的阻火装置有安全液封、阻火器和单向阀。

在某些爆炸性混合气体中，火焰传播速度随传播距离的增加而增加，并变成爆轰。一旦变成爆轰，要阻止其传播，还需安装爆轰抑制器。

4.6.4.1 安全液封

这类阻火装置以液体作为阻火介质，目前广泛使用的是安全水封。它以水作为阻火介质，一般安装在气体管线与生产设备之间。例如，各种气体发生器或气柜多用安全水封进行阻火。来自气体发生器或气柜的可燃气体，经安全水封到生产设备中去的过程中，如果安全水封某一侧着火，火焰传到安全水封时，因水的作用，阻止了火焰蔓延到安全水封的另一侧。常用的安全水封有敞开式和封闭式两种。

（1）敞开式安全水封。其构造和工作原理如图4-31所示。它主要由罐体、进气管、出气管和安全管组成，进气管插入液面较深，而安全管插入液面较浅。正常工作时，可燃气体经进气管进入罐内，再从气体出口流出。当发生火焰倒燃时，罐内气体压力升高，压迫水面，液面下降，由于安全管插入液面较浅，安全管首先离开水面，并使罐体卸压。火焰被水所阻止而不会进入另一侧。敞开式安全水封适用于压力较低的燃气系统。

（2）封闭式安全水封。其构造和工作原理如图4-32所示。正常工作时，可燃气体由进气管流入，经单向阀

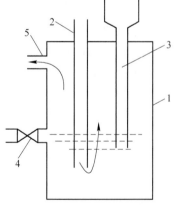

图 4-31　敞开式安全水封的构造和工作原理

1—外壳；2—进气管；3—安全管；
4—验水栓；5—气体出口

从出气口流出。发生火焰倒燃时，罐内压力增高，压迫水面，并通过水层使单向阀瞬时关闭，从而有效地防止火焰进入另一侧。若气体压力很大，则罐顶的爆破片崩裂，从而保护罐体。封闭式安全水封适用于压力较高的燃气系统。

使用安全水封时，水位不得低于水位阀门所标定的位置。但水位也不应过高，否则会影响可燃气体的流动，而且水还可能随可燃气体一道进入出气管。每次发生火焰倒燃后，应及时检查水位并补足。安全水封应保持垂直位置。冬季使用安全水封时，应防止水冻结。如发现冻结现象，只能用热水或蒸汽加热解冻，严禁用明火烘烤。为了防冻，可在水中加少量食盐以降低水的冰点。

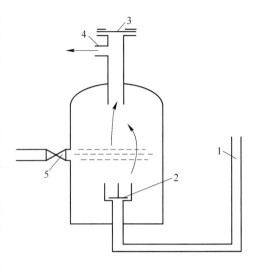

图 4-32   封闭式安全水封的构造和工作原理
1—气体进口；2—单向阀；3—防爆膜；
4—气体出口；5—验水柱

4.6.4.2   阻火器

阻火器是一种利用间隙消焰，防止火焰传播的干式安全装置。这种安全装置结构比较简单，造价低廉，安装维修方便，应用比较广泛。在容易引起爆炸的高热设备、燃烧室、高温氧化炉、高温反应器等与输送可燃气体、易燃液体蒸气的管线之间，以及易燃液体、可燃气体的容器、管道、设备的排气管上，多用阻火器进行阻火。

间隙消焰是指通过金属网的火焰，由于与网面接触，火焰中的部分活性基团（自由基）失去活性而销毁，使链式自由基反应中止。这种现象称为间隙消焰现象，它是阻火器的工作原理。

消焰径（或消焰直径）是设计阻火器的重要参数。消焰径是指使混合气体着火时不传播火焰的管路临界直径。

消焰元件是许多间隙的集合体，是阻火器中最重要的组成部分，选择得恰当与否，对装置的阻火能力有决定性的影响。一般采用具有不燃性、透气性的多孔材料制作消焰元件，并且它应具有一定的强度。最常用的是金属网，此外也使用波纹金属片、多孔板、细粒（如砂粒、玻璃球、铁屑或铜屑等）充填层、狭缝板、金属细管束等来制作消焰元件。

按照热损失的观点来分析，管壁受热面积和混合气体体积之比为：

$$\frac{2\pi rh}{\pi r^2 h} = \frac{2}{r} \text{ 或} \frac{4}{d} \tag{4-53}$$

当管径为 10cm 时，其比值等于 0.4。管径为 2cm 时，其比值等于 0.2。由此可见，随着管子直径的减少，热损失逐渐加大，燃烧温度和火焰传播速度就相应降低。当管径小到某个极限值时，管壁的热损失大于反应热，从而使火焰熄灭。影响阻火器性能的因素是阻火层的厚度及其空隙直径和通道的大小。

金属网阻火器如图 4-33 所示，其消焰元件是用若干具有一定孔径的金属网组成。金属网的层数常采用 10 ～ 12 层，金属丝采用直径为 0.4mm 的钢丝或铜丝，网孔密度为

$210\sim250$ 孔/cm^2。但一般有机溶剂采用 4 层金属网就可阻止火焰传播。

除了金属网阻火器外，砾石阻火器也是经常使用的。该阻火器用砂粒、卵石、玻璃或铁屑、铜屑等作为填充料，这些阻火介质使阻火器内的空间分隔成许多非直线性小孔隙，当可燃气体发生倒燃时，这些非直线性微孔能有效地阻止火焰的蔓延，其阻火效果比金属网阻火器更好。

4.6.4.3 单向阀

单向阀也称逆止阀。其作用是仅允许可燃气体或液体向一个方向流动，遇有倒流时即自行关闭，从而避免在燃气或燃油系统中发生流体倒流，或高压窜入低压造成容器管道的爆裂，或发生回火时火焰的倒袭和蔓延等事故。在工业生产上，通常在流

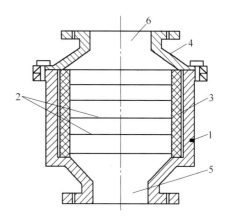

图 4-33 金属网阻火器
1—阀体；2—金属网；3—垫圈；
4—上盖；5—进口；6—出口

体的进口与出口之间、燃气或燃油管道及设备相连接的辅助管线上、高压与低压系统之间的低压系统上或压缩机与油泵的出口管线上安置单向阀。

4.7 湍流燃烧和扩散燃烧

4.7.1 湍流燃烧

4.7.1.1 湍流的物理本质

真实流体总是有黏性的。这种真实的黏性流体的运动，存在着两种有明显区别的流动状态，即层流和湍流（紊流）。

当流动的雷诺数 Re 大于或等于某一临界值以后，定常的层流流动将转变为非定常的紊乱的湍流流动。在湍流状态下，流体质点的运动参数（速度的大小和方向）、动力参数（压力的大小）等都将随时间不断地、无规律地变化。在湍流流场中，无数不规则的不同尺度的瞬息变化的涡团相互掺混地分布在整个流动空间，涡团自身经历着发生、发展和消失的过程。这种流体质点或微团的运动参数、动力参数随时间瞬息变化的现象称为脉动，一般表现为非线性的随机运动。通过实验观测可以发现，湍流状态下的速度和压力是在一个平均值的上下脉动，该平均值则具有一定的规律性。

湍流流动的宏观特征为：

（1）湍流流场是许多不同尺度、不同形状的涡团相互掺混的流体运动场。单个流体微团具有完全不规则的瞬息变化的脉动特征。脉动是湍流与层流相互区别的主要特征。

（2）湍流流场中的各物理量都是随时间和空间变化的随机量，它们在一定程度上都具有某种规律的统计特征。因此，空间点上任一瞬时物理量可用其平均值和脉动值之和来表示。其平均值可看做不随时间变化，或按恒定规律随时间做缓慢变化。这种湍流流场具有准平稳性，称为准定常湍流。

（3）湍流流场中任意两个邻近空间点的物理量彼此间都具有某种程度的关联，如两点

速度的关联、压力与速度的关联、密度与速度的关联等。不同的关联特性，表现在湍流方程中将出现各种相关项，它们依赖于不同的湍流结构和边界条件，且使得湍流运动出现各种各样的变化。

（4）湍流由无数不规则的涡团构成，涡团与其周围的流体相互掺混而表现出湍流输运特性。涡团的逐级形变分裂形成湍流能量传递过程，即由较大尺度的涡团形变分裂成较小尺度的涡团，再裂变成更小尺度的涡团，最后可达到某一极限值，小于该极限值时，可认为涡团已不存在。这时，湍流脉动的能量耗散为分子紊乱运动的热能。如果没有外部能源使湍流运动连续发生，则湍流运动就会逐渐衰减而最终消失。

4.7.1.2　湍流燃烧的特点

湍流火焰区别于层流火焰的一些明显特征如图 4-34 所示，它的火焰长度短，厚度较大，发光区模糊，有明显噪声等。其基本特点是燃烧强化，反应率增大。它可能是下述 3 种因素之一或共同引起的：

（1）湍流可能使火焰面弯曲皱褶，增大了反应面积，但是，在弯曲的火焰面的法向仍保持层流火焰速度。

（2）湍流可能增加热量和活性物质的输运速率，从而增大了垂直于火焰面的燃烧速度。

（3）湍流可以快速地混合已燃气和未燃新鲜可燃气，使火焰在本质上成为均混反应物，从而缩短混合时间，提高燃烧速度。

均相反应速率主要取决于混合过程中产生的已燃气和未燃气的比例。由此还可以看出，湍流燃烧是由湍流的流动性质和化学反应动力学因素共同起

图 4-34　层流和湍流火焰外形

作用的，其中流动的作用更大。要特别指出的是，在层流燃烧中，输运系数是燃烧物质的属性，而在湍流燃烧中，所有输运系数均与流动特性密切相关，输运流动的作用更大。所以，处理湍流燃烧问题比处理层流燃烧问题要复杂得多，不过，它不会因雷诺数进一步增高而受到影响，这又使它在某些方面可以得到简化。

4.7.1.3　邓克勒-谢尔金皱褶火焰面模型

早期湍流燃烧的研究工作是德国的邓克勒和前苏联的谢尔金开创的。他们用层流火焰传播概念来解释湍流燃烧机理，用湍流火焰速度来说明湍流燃烧过程。假设来流为湍流，使火焰变形，但并不破坏火焰锋面。弯曲皱褶的火焰面上仍然是层流火焰。这样火焰的表面积就大大增加，从而增大了空间加热率。如图 4-35 所示，假定湍流火焰是一维的，流场是均匀的，各向同性，湍流火焰传播速度 s_t 与来流速度 u_∞ 有如下关系：

$$s_t = u_\infty \cos\psi$$

仿效一维层流火焰传播问题，可以写出一维准稳态湍流火焰能量平衡方程为：

$$\rho_\infty c_p s_t \frac{\mathrm{d}T}{\mathrm{d}t} = \frac{\mathrm{d}}{\mathrm{d}x}\Big[(\lambda + \lambda_t)\frac{\mathrm{d}T}{\mathrm{d}x}\Big] + w_s Q_s \tag{4-54}$$

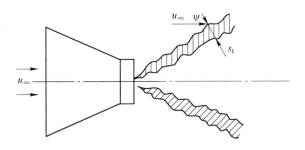

图 4-35　湍流火焰传播速度示意图

式中，分子导热系数 λ 和湍流导热系数 λ_t 均为常数。

$$\lambda_t = \rho_\infty c_p \sqrt{\overline{v'^2_x} L_h}$$

式中　L_h——湍流微团尺度。

无量纲温度：

$$\theta = \frac{T_m - T}{T_m - T_\infty}$$

无量纲速度：

$$\bar{s}_t = \frac{s_t}{u_\infty}$$

无量纲坐标：

$$\varepsilon = \frac{x}{L}$$

式中　L——特征尺寸。

把无量纲量代入式 4-54，则该式的无量纲形式为：

$$\bar{s}_t \frac{\mathrm{d}\theta}{\mathrm{d}\varepsilon} = \frac{\alpha_\infty + \sqrt{\overline{v'^2_x} L_h}}{u_\infty L} \cdot \frac{\mathrm{d}^2\theta}{\mathrm{d}\varepsilon^2} - \frac{L Q_s w_s}{\rho_\infty c_p u_\infty (T_m - T_\infty)} \tag{4-55}$$

进一步简化，可得：

$$\bar{s}_t = A \left(\frac{\sqrt{\overline{v'^2_x}}}{u_\infty} \right)^\alpha \left(\frac{s_l}{u_\infty} \right)^\beta \tag{4-56}$$

或

$$s_t = A \left(\sqrt{\overline{v'^2_x}} \right)^\alpha (s_l)^\beta \tag{4-57}$$

$$\alpha + \beta = 1$$

式中　s_l——层流火焰传播速度。

这就是说，湍流火焰传播速度取决于湍流脉动速度和层流火焰传播速度。

在实际燃烧技术中对湍流燃烧做更加具体的物理构想，对湍流燃烧按照小尺度湍流和大尺度湍流两种情况进行处理。气体湍流运动是由大小不同的气体微团所进行的不规则运动，当这些不规则运动的气体微团的平均尺寸相对小于混合气体的层流火焰前沿厚度时，称为小尺度湍流火焰，如图 4-36（a）所示；反之称为大尺度湍流火焰，如图 4-36（b）和（c）所示。当湍流的脉动速度比层流火焰传播速度大得多时，称强湍流，反之称弱湍流。

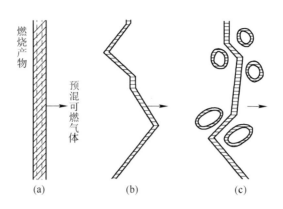

图 4-36　3 种湍流火焰模型

（a）小尺度湍流；（b）大尺度弱湍流；（c）大尺度强湍流

A　小尺度湍流

在 $2300 < Re < 6000$ 范围内，湍流是小尺度的。此时，涡团尺寸和混合长度比火焰锋的厚度小得多。小尺度涡团的效应主要是增大火焰锋中输运过程的强度。在此情况下，热量和质量（组分）的传输和湍流扩散系数 μ_t 成正比，而不是和分子扩散系数 D_i（或 $\lambda/\rho c_p$）成正比。层流火焰传播速度 s_l 是与 $\sqrt{D_i}$ 或 $\sqrt{\lambda/\rho c_p}$ 成正比。因此，可以合理地推论小尺度湍流火焰传播速度 s_t 与 $\sqrt{\mu_t}$ 成正比。于是：

$$\frac{s_t}{s_l} = \left(\frac{\mu_t}{\lambda/\rho c_p}\right)^{1/2} \approx \left(\frac{\mu_t}{D_i}\right)^{1/2} \approx \left(\frac{\mu_t}{v}\right)^{1/2} \qquad (4-58)$$

对于在管内的流动，$\mu_t/v \approx 0.01Re$，所以有近似关系式：

$$\frac{s_t}{s_l} \approx 0.1Re^{1/2}$$

该分析结果与实验结果是相当一致的。

B　大尺度湍流

当 $Re > 6000$ 时，湍流涡团尺寸相当大，超过了层流火焰的厚度。这时湍流的脉动速度一般较小，但也足以使火焰面受到扭曲产生皱褶火焰。如图 4-37 所示，火焰面上某几处由于向前的脉动速度 v_x' 比以平均速度 v_x 全面推进的整体火焰面跑得更快，从而形成凸出的锥面，另外几处又由于向后的脉动速度 v_x' 而落后于平均火焰面，形成凹进的锥面。这样就使火焰锋面凹凸不平。在这凹凸不平的皱褶火焰面上，各处火焰都以层流火焰传播速度 s_l 沿着该点的火焰面法线方向向未燃一侧推进。所以，每单位时间内燃烧的可燃混合物量就是层流火焰传播速度 s_l 与曲面面积 A_l 之积。如果这个烧掉的混合

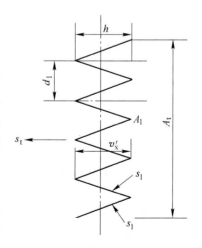

图 4-37　大尺度湍流引起的
皱褶火焰简化模型

物量用整个火焰面平均位置的向前推进来计算，则应为湍流火焰传播速度 s_t 与火焰面平均位置的平面面积 A_t 之积，即：

$$s_t A_t = s_1 A_1$$

谢尔金将皱褶的火焰面看成是圆锥面，锥底直径与平均涡团直径 d_e 相当，圆锥高度 h 等于脉动速度的均方根值 $\sqrt{v_x'^2}$ 与时间 t 的乘积，脉动时间 t 可认为近似等于 d_e/s_1，即 $h = \sqrt{v_x'^2}d_e/s_1$。于是根据几何学的关系，可得：

$$\frac{A_1}{A_t} = \frac{\dfrac{\pi}{2}d_e\sqrt{\left(\dfrac{d_e}{2}\right)^2 + h^2}}{\dfrac{\pi}{4}d_e^2}$$

$$= \sqrt{1 + \frac{4h^2}{d_e^2}} = \sqrt{1 + \left(\frac{2\sqrt{v_x'^2}}{s_1}\right)^2} \tag{4-59}$$

对大尺度的弱湍流，$\sqrt{v_x'^2} \ll s_1$，则将式 4-59 展开为泰勒级数并略去高次项，得：

$$\frac{s_t}{s_1} = \frac{A_1}{A_t} \approx 1 + 2\left(\frac{\sqrt{v_x'^2}}{s_1}\right)^2 \tag{4-60}$$

对于大尺度的强湍流，$\sqrt{v_x'^2} \gg s_1$，则式 4-59 中可略去根号中的 1，得：

$$\frac{s_t}{s_1} \approx \sqrt{\left(\frac{2\sqrt{v_x'^2}}{s_1}\right)^2} \approx \frac{2\sqrt{v_x'^2}}{s_1}(\sqrt{v_x'^2} \gg s_1) \approx \frac{\sqrt{v_x'^2}}{s_1} \tag{4-61}$$

这时的火焰燃烧模型可以设想为成团的未燃烧的可燃混合物冲破火焰锋面进入高温的燃烧产物的包围之中，同样成团的高温燃烧产物也冲破火焰锋面进入未燃的预混气体中，形成岛状的封闭小块。这些小块均保持各自的独立性，同时又在周围的混合气体间进行火焰传播。可以说，这些取决于脉动速度的小块运动到哪里，火焰就传播到哪里。因此，火焰传播速度就等于脉动速度。

实验结果表明，湍流火焰传播速度与雷诺数的关系可以画成图 4-38 的形状。

4.7.1.4　萨默菲尔德（M. Summerfield）容积燃烧模型

上面讲的皱褶火焰模型认为燃烧化学反应速度非常高，燃烧过程仅发生于薄薄的火焰面内，因而是一种表面燃烧模型。近年来，萨默菲尔德等人根据湍流火焰中的浓度和温度分布等数据，认为燃烧化学反应在火焰中各处都以不同的速度进行着，湍流传输使不同成分的气体在火焰区内与燃烧同时进行着掺混。燃烧与掺混的综合结果造成了火焰传播，这就是容积燃烧模型。

容积燃烧模型与皱褶火焰模型的区别可以从图 4-39 中看出来。

图 4-39（a）为皱褶火焰模型的示意图。这种表面燃烧模型中新鲜混合气体和燃烧产物都呈团状结构，反应区在两者之间的界面上。新鲜燃气体积的缩小一方面是由于在该气团

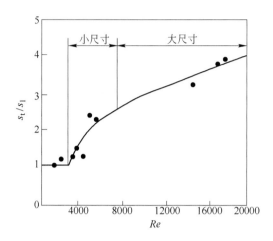

图 4-38　雷诺数与火焰速度的关系

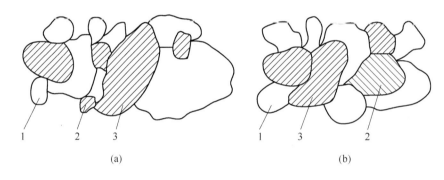

(a)　　　　　　　　　　　　　(b)

图 4-39　湍流火焰的两种模型
（a）皱褶火焰模型；（b）容积燃烧模型
1—新鲜空气；2—燃烧产物；3—反应区

表面上进行的层流燃烧，另一方面是由于脉动造成该气团破裂。

图 4-39（b）为容积燃烧模型。容积燃烧模型中燃烧速率既受混合速率影响，也受化学反应速率影响，而以湍流混合的影响为主。燃烧过程不再限于表面的层流燃烧，而且还发生在体积内部。在该反应区的生存时间内，可以认为其内部的浓度、温度是局部平衡的，但是不同的微团的浓度、温度和反应度却不同。这种模型可以用简单的数值计算来算出湍流燃烧特性。

4.7.2　扩散燃烧

前面所讨论的各种燃烧问题都是以预先均匀混合好的可燃混合气体作为研究对象的，整个燃烧过程的进展主要取决于可燃混合气体氧化的化学动力过程。但是，这只是燃料燃烧的一种方式，在实际的发动机燃烧室、锅炉、工业窑炉中以及火灾的燃烧中还有另一种方式，例如燃料和氧化剂边混合边燃烧。这时燃烧过程的进展就不只取决于燃料氧化的化学动力过程，还取决于燃料与氧化剂（一般是空气）混合的扩散过程。

根据燃烧过程进展条件的不同，燃烧过程一般可分为化学动力燃烧和扩散燃烧两类。

如果过程的进展主要是由燃料的氧化化学动力过程来决定，即当燃料与空气的混合速度大于燃烧速度时，如前述的均匀可燃混合气体的燃烧，则这种燃烧过程称为化学动力燃烧。

如果过程的进展主要是由燃料与空气的扩散混合过程来决定，即化学反应速度大于混合速度，则此种燃烧过程称为扩散燃烧。

扩散燃烧是人类最早使用火的一种燃烧方式。直到今天，扩散火焰仍是我们最常见的一种火焰。野营中使用的篝火、火把，家庭中使用的蜡烛和煤油灯等的火焰，煤炉中的燃烧以及各种发动机和工业窑炉中的液滴燃烧等都属于扩散火焰。威胁和破坏人类文明和生命财产的各种毁灭性火灾也都是扩散火焰构成的。

扩散燃烧可以是单相的，也可以是多相的。石油和煤在空气中的燃烧属于多相扩散燃烧，而气体燃料的射流燃烧属于单相扩散燃烧。

在燃烧领域内，虽然气体燃料的扩散燃烧较之预混气体的燃烧有着更广泛的实际应用，但是却很少受到注意与研究。其原因在于它不像预混气体火焰那样有着如火焰传播速度等易于测定的基本特性参数，因而现在对它的研究仅限于测定与计算扩散火焰的外形和长度。

4.7.2.1　气体燃料射流的扩散燃烧

A　扩散燃烧火焰的类型

气体扩散燃烧是气体燃料与空气分开并同时送入燃烧室中进行的燃烧。

在扩散燃烧中，燃烧所需的氧气是依靠空气扩散获得的，因而扩散火焰显然地产生在燃料与氧化剂的交界面上。燃料与氧化剂分别从火焰两侧扩散到交界面，而燃烧所产生的燃烧产物则向火焰两侧扩散开去。所以，对扩散火焰来说，就不存在什么火焰的传播。

按照燃料与空气分别供入的方式，扩散火焰可以有 3 种类型：

（1）自由射流扩散火焰。产生于气体燃料从喷燃器向大空间的静止空气中喷出后形成的燃料射流的界面上，如图 4-40(a)所示。

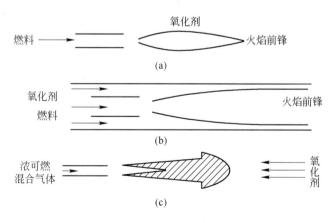

图 4-40　扩散火焰的类型

（a）自由射流扩散火焰；（b）同轴流扩散火焰；（c）逆向喷流扩散火焰

（2）同轴流扩散火焰。产生于气体燃料从喷管以与空气气流同一轴线喷出的燃料射流的界面上，如图4-40（b）所示。

同轴流扩散火焰与自由射流扩散火焰一样，也是一种射流火焰。所不同的是，在同轴流扩散火焰中，燃料射流是喷向有限空间的燃烧室，因此，它将受到燃烧室容器壁的影响。所以这种射流火焰也称为受限射流扩散火焰。

（3）逆向喷流扩散火焰。产生于与空气气流逆向喷出的燃料射流界面上，如图4-40（c）所示。

在油滴周围所产生的火焰实际上也是一种气态扩散火焰。它是由油滴表面蒸发所产生的燃油蒸气与周围空气相互扩散混合而在两者交界面上所产生的扩散火焰。

射流扩散火焰根据射流流动的状况还可分为层流射流扩散火焰和湍流射流扩散火焰。显然，湍流射流的扩散混合要较层流为好，因此，湍流射流火焰的长度就要比层流的短得多。因为扩散火焰不会发生回火现象，稳定性较好，在燃烧前又无须把燃料与氧化剂进行预先混合，比较方便，所以在工业上广泛被应用。此外，在工业燃烧设备中，为了获得高的空间加热速度，一般都采用湍流射流扩散火焰。

　　B　扩散燃烧与动力燃烧

一般来说，燃料燃烧所需的全部时间由两部分组成，即气体燃料与空气混合所需时间以及燃料氧化的化学反应时间。如果不考虑这两种过程的重叠，则整个燃烧过程时间就应是上述两个时间之和。燃料与空气的混合可以有分子扩散，也可以有湍流扩散。如果混合扩散时间和氧化反应的时间相比非常小从而可忽略的话，则整个燃烧时间就可近似地等于氧化反应所需时间。

燃烧过程是在化学反应动力区域内进行的。均匀可燃混合气体的燃烧就属此例。在此时，燃烧过程的进展（或燃烧速度）将强烈地受到化学动力学因素的控制，如可燃混合气体的性质、温度、燃烧空间的压力和反应物质浓度等变化都将强烈地影响燃烧速度的大小，而如气流速度、气流流过的物体形状和尺寸等流体动力学的扩散方面因素却与燃烧速度无关。这种燃烧就是化学动力燃烧（或动力燃烧）。

反之，如果燃烧的物理反应阶段时间（混合时间）较之化学反应阶段所需的时间大得多，就可以说燃烧是在扩散区域内进行的。这种燃烧称为扩散燃烧。在此时，整个过程的进展就与化学动力因素关系不大（在此不考虑有关物理常数对温度的影响，因为这种影响一般是不大的），相反，流体动力学的一些因素在此刻就起主要作用。如在燃料与氧化剂分别输入的燃烧中，当燃烧区内温度高到足以使燃烧瞬间完成时，这时的燃烧时间就完全取决于它们的混合时间。

但实际上，有些燃烧过程却处于上述两种极端情况之间，也就是说，此时燃烧所需混合时间与氧化的化学动力时间差不多相等，这种情况是最复杂的，因为它要同时取决于化学动力因素与流体动力因素。

4.7.2.2　气体燃料射流的层流扩散燃烧

在日常生活中，最常见的层流扩散火焰是蜡烛火焰或不预混的本生灯火焰。不预混的本生灯火焰可以通过关闭普通本生灯底部的一次空气孔来实现。最早研究层流扩散火焰的是伯克（Burke）和舒曼（Schumann）（1928年），他们利用如图4-41所示的两同心圆管，在内管通以气态燃料，外管通以空气，以相同速度在管内流动。这时观察到的扩散火焰外

形可以有两种类型。一种是当外管中所供给
的空气量足够多，超过内管燃料完全燃烧所
需的空气量，或者是当燃料射流喷向大空间
的静止空气中（也就是说，此时 d'/d 的比
值相当大）时，这时扩散火焰呈封闭收敛状
的圆锥形火焰（称为空气过扩散火焰）；另
一种是外管中所提供的空气量不足以供应内
管中燃料射流完全燃烧所需，则此时火焰形
状呈扩散的倒喇叭形火焰（称为空气不足扩
散火焰）。由此可见，层流扩散火焰的外形
取决于燃料与空气的混合浓度。扩散火焰的
特征通常都是以化学反应瞬间发生的那个表
面来描述的，而这个表面一般都假定与发光
的燃烧表面相重合，即上述扩散火焰的
外形。

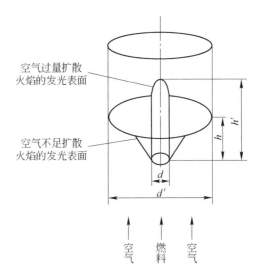

空气过量扩散火焰的发光表面

空气不足扩散火焰的发光表面

图 4-41　层流扩散火焰的外形

我们知道，在层流流动时，燃料射流燃烧所需的氧气是依靠分子扩散从周围空气
中取得。如果喷燃器的形状是圆形，且在空气供应过量的情况下，燃烧火焰的形状是
圆锥形。这是因为沿着流动方向，燃料气流因燃烧不断被消耗，所以燃烧区就逐渐向
气流中心靠拢，最后汇聚于气流中心线上成为圆锥的顶点。

显然，在火焰焰锋（即燃烧区）的内侧只有燃料没有氧气（空气），在其外侧只有氧气
没有燃料（见图4-42）。依靠分子扩散使燃料与氧气各自向对方输送，在燃料与氧气之间比
例达到化学当量比的各个位置上形成稳定的燃烧区（即火焰前锋），在其中燃烧迅猛地进行

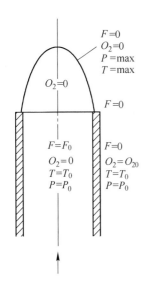

图 4-42　扩散火焰内外组成成分
F—气体燃料；O_2—氧气；
P—燃烧产物；T—温度

着，可以认为此时化学反应速度较之可燃质的扩散速度要
大很多倍，整个燃烧过程的速度完全取决于燃料与氧气间
的分子扩散速度。

为什么稳定燃烧区或者说火焰前锋表面上混合物的
组成正好是化学当量比？这是因为，在燃烧区不可能有
过剩的氧量，也不可能有过剩的燃料，否则燃烧区的位
置将不能稳定。假设燃烧区有过剩的可燃气体，这时未
燃尽的可燃气体将扩散到火焰外面的空间去，遇到氧气
而着火燃烧，使进入燃烧区的氧量减少，这样燃烧区内
可燃气体将更过剩。因此，在这种情况下燃烧区位置就
势必不可能维持稳定而要向外移，反之亦然。由此可知，
扩散火焰只有在可燃气体和氧气的组成比符合化学当量
比的表面上才可能稳定。

由进入燃烧区的可燃气体（燃料）与氧气所形成的
可燃混合气体因火焰前锋传播的热量而着火燃烧，生成
的燃烧产物将向火焰的两侧扩散，稀释并加热可燃气体
与氧气。因此，火焰焰锋将燃烧空间分成两个区域：火

焰的外侧只有氧气和燃烧产物而没有可燃气体，为氧化区；而火焰的内侧只有可燃气体与燃烧产物而没有氧气，为还原区。

由于燃烧区内化学反应速度非常大，因此到达燃烧区的可燃混合气体实际上在瞬间就燃尽，所以在燃烧区内它们的浓度为零，而燃烧产物的浓度与温度则达到最大值。此外，由于化学反应速度很高，燃烧区的厚度（即焰锋的宽度）将变得很薄，所以在理想的扩散火焰中可以把它看成一个表面厚度为零的几何表面。该表面对氧气和燃料都是不可渗透的，它的一边只有氧气，而另一边却只有燃料。因此，层流扩散火焰焰锋的外形只取决于分子扩散的条件，而与化学动力学无关。它可作为一个几何表面利用数学分析来求出。在该表面上，可燃气体向外扩散的速度与氧气向里扩散的速度之比应等于完全燃烧时的化学当量比。

图 4-43 所示为距离燃料射流喷口某一高度处扩散火焰中各物质浓度的径向分布。从图 4-43 中可以看出，燃料与氧化剂的浓度在火焰前锋处最小（等于零），而燃烧产物的浓度在该处则最大，并依靠扩散作用向火焰两侧穿透。这种浓度分布对于燃料射流喷向周围静止的大气中也同样适合。

实际上，扩散火焰中反应区并不是如上所述的那样无限的薄。如图 4-44 所示，实验表明，在主反应区中燃烧温度达到最大值，其中各种气体组成处于热力平衡的状态。在主反应区的两侧是预热区，它的特征是具有较陡的温度梯度。燃料和氧化剂在预热区中有化学变化，因为几乎很少有氧气能通过主反应区进入燃料射流中，所以燃料在预热区中受到热传导和高温燃烧产物扩散而被加热，所发生的化学变化主要是热分解。此时，可燃气体中的碳氢化合物会分解出碳粒子。温度越高，分解越剧烈。与此同时，还可能增加复杂的、难燃烧的重碳氢化合物的含量。这些碳粒子与重碳氢化合物常常来不及燃烧而以煤烟的形式被燃烧产物带走，造成化学不完全燃烧损失。所以，扩散燃烧的一个显著特点就是会产生不完全燃烧损失，这是预混火焰所没有的。

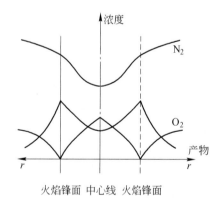

图 4-43　距离燃料射流喷口某一高度处
扩散火焰中各物质浓度的径向分布

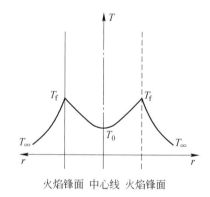

图 4-44　实际扩散火焰温度分布

4.7.2.3　气体燃料射流的湍流扩散燃烧

在工业应用中，最广泛采用的以及火灾条件下的扩散燃烧一般是湍流扩散燃烧。

现在来研究这样一种湍流扩散燃烧：可燃气体（燃料）与空气分别输送，输送空气的速度非常小，可以认为可燃气体是送入一个充满静止空气的空间。这样，可燃气体自喷燃器流出的速度将决定气流的流动状态。如果气流速度足够大以致使气流处于湍流状态，那么，这股湍流射流就成为自由沉没射流。

如图 4-45 所示，射流自喷燃器出口喷出以后，在湍流扩散的过程中自周围空间卷吸入空气，这样气流质量不断增加，射流的宽度也不断扩大，而气流速度则不断减小并逐渐均匀，同时在射流宽度上形成各种不同浓度的混合物。

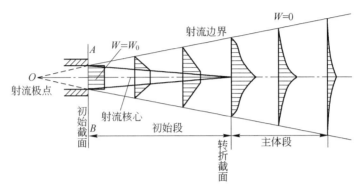

图 4-45　自由沉没射流

在射流初始段的等速度核心区中只有可燃气体，而可燃气体与空气的混合物仅在湍流边界层中存在。在射流的主体段中，任一截面上可燃气体的体积分数分布曲线如图 4-46 所示，可燃气体浓度在射流轴心线上最大，在接近射流边界处浓度逐渐减小，而在边界上气体浓度则为零，且随着远离喷燃器，可燃气体浓度越来越小；相反，空气浓度在射流轴心线上为最小，越靠近射流边界则越大，且离喷燃器越远，空气浓度越大。

这样，在射流边界层上所形成的可燃混合物在不同位置处它们的组成比例（即 a/b）显然是不同的。用研究层流扩散火焰所作的类似分析可以得到：着火时，当混合物的组成比例相当于理论完全燃烧时的化学当量比时，该表面即为气流中稳定的燃烧区，即火焰前锋。由此可见，燃烧区的位置完全由湍流扩散的条件来决定，燃烧速度则由其扩散速度来确定。

现假设在某一截面上可燃气体与空气浓度分布如图 4-47 所示，在离开射流轴心线一

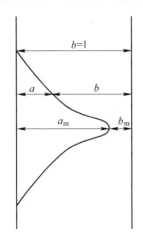

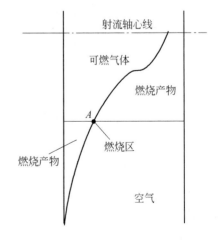

图 4-46　射流主体段中任一截面上
可燃气体体积分数分布曲线

图 4-47　湍流扩散火焰的形成

定距离的 A 点形成了化学当量比的混合物，在同一截面上通过这些点所组成的圆即形成了燃烧区（火焰前锋），在每个截面上通过这些相应的圆即组成了伸长的圆锥形扩散火焰焰锋（见图4-48）。通过扩散进入燃烧区的氧气与可燃气体发生反应，释放出相应的热量，而燃烧生成的燃烧产物则向燃烧区（火焰）两侧扩散。所以，在火焰内部是可燃气体与燃烧产物的混合物，没有氧气；而在火焰外侧则是燃烧产物和氧气（空气）的混合物，没有可燃气体。

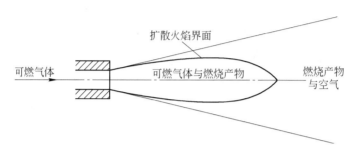

图4-48 湍流扩散燃烧火焰焰锋

图4-49所示为扩散火焰形状与高度随射流速度增加而变化的实验结果。从图4-49中可以看出，在流速比较低时，即处于层流状态时，火焰高度随流速的增加大致成正比提高，而在流速比较高时，即处于湍流状态时，火焰高度几乎与流速无关。

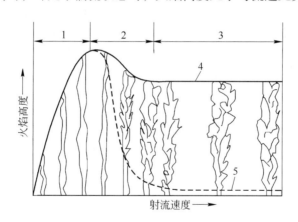

图4-49 扩散火焰形状与高度随射流速度增加而变化的实验结果
1—层流火焰区；2—过渡火焰区；3—充分发展的湍流火焰区；
4—火焰高度包络线；5—破裂点包络线

图4-49中还表示出扩散火焰由层流状态转变为湍流状态的发展过程。从图4-49中可以看出，层流扩散火焰焰锋的边缘光滑、轮廓鲜明、形状稳定，随着流速（或雷诺数 Re）的增加，焰锋高度几乎成线性增加，直到达到最大值；此后，流速的增加将使火焰焰锋顶端变得不稳定，并开始颤动。随着流速进一步增大，这种不稳定现象将逐步发展为带有噪声的刷状湍流火焰，它从火焰顶端的某一确定点开始发生层流破裂并转变为湍流射流。由于湍流扩散，燃烧加快，迅速地使火焰的高度缩短，同时使由层流火焰破裂

转为湍流火焰的那个破裂点向喷燃器方向移动。当射流速度达到使破裂点十分靠近喷口，即达到充分发展的湍流火焰条件后，若再进一步提高速度，火焰的高度以及破裂点长度 S 都不再改变而保持一个定值，但火焰的噪声却会继续增大，火焰的亮度也会继续减弱。最后在某一速度下（该速度取决于可燃气的种类和喷燃器尺寸），火焰会吹离喷管口。

扩散火焰由层流状态过渡为湍流状态一般发生在雷诺数 Re 为 $2000 \sim 10000$ 的临界值范围内。过渡范围这么宽的原因是气体的黏度与温度有很大的关系，绝热温度相对高的火焰可以预期在相对高的雷诺数 Re 下进入湍流。相反，绝热温度相对低的火焰将会在相对低的雷诺数 Re 下进入湍流。

实验还发现，扩散层流火焰高度与氧和可燃气体的化学当量比有关。$1mol$ 的可燃气体所需要的氧气的摩尔数越多，其扩散火焰高度越高；反之，其扩散火焰高度就越低。环境中氧含量减少时，火焰高度增加。

4.8 管道气体的燃爆与抑爆

在研究可燃气体的燃烧与爆炸时，管道气体是不可忽略的一部分。管道气体的燃烧会引起爆炸，对设施、设备等会造成严重的破坏，同时还会危及人身安全。因此，对管道气体的燃爆规律进行研究，并提出相应的抑爆技术十分必要。我国对管道内气体爆炸火焰方面也作了不少研究，林柏泉等采用专门的瓦斯爆炸实验腔体（$80mm \times 80mm$，长 $24m$）研究了管道内瓦斯爆炸火焰的传播。在井下生产过程，瓦斯一直是影响井下安全生产的重要因素，特别是在运输过程中，输送瓦斯浓度若低于 30%，在输送过程中瓦斯浓度可能达到爆炸浓度范围，存在爆炸危险。

本节以瓦斯为例，介绍管道气体的燃爆规律。

4.8.1 管道内瓦斯的爆炸机理

近年来我国煤矿瓦斯爆炸事故频繁发生，有上升趋势，几乎每年都有重特大瓦斯爆炸事故。为了防止煤矿井下瓦斯燃烧与爆炸，很多学者对其化学反应机理进行了大量研究。瓦斯发生燃烧与爆炸是一个相当复杂的物理化学过程，是热反应机理和链反应机理共同作用的结果，二者相互促进，使瓦斯的链式反应持续进行。链式反应的关键是要形成活性强的自由基，自由基在一定环境条件下借助自身反应热可再生。瓦斯爆炸过程中，链式反应的历程包括链引发、链持续和断链反应三个阶段。

依据以上反应机理确定了发生瓦斯爆炸事故必须具备的三个基本条件：第一，常温常压下，瓦斯浓度处于爆炸极限范围（$5\% \sim 16\%$）内；第二，氧气最低浓度为 12%；第三，存在大于引燃瓦斯最小点火能（$0.28mJ$）的火源。

4.8.2 管道气体的爆炸传播影响因素

管道内瓦斯爆燃实际上是一种带有压力波的燃烧。当燃烧阵面后边界有约束或障碍存在时，其燃烧产物可建立起一定压力，波阵面两侧就形成了一个压力差，从而导致一列波以当地声速向前传播，这就是我们所说的压力波。由于这个压力波传播速度比火焰阵面要快得多，行进在燃烧阵面前，因此也称作前驱冲击波。由此可见，瓦斯爆燃是由前驱冲击波和后随火焰阵面所构成的。若爆燃后边界约束增强，导致火焰加速，直至火焰阵面追赶上前驱冲击波阵面，火焰阵面和冲击波阵面合二为一，形成一个带化学反应区的冲击波，这就是爆轰波。由此可以看出：瓦斯爆炸传播实际上是压力波和瓦斯燃烧的耦合过程。依据冲击波传播特征，瓦斯爆炸传播存在明显卷吸作用：冲击波在传播过程中将携带所经过地点的气体一并前进，使得瓦斯爆炸燃烧区域远大于原始气体分布区域。这已得到相关实验验证。

有关瓦斯爆炸传播的影响因素很多，主要涉及巷道或管道中障碍物、壁面粗糙度、弯道和变坡、分叉，以及瓦斯浓度、体积、分布状态和点火能量、点火位置等。下面简单介绍几个主要因素。

4.8.2.1　障碍物

当爆炸冲击波经过障碍物时，附近的压力变化较明显且上升显著。无论是燃烧区还是非燃烧区，都存在障碍物激励效应，但激励程度取决于瓦斯爆炸状态与其压力峰值。

管道内设置的障碍物对气相火焰具有加速作用，加速机理可理解为是由障碍物诱导的湍流区对瓦斯燃烧过程的正反馈造成的。管道内火焰传播过程中，湍流效应是产生压力波的主要因素，火焰传播速度大小直接影响爆炸冲击波的生成和加强。由于在障碍物附近形成了高浓度黏性边界层，从而导致湍流使压力波和火焰加速，加速的压力波和火焰又增强湍流，这种正反馈作用使压力波和火焰不断得到加速。在此作用过程中，由于火焰在障碍物附近形成的高浓度黏性边界层作用大于压力波在障碍物附近形成的高浓度黏性边界层，所以障碍物对火焰的加速作用大于对压力波的加速作用。障碍物的存在导致火焰前锋褶皱度增长，增大了火焰前方未燃气体和火焰内部流场的湍流强度，从而增进了火焰的加速。

4.8.2.2　管道分叉及截面

管道若存在分叉，分叉部位是一扰动源，并诱导附加湍流导致气流湍流度增大，从而使瓦斯爆炸，火焰传播速度迅速提高。分叉管路支管中火焰传播速度在前端是增大的，随后迅速减小；而分叉管道直管端口封闭产生的反射对直管段火焰传播速度影响较小，火焰在分叉管路直管段范围内加速传播。管道截面积突变对瓦斯爆炸传播也有重要影响。管道截面积突然扩大比突然缩小使火焰传播速度增大的程度要大许多，最大火焰传播速度不是在管道截面突然缩小处，而是往后推移至 $L/d = 70$ 处。因为火焰进入截面突然扩大区域时，湍流度产生最剧烈；进入截面突然缩小区域时，最大湍流度不是在截面突然缩小处而是往后推移到某一断面处。

4.8.2.3　管道壁面粗糙度与热效应

管道壁面粗糙度对瓦斯爆炸过程的影响非常大。相对光滑管道，粗糙管道内瓦斯爆炸火焰传播速度、峰值压力等物理参数均有大幅度提高。管道壁面热效应对瓦斯爆炸传播特性具有较大影响。

管道内壁贴有绝热材料后，壁面散热大幅减少（约为原来的1/3），减少的热量一部分通过导热和扩散向未燃气体传递，另一部分通过膨胀做功使压力波强度提高，两者均使火焰传播速度和压力波强度增加，能诱导激波生成。当压力波传播时遇到固体壁面（尤其是端头封闭的巷道或管道）时，会产生反射波。该反射波对火焰的传播具有加速作用。

4.8.2.4 点火能量

最小点火能量是表征瓦斯爆炸燃烧火焰传播及其安全性的基本条件之一，即指由一个很小的电容火花能够点燃瓦斯气体混合物，并使火焰从点火源向周围传播开去的最小能量值。如果电容火花产生的能量低于瓦斯燃烧所需的最小点火能，就只能引起火花附近的少量气体混合物燃烧，而由电容火花给予气体的能量不足以产生一个为支持此火花传播开去所需的火焰波。

瓦斯爆炸所需点火能较低，标准条件下，瓦斯最低点火能量为 0.28mJ，通常情况下此值很容易就可以达到。煤矿井下瓦斯爆炸引火源有多种，如放炮、煤炭自燃等化学性火源；物体相互冲撞、摩擦以及真空泵、空气压缩机等近似绝热压缩过程产生冲击性高温火源；电火花、高压电弧及静电等产生电气性火源；高温物体的炽热表面及热辐射作用也会引起井下瓦斯爆炸。

可燃气体（或蒸汽）与空气（或氧气）必须在一定的浓度范围内均匀混合，并形成预混气体，遇引火源才会发生爆炸。这个浓度范围称为气体爆炸极限（或气体爆炸浓度极限）。通常情况下，可燃气体爆炸极限受温度、压力、含氧量和能量等多因素影响。随着点火能量增大，点火源向附近气体混合物层流传输的能量越大，则燃烧自发传播速度范围也越宽，气体爆炸极限范围便随之增大，如表 4-17 所示。

表 4-17 点火能量对瓦斯爆炸极限的影响

点火能量/J	爆炸下限/%（体积浓度）	爆炸上限/%（体积浓度）	爆炸浓度/%
1	4.9	13.8	8.9
10	4.6	14.2	9.6
100	4.25	15.1	10.8
1000	3.6	17.5	13.9

由此可以看出，矿井瓦斯爆炸界限并不是固定不变的，还要受到温度、压力以及煤尘、其他可燃性气体、惰性气体的介入等诸多因素的影响。同时瓦斯浓度对点火能的影响也比较显著，大致规律如图 4-50 所示：可燃物有一个爆炸下限（设此时浓度为 C_1），当浓度低于 C_1 时，就算点火能量再大也不可能使可燃物爆炸；浓度开始大于 C_1 时，所需能量逐渐降低；在当量浓度 C_2 附近时，点火能量最低；然后点火能量又开始逐渐上升。一般情况下，瓦斯点燃温度范围为 650 ~ 750℃。但实际中会受瓦斯浓度、火源性质及气体压力等因素影响而发生变化。瓦斯浓度为 7% ~ 8% 时，最易被引燃；瓦斯引燃温度随混合气体压力的增高而降低；当引火温度相同，火源面积越大、点火时间越长，瓦斯越易被点燃。火源能量与点火位置对爆炸压力波传播有显著影响，火源能量大，将会使压力峰值出现时间缩短，但不会改变压力峰值；点火位置不仅会影响压力峰值出现时间，还会改变压力峰值的大小，例如在雷管、炸药等强点火条件下，可

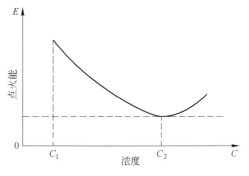

图 4-50 浓度对点火能的影响

燃气体爆炸会直接转变为爆轰。

　　由以上可知：在已发生瓦斯爆炸事故中，绝大部分煤矿瓦斯爆炸是由能量较小的火源引燃。经统计，我国1970～1979年十年间引发矿井瓦斯爆炸事故的火源类别为：电火花为56.2%，放炮火花为27.2%，冲击性火源为6.9%，明火为9.2%。不难看出，我国绝大部分矿井瓦斯爆炸是由能量很小的点火源引燃的，而极少出现强点火源引发瓦斯爆炸。

4.8.3　管道气体的抑爆技术

　　目前世界上许多国家（如美国、俄罗斯、波兰、德国等主要产煤国家）均建成了地下不同规模的大型爆炸实验巷道，研制成功了各种各样动作灵敏、雾化效果良好的自动隔爆装置和被动隔爆棚。近几年我国在瓦斯爆炸隔抑爆研究中已取得较大进展。我国主要采用被动式隔抑爆装置，其原理为利用瓦斯爆炸产生的前驱冲击波触发隔抑爆装置并使其释放出抑制剂，冷却、稀释并熄灭传播过来的爆炸火焰，达到隔抑爆的目的。

　　这些装置对煤矿瓦斯爆炸事故的控制起到了一定抑制作用。但在实际应用以及隔抑爆试验中，有时会出现装置失效，达不到隔抑爆效果。主要原因可能是对瓦斯爆炸火焰及压力波传播规律还未完全了解：其一，瓦斯爆炸隔抑爆装置设置的压力值不是非常合适。若瓦斯爆炸隔抑爆装置的动作压力设置过低，该装置在无瓦斯爆炸事故时就可能造成误动作；反之，动作压力设置过高，可能由于瓦斯爆炸过程中产生的压力值较小而不能动作，从而达不到抑制瓦斯爆炸的效果。其二，瓦斯爆炸隔抑爆装置响应时间的设置不够精确。当瓦斯爆炸前驱冲击波压力足以能够触发隔抑爆装置且其动作响应时间正好同火焰到达该设置的时间相吻合时，隔抑爆装置会释放出抑制剂，冷却、稀释并熄灭传播过来的爆炸火焰，起到隔抑爆效果；若隔抑爆装置响应时间不精确，导致过早或过迟释放抑制剂，均达不到应有的隔抑爆目的。

习题与思考题

4-1　预混可燃气体燃烧波的传播存在哪两种方式，各有什么特点？

4-2　什么称为火焰前沿，火焰前沿有什么特点，预混可燃气体中火焰传播的机理是什么？

4-3　层流预混火焰传播速度s_l是如何推导的，影响层流预混火焰传播速度的因素主要有哪些？

4-4　什么称为爆炸下限，什么称为爆炸上限？简述爆炸极限理论。

4-5　爆炸极限主要受哪些因素影响？如果各种可燃气体的活化能变化不大，爆炸下限与燃烧热有什么关系？

4-6　可燃混合气体爆炸极限的计算方法有哪些？利用1mol可燃气体燃烧反应所需氧原子摩尔数计算乙烷的爆炸上限和下限。

4-7　简述爆轰的发生过程，并说明其本质。

4-8　形成爆轰要具备哪些条件？

4-9　简述预防和控制可燃气体爆炸的基本方法。

4-10　简述层流火焰与湍流火焰的区别。

4-11　简述扩散燃烧火焰的类型及特征。

5 可燃液体的燃烧与爆炸

5.1 液体燃料的燃烧特点

目前，液体燃料的主体是石油制品，因此，讨论液体燃料的燃烧主要涉及燃油的燃烧。液体燃料的沸点低于其燃点，液体燃料的燃烧是先蒸发，生成燃料蒸气，然后与空气混合，进而发生燃烧。与气体燃料不同的是，液体燃料在与空气混合前存在蒸发汽化过程。对于重质液体燃料，还有一个热分解过程，即燃料由于受热而裂解成轻质碳氢化合物和炭黑。轻质碳氢化合物以气态形态燃烧，而炭黑则以固相燃烧形式燃烧。

根据液体燃料蒸发与汽化的特点，可将其燃烧形式分为液面燃烧、灯芯燃烧、蒸发燃烧和雾化燃烧4种。

液面燃烧是直接在液体燃料表面上发生的燃烧。若液体燃料容器附近有热源或火源，则在辐射和对流的影响下，液体表面被加热，导致蒸发加快，液面上方的燃料蒸气增加。当其与周围的空气形成一定浓度的可燃混合气体并达到着火温度时，便可以发生燃烧。在液面燃烧过程中，若燃料蒸气与空气的混合状况不好，将导致燃料严重热分解，其中的重质成分通常不发生燃烧反应，因而冒出大量黑烟，污染严重。它往往是灾害燃烧的形式，例如油罐火灾、海面浮油火灾等。在工程燃烧中不宜采用这种燃烧方式。

灯芯燃烧是利用吸附作用将燃油从容器中吸上来在灯芯表面生成蒸气然后发生的燃烧。这种燃烧方式功率小，一般只用于家庭生活或其他小规模的燃烧器，例如煤油炉、燃油灯等。

蒸发燃烧是使液体燃料通过一定的蒸发管道，利用燃烧时所放出的一部分热量（如高温烟气）加热管中的燃料，使其蒸发，然后再像气体燃料那样进行燃烧。蒸发燃烧适宜于黏度不太大、沸点不太高的轻质液体燃料，在工程燃烧中有一定的应用。

雾化燃烧是利用各种形式的雾化器把液体燃料破碎成许多直径从几微米到几百微米的小液滴，悬浮在空气中边蒸发边燃烧。由于燃料的蒸发表面积增加了上千倍，因而有利于液体燃料迅速燃烧。雾化燃烧是液体工程燃烧的主要燃烧方式。

对于不同的液体燃料，应依据其蒸发的难易程度的不同采用不同的雾化方式。易蒸发液体燃料的雾化（例如汽油）往往采用"汽化器"来实现。对于比较难蒸发的液体燃料，通常是使用某种喷嘴来实现雾化。

5.2 液体的蒸发

5.2.1 蒸发过程

将液体置于密闭的真空容器中，液体表面能量大的分子就会克服液面邻近分子的吸引力，脱离液面进入液面以上空间成为蒸气分子。进入空间的分子由于热运动，有一部分又可能撞到液体表面，被液面吸引而凝结。开始时，由于液面以上空间尚无蒸气分子，蒸发速度最大，凝结速度为零。随着蒸发过程的继续，蒸气分子浓度增加，凝结速度也增加，最后凝结速度和蒸发速度相等，液体（液相）和它的蒸气（气相）就处于平衡状态。但这种平衡是一种动态平衡，即液面分子仍在蒸发，蒸气分子仍在凝结，只是蒸发速度和凝结速度相等罢了。

5.2.2　蒸气压

在一定温度下，液体和它的蒸气处于平衡状态，蒸气所具有的压力称为饱和蒸气压，简称蒸气压。液体的蒸气压是液体的重要性质，它仅与液体的性质和温度有关，而与液体的数量及液面上方空间的大小无关。

在相同温度下，液体分子之间的引力越强，则液体分子越难以克服引力跑到空间中去，蒸气压就低；反之，蒸气压就高。分子间的引力称为分子间力，又称为范德华力。分子间力最重要的力是色散力。色散力是由于分子在运动中，电子云和原子核发生瞬时相对运动，产生瞬时偶极而出现的分子间的吸引力。相对分子质量越大，分子就越易变形，色散力越大。所以同类物质中，相对分子质量越大，蒸发越难，蒸气压越低。但在水分子（H_2O）、氟化氢（HF）、氨（NH_3）分子，以及很多有机化合物中，由于存在氢键，分子间力会大大增强，蒸发也不容易，蒸气压也较低。对同一液体，升高温度，液体中能量大的分子数目就多，能克服液体表面引力跑到空中的分子数目也就多，因此，蒸气压就高；反之，温度低，蒸气压就低。

液体的蒸气压（p^0）与温度（T）之间的关系服从克劳修斯-克拉佩龙方程：

$$\ln p^0 = -\frac{L_V}{RT} + C \tag{5-1}$$

$$\lg p^0 = -\frac{L_V}{2.303RT} + C' \tag{5-2}$$

取 $R = 8.314 J/(K \cdot mol)$ 时，式 5-2 变为：

$$\lg p^0 = \left(-0.052\frac{L_V}{T}\right) + C' \tag{5-3}$$

式中　p^0——平衡蒸气压力，Pa；

T——温度，K；

L_V——蒸发热，J/mol；

C，C'——常数。

几种常见有机化合物的 L_V 和 C' 值见表 5-1。

表 5-1　几种常见有机化合物的 L_V 和 C' 值

化 合 物	分 子 式	蒸发热 $L_V/J \cdot mol^{-1}$	常数 C'	温度范围/℃
正戊烷	$n\text{-}C_5H_{12}$	27567	9.6116	-77 ~ 191
甲苯	C_6H_5OH	35866	9.8443	-28 ~ 31
正癸烷	$n\text{-}C_{10}H_{22}$	45612	10.3730	17 ~ 173

续表 5-1

化 合 物	分 子 式	蒸发热 $L_V/\text{J} \cdot \text{mol}^{-1}$	常数 C'	温度范围/℃
甲 醇	CH_3OH	37531	10.7647	$-44 \sim 224$
乙 醇	C_2H_5OH	40436	10.9523	$-31 \sim 242$
苯	$n\text{-}C_6H_6$	34052	9.9586	$-37 \sim 290$

克劳修斯-克拉佩龙方程仅适用于单一组分的纯液体。对稀溶液，溶剂的蒸气压 p_A 等于纯溶剂的蒸气压 p_A^0 乘以溶液中溶剂的摩尔分数 x_A，此即为拉乌尔定律：

$$p_A = p_A^0 x_A \tag{5-4}$$

任一组分在全部浓度范围内都符合拉乌尔定律的溶液称为理想溶液。对非理想溶液，拉乌尔定律应修正为：

$$p_i = p_i^0 a_i \tag{5-5}$$

$$a_i = r_i x_i \tag{5-6}$$

式中　p_i——溶液中 i 组分的蒸气压；

p_i^0——纯 i 组分的蒸气压；

a_i——i 组分的活度；

r_i——i 组分的活度系数。

对理想溶液，$r_i = 1$，$a_i = x_i$。

【例 5-1】　含有 3%（体积分数）环己烷和 97%（体积分数）癸烷的混合物，可近似地看成理想溶液。试计算在 28℃ 和 60℃ 的条件下，液体表面的 $p_{环己烷}$ 和 $p_{癸烷}$。已知 $\rho_{环己烷}=660\text{kg/m}^3$，$\rho_{癸烷}=730\text{kg/m}^3$。

解　（1）

$$x_{环己烷} = \frac{\dfrac{3 \times 660}{84}}{\dfrac{3 \times 660}{84} + \dfrac{97 \times 730}{142}} = 0.045$$

$$x_{癸烷} = 1 - x_{环己烷} = 0.955$$

（2）将表 5-1 中的有关数值代入式 5-3 得：

$$\lg p_{环己烷}^0 = -\frac{0.2185 \times 7830.9}{T} + 9.7870$$

$$\lg p_{癸烷}^0 = -\frac{0.2185 \times 10912.0}{T} + 10.373$$

将 $T = 301\text{K}(28℃)$、$T = 333\text{K}(60℃)$ 代入得：

$$(p_{环己烷}^0)_{301K} = 12660 \quad \text{Pa}$$

$$(p_{癸烷}^0)_{301K} = 283 \quad \text{Pa}$$

$$(p_{环己烷}^0)_{333K} = 44543 \quad \text{Pa}$$

$$(p_{癸烷}^0)_{333K} = 1633 \quad Pa$$

（3）根据拉乌尔定律计算液面上的蒸气压：

$$(p_{环己烷})_{301K} = 12660 \times 0.045 = 570 \quad Pa$$

$$(p_{癸烷})_{301K} = 283 \times 0.955 = 270 \quad Pa$$

$$(p_{环己烷})_{333K} = 44543 \times 0.045 = 2004 \quad Pa$$

$$(p_{癸烷})_{333K} = 1633 \times 0.955 = 1560 \quad Pa$$

5.2.3　蒸发热

　　液体在蒸发过程中，高能量分子离开液面进入空间，使剩余液体的内能越来越低，液体温度也越来越低。欲使液体保持原温度，必须从外界吸收热量。也就是说，要使液体在恒温恒压下蒸发，必须从周围环境中吸收热量。通常，定义在一定温度和压力下，单位质量的液体完全蒸发所吸收的热量为液体的蒸发热。

　　蒸发热主要是为了增加液体分子动能以克服分子间引力而逸出液面，因此，分子间引力越大的液体，其蒸发热越高。此外，蒸发热还消耗于汽化时体积膨胀对外所做的功。

5.2.4　液体的沸点

　　当液体蒸气压与外界压力相等时，蒸发在整个液体中进行，称为液体沸腾；而蒸气压低于外界压力时，蒸发仅限于在液面上进行。液体的沸点是指液体的饱和蒸发压与外界压力相等时液体的温度。很显然，液体沸点与外界气压密切相关。一些常见液体的沸点见表5-2。

表5-2　一些常见液体的沸点

物质名称	分子式	沸点/℃	物质名称	分子式	沸点/℃
甲　烷	CH_4	−161	氯化氢	HCl	−84
乙　烷	C_2H_6	−89	溴化氢	HBr	−70
丙　烷	C_3H_8	−30	碘化氢	HI	−37
丁　烷	C_4H_{10}	0	水	H_2O	100
己　烷	C_6H_{14}	68	硫化氢	H_2S	−61
辛　烷	C_8H_{18}	125	氨	NH_3	−33
癸　烷	$C_{10}H_{22}$	160	磷化氢	PH_3	−88
氟化氢	HF	17	硅　烷	SiH_4	−112

5.3　闪燃与爆炸温度极限

5.3.1　闪燃与闪点

　　当液体温度较低时，由于蒸发速度很慢，液面上蒸气浓度小于爆炸下限，蒸气与空气的混合气体遇到火源是点不着的。随着液体温度升高，蒸气分子浓度增大，当蒸气分子浓度增大到爆炸下限时，蒸气与空气的混合气体遇火源就能闪出火花，但随即熄灭。这种在可燃液体的上方，蒸气与空气的混合气体遇火源发生的一闪即灭的瞬间燃烧现象称为闪燃。在规定的实验条件下，液体表面能够产生闪燃的最低温度称为闪点。

液体发生闪燃，是因为其表面温度不高，蒸发速度小于燃烧速度，蒸气来不及补充被烧掉的蒸气，而仅能维持一瞬间的燃烧。

液体的闪点一般要用专门的开杯式或闭杯式闪点测定仪测得。采用开杯式闪点测定仪时，由于气相空间不能像闭杯式闪点测定仪那样产生饱和蒸气-空气混合物，所以测得的闪点要高于采用闭杯式闪点测定仪测得的闪点。开杯式闪点测定仪一般适用于测定闪点高于100℃的液体，而闭杯式闪点测定仪适用于测定闪点低于100℃的液体。

5.3.2 同类液体闪点变化规律

一般情况，可燃液体多数是有机化合物。有机化合物根据其分子结构不同分成若干类。同类有机物在结构上相似，在组成上相差一个或多个系差。这种在组成上相差一个或多个系差且结构上相似的一系列化合物称为同系列。同系列中，各化合物互称同系物。

同系物虽然结构相似，但相对分子质量却不相同。相对分子质量大的分子结构变形大，分子间力大，蒸发困难，蒸气浓度低，闪点高；否则，闪点低。因此，同系物的闪点具有以下规律：

（1）同系物闪点随相对分子质量增加而升高，见表5-3；
（2）同系物闪点随沸点的升高而升高，见表5-3；
（3）同系物闪点随密度的增大而升高，见表5-3；
（4）同系物闪点随蒸气压的降低而升高，见表5-3；
（5）同系物中正构体比异构体闪点高，见表5-4。

表 5-3 部分醇和芳烃的物理性能

物　　质		分子式	相对分子质量	密度 20℃/4℃	沸点/℃	20℃时的蒸气压力/kPa	闪点/℃
醇　类	甲　醇	CH_3OH	32	0.792	64.56	11.82	7
	乙　醇	C_2H_6OH	46	0.789	78.4	5.87	9
	正丙醇	C_3H_7OH	60	0.804	97.2	1.93	22.5
	正丁醇	C_4H_9OH	74	0.810	117.8	0.63	34
	正戊醇	$C_5H_{11}OH$	88	0.817	137.8	0.37	46
芳烃类	苯	C_6H_6	78	0.873	80.36	9.97	−12
	甲　苯	$C_6H_5CH_3$	92	0.866	110.36	2.97	5
	二甲苯	$C_6H_4(CH_3)_2$	106	0.879	146.0	2.18	23

碳原子数相同的异构体中，支链数增多，造成空间障碍增大，使分子间距离变远，从而使分子间力变小，闪点下降。

表5-4 正构体与异构体的闪点比较

物 质 名 称	沸点/℃	闪点/℃	物 质 名 称	沸点/℃	闪点/℃
正戊烷	36	−40	正己酮	127.5	35
异戊烷	28	−52	异己酮	119	17
正辛烷	125.6	16.5	正丙烷	91	−11.5
异辛烷	99	−12.5	异丙烷	69	−13
氯代正丁烷	79	−11.5	甲酸正戊酯	132	33
氯代异丁烷	70	−24	甲酸异戊酯	123.5	25.5

5.3.3 混合液体闪点

5.3.3.1 两种完全互溶的可燃液体的混合液体的闪点

这类混合液体的闪点一般低于各组分的闪点的算术平均值，并且接近于含量大的组分的闪点。例如纯甲醇闪点为7℃，纯乙酸戊酯的闪点为28℃。当体积分数为60%的甲醇与40%乙酸戊酯混合时，其闪点并不等于 $7 \times 60\% + 28 \times 40\% = 15.4℃$，而是等于10℃，如图5-1所示。图5-1中实线为混合液体实际闪点变化曲线；虚线为混合液体算术平均值闪点。对甲醇和丁醇（闪点为36℃）1:1（体积）的混合液，其闪点等于13℃，而不是 $\frac{1}{2} \times (7 + 36) = 21.5℃$，如图5-2所示。在煤油中加入1%的汽油，煤油的闪点要降低10℃以上。

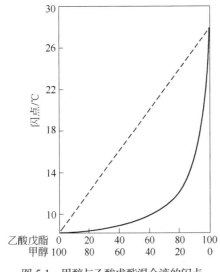

图5-1 甲醇与乙酸戊酯混合液的闪点

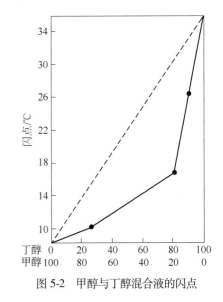

图5-2 甲醇与丁醇混合液的闪点

5.3.3.2 可燃液体与不可燃液体的混合液体的闪点

在可燃液体中掺入互溶的不可燃液体，其闪点随着不可燃液体含量增加而升高，当不可燃组分含量达到一定值时，混合液体不再发生闪燃。醇水溶液的闪点见表5-5。

表5-5 醇水溶液的闪点

溶液中的醇的体积分数/%	闪点/℃		溶液中的醇的体积分数/%	闪点/℃	
	甲醇	乙醇		甲醇	乙醇
100	7	11	10	60	50
75	18	22	5	无	60
55	22	23	3	无	无
40	30	25			

5.3.4 闪点计算

5.3.4.1 根据波道查的烃类闪点公式计算

对烃类可燃液体，其闪点服从波道查公式：

$$t_f = 0.6946t_b - 73.7 \qquad (5-7)$$

式中 t_f——闪点,℃；

t_b——沸点,℃。

5.3.4.2 根据可燃液体碳原子数计算

对可燃液体，可按下式计算其闪点：

$$(t_f + 277.3)^2 = 10410n_C \qquad (5-8)$$

式中 n_C——可燃液体分子中碳原子数。

5.3.4.3 根据道尔顿公式计算

根据爆炸极限的经验公式 $x_下 = \dfrac{100}{4.76(N-1)+1}$，$x_上 = \dfrac{4 \times 100}{4.76N + 4}$，当液面上方的总压力为 p 时，可燃液体的闪点所对应的可燃液体的蒸气压 p_f 为：

$$p_f = \frac{p}{1 + 4.76(N-1)} \qquad (5-9)$$

式中 N——燃烧1mol可燃液体所需要氧原子摩尔数。

式5-9即为道尔顿公式。

常见的易燃与可燃液体的饱和蒸气压见表5-6。根据表5-6和式5-9，可用插值法计算液体的闪点。

表5-6 常见的易燃与可燃液体的饱和蒸气压   Pa

液体名称	温度/℃								
	-20	-10	0	+10	+20	+30	+40	+50	+60
丙酮		5159.56	8443.28	14708.08	24531.25	37330.16	55901.91	81167.77	115510.18
苯	990.58	1950.50	3546.37	5966.16	9972.49	15785.32	24197.94	35823.62	52328.89
乙酸丁酯		479.96	933.25	1853.18	3333.05	5826.17	9452.53		
航空汽油			11732.34	15198.17	20531.59	27997.62	37730.13	50262.39	
车用汽油			5332.88	6666.1	9332.54	13065.56	18131.79	23997.96	

液体名称	温度/℃								
	-20	-10	0	+10	+20	+30	+40	+50	+60
甲 醇	835.93	1795.85	3575.70	6690.10	11821.66	19998.3	32453.91	50889.01	83326.25
二硫化碳	6463.45	10799.08	17959.84	27064.37	40236.58	58261.71	82259.67	114216.95	154060.05
松节油			275.98	391.97	593.28	915.92	1439.88	2263.81	
甲 苯	231.98	455.96	889.26	1693.19	2973.08	4959.58	7905.99	12398.95	18531.74
乙 醇	333.31	746.60	1626.53	3137.06	5866.17	10412.45	17785.15	29304.18	46862.08
乙 醚	8932.57	14972.06	24583.24	38236.75	57688.43	84632.81	120923.05	168625.66	216408.27
乙酸乙酯	866.59	1719.85	3226.39	5839.50	9705.84	15825.32	24491.25	37636.8	55368.63
乙酸甲酯	2533.12	4686.27	8279.29	13972.15	22638.08	35330.33			
丙 醇			435.96	951.92	1933.17	3706.35	6772.76	11798.99	19598.33
丁 醇			270.64	627.95	1226.56	2386.46	4412.96	7892.66	
戊 醇			79.99	177.32	369.30	738.60	1409.21	2581.11	4545.28
乙酸丙酯			933.25	2173.25	3413.04	6432.79	9452.53	16185.29	22918.05

【例 5-2】 已知大气压为 $1.01325 \times 10^5 \, \text{Pa}$，求苯的闪点。

解 写出苯的燃烧反应方程式为：

$$C_6H_6 + 7.5O_2 \longrightarrow 6CO_2 + 3H_2O$$

从反应方程式知：$N = 15$。将已知数据代入式 5-9 得：

$$p_f = \frac{1.01325 \times 10^5}{1 + 4.76 \times (15 - 1)} = 1498.0 \quad (\text{Pa})$$

查表 5-6 可知，苯在 -20℃ 和 -10℃ 时，其蒸气压分别为 990.58Pa 和 1950.5Pa。根据插值法，苯的闪点为：

$$p_f = -20 + \frac{1498.0 - 990.58}{1950.5 - 990.58} \times 10 = -14.7 \quad (\text{℃})$$

5.3.4.4 根据布里诺夫公式计算

计算公式为：

$$p_f = \frac{Ap}{D_0 \beta} \tag{5-10}$$

式中 p_f——闪点温度下可燃液体的饱和蒸气压，Pa；

p——可燃液体蒸气和空气混合气体的总压，通常等于 $1.01325 \times 10^5 \, \text{Pa}$；

A——仪器常数；

D_0——可燃液体蒸气在空气中于标准状态下的扩散系数，见表 5-7；

β——燃烧 1mol 可燃液体所需的氧分子摩尔数。

表 5-7 常见液体蒸气在空气中的扩散系数 (D_0)

液体名称	在标准状态下的扩散系数	液体名称	在标准状态下的扩散系数
甲 醇	0.1325	乙酸乙酯	0.0715
乙 醇	0.102	乙酸丁酯	0.058
丙 醇	0.085	二硫化碳	0.0892
苯	0.077	丁 醇	0.0703
甲 苯	0.0709	戊 醇	0.0589
乙 醚	0.0778	丙 酮	0.086
乙 酸	0.1064		

【例5-3】 已知甲苯的闪点为 5.5℃，大气压为 $1.01325 \times 10^5 Pa$，求苯的闪点。

解 先根据甲苯的闪点求仪器常数 A。

因为甲苯闪点为 5.5℃，从表 5-6 查出其饱和蒸气压范围为 889.26~1693.19Pa，则甲苯在闪点时的饱和蒸气压 p_f 为：

$$p_f = 889 + \frac{1693.19 - 889.26}{10} \times 5.5 = 1333 \quad (Pa)$$

查表 5-7 得甲苯的扩散系数 $D_0 = 0.0709$，$\beta = 9$，则：

$$A = \frac{p_f D_0 \beta}{p} = \frac{1333 \times 0.0709 \times 9}{1.01325 \times 10^5} = 0.0084$$

再从表 5-7 查得苯的扩散系数 $D_0 = 0.077$，$\beta = 7.5$。然后利用公式 5-10 求得苯在闪点时的饱和蒸气压为：

$$p_f = \frac{Ap}{D_0 \beta} = \frac{0.0084 \times 1.01325 \times 10^5}{0.077 \times 7.5} = 1473 \quad (Pa)$$

从表 5-6 查出苯的饱和蒸气压为 1473Pa 时，其对应闪点应在 -20~-10℃ 之间，利用插值法可求出苯的闪点为：

$$t_f = -20 + \frac{(-10) - (-20)}{1951 - 991} \times (1951 - 1473) = -15 \quad (℃)$$

5.3.4.5 利用可燃液体爆炸下限计算

闪点温度时液体的蒸气浓度就是该液体蒸气的爆炸下限。液体的饱和蒸气浓度和蒸气压的关系为：

$$p_f = \frac{Lp}{100} \tag{5-11}$$

式中 L——蒸气爆炸下限（体积分数），%；

p——蒸气和空气混合气体总压，一般为 $1.01325 \times 10^5 Pa$。

【例5-4】 已知乙醇的爆炸下限为 3.3%（体积分数），大气总压为 $1.01325 \times 10^5 Pa$，求乙醇的闪点。

解 首先求出闪点时的 p_f 为：

$$p_f = \frac{3.3 \times 1.01325 \times 10^5}{100} = 3344 \quad (Pa)$$

查表 5-6 得乙醇的饱和蒸气压为 3344Pa 时，其对应温度在 10～20℃ 之间，用插值法求闪点得：

$$t_f = 10 + \frac{20 - 10}{5866 - 3173} \times (3344 - 3173) = 10.6 \quad (℃)$$

5.3.4.6 根据克劳修斯-克拉佩龙方程计算

闪点所对应的蒸气浓度为爆炸下限。当已知蒸气的爆炸下限和总压时，就可以算出闪点对应的蒸气压 p^0，从而根据式 5-2 计算出闪点 t_f。

【例 5-5】 已知癸烷的爆炸下限为 0.75%（体积分数），环境压力为 $1.01325 \times 10^5 Pa$，试求其闪点。

解 闪点对应的蒸气压为：

$$p_f = \frac{0.75 \times 1.01325 \times 10^5}{100} = 760 \quad (Pa)$$

查表 5-5，癸烷的 $L = 45612 J/mol$，$C' = 10.3730$。

将已知值代入式 5-2，得闪点为：

$$T_f = \frac{L_v}{2.303 \times R \times (C' - \lg p_f)}$$

$$= \frac{45612}{2.303 \times 8.314 \times (10.3730 - \lg 760)}$$

$$= 318 \quad (K)$$

则
$$t_f = 318 - 273 = 45 \quad (℃)$$

5.3.5 爆炸温度极限

5.3.5.1 爆炸温度极限

当液面上方空间的饱和蒸气与空气的混合气体中可燃液体蒸气浓度达到爆炸浓度极限时，混合气体遇火源就会发生爆炸。根据蒸气压的理论，对特定的可燃液体，饱和蒸气压（或相应的蒸气浓度）与温度成对应关系。蒸气爆炸浓度上、下限所对应的液体温度称为可燃液体的爆炸温度上、下限，分别用 $t_上$、$t_下$ 表示。几种可燃液体的爆炸浓度极限与爆炸温度极限的比较见表 5-8。

表 5-8 几种可燃液体的爆炸浓度极限与爆炸温度极限的比较

液体名称	爆炸浓度极限/%		爆炸温度极限/℃	
	下 限	上 限	下 限	上 限
酒 精	3.3	18.0	+11	+40
甲 苯	1.5	7.0	+5.5	+31
松节油	0.8	62.0	+33.5	+53
车用汽油	1.7	7.2	-38	-8
灯用煤油	1.4	7.5	+40	+86
乙 醚	1.85	40	-45	+13
苯	1.5	9.5	-14	+19

　　显然，液体温度处于爆炸温度极限范围内时，液面上方的蒸气与空气的混合气体遇火源会发生爆炸。可见，利用爆炸温度极限来判断可燃液体的蒸气爆炸危险性比爆炸浓度极限更方便。

　　设液体温度与室温相等，则液体温度与爆炸温度极限有如下例子中的几种关系（设室温为 0～28℃）。

　　（1）苯，爆炸温度下限 $t_下$ = −14℃，$t_上$ = +19℃，与室温关系为：

$$t_下（-14℃）\qquad\qquad t_上（+19℃）$$

$$\xrightarrow{\hspace{8cm}} t/℃$$
$$\quad 0℃ \qquad\qquad 28℃$$

　　显然，苯蒸气在 0～19℃范围内是能爆炸的。

　　（2）酒精，$t_下$ = +11℃，$t_上$ = +40℃，与室温关系为：

$$t_下（+11℃）\qquad\qquad t_上（+40℃）$$

$$\xrightarrow{\hspace{8cm}} t/℃$$
$$0℃ \qquad\qquad 28℃$$

　　显然，在室温 11～28℃之间的温度范围内，酒精蒸气正好处于爆炸浓度极限范围之内，是能爆炸的。

　　（3）煤油，$t_下$ = +40℃，$t_上$ = +86℃，与室温关系为：

$$t_下（+40℃）\qquad t_上（+86℃）$$

$$\xrightarrow{\hspace{8cm}} t/℃$$
$$0℃ \quad 28℃$$

　　煤油在室温范围内，其蒸气浓度没有达到爆炸下限，煤油蒸气是不会爆炸的。

　　（4）汽油，$t_下$ = −38℃，$t_上$ = −8℃，与室温关系为：

$$t_下（-38℃）\; t_上（-8℃）$$

$$\xrightarrow{\hspace{8cm}} t/℃$$
$$0℃ \quad 28℃$$

　　从坐标上分析可以得知，汽油在室温范围内，其饱和蒸气浓度已经超过爆炸上限，它与空气的混合气体遇火源不会发生爆炸。但在实际仓库的储存条件下，由于库房的通风，汽油蒸气往往达不到饱和状态而处在非饱和状态，其蒸气与空气混合气体遇火源是会发生爆炸的。

　　通过以上分析可以得出以下结论：

　　（1）凡爆炸温度下限（$t_下$）小于最高室温且爆炸温度上限高于最低室温的可燃液体，其蒸气与空气的混合气体遇火源均能发生爆炸。

　　（2）凡爆炸温度下限（$t_下$）大于最高室温的可燃液体，其蒸气与空气混合气体遇火源均不能发生爆炸。

（3）凡爆炸温度上限（$t_上$）小于最低室温的可燃液体，其饱和蒸气与空气的混合气体遇火源不发生爆炸，其非饱和蒸气与空气的混合气体遇火源有可能发生爆炸。

5.3.5.2　爆炸温度极限的计算

爆炸温度下限为液体的闪点，其计算与闪点计算相同。爆炸温度上限的计算，可根据已知的爆炸浓度上限值计算相应的饱和蒸气压，然后用克劳修斯-克拉佩龙方程等方法计算出饱和蒸气压所对应的温度，即为爆炸温度上限。

【例 5-6】　已知甲苯的爆炸浓度极限范围为 1.27% ~ 6.75%（体积分数），求其在 1.01325×10^5 Pa 大气压下的爆炸温度极限。

解　（1）求爆炸浓度极限所对应的饱和蒸气压：

$$p_{饱下} = 101325 \times 1.27\% = 1287 （Pa）$$

$$p_{饱上} = 101325 \times 6.75\% = 6839 （Pa）$$

（2）用克劳修斯-克拉佩龙方程计算爆炸温度极限。

饱和蒸气压为 1287Pa 和 6839Pa 时，甲苯所处的温度范围分别为 0 ~ 10℃ 和 30 ~ 40℃。

下限：

$$t_下 = \frac{L_V}{2.303 \times R \times (C' - \lg p_f)}$$

$$= \frac{35866}{2.303 \times 8.314 \times (9.8443 - \lg 1287)}$$

$$= 278.1 （K） = 5.0 （℃）$$

上限：

$$t_上 = \frac{L_V}{2.303 \times R \times (C' - \lg p_f)}$$

$$= \frac{35866}{2.303 \times 8.314 \times (9.8443 - \lg 6839)}$$

$$= 311.7 （K） = 38.6 （℃）$$

5.3.5.3　爆炸温度极限的影响因素

爆炸温度极限的影响因素有：

（1）可燃液体的性质。液体的蒸气爆炸浓度极限低，则相应的液体爆炸温度极限低；液体越易蒸发，则爆炸温度极限越低。

（2）压力。压力升高使爆炸温度上、下限升高，反之则下降。这主要是因为总压升高时，为使蒸气浓度达到爆炸浓度极限，需要相应地增加蒸气压力。压力对甲苯闪点的影响见表 5-9，由此可知，压力升高，闪点升高，即爆炸温度下限升高。

表 5-9　压力对甲苯闪点的影响

总压力/Pa	甲苯饱和蒸气压/Pa	甲苯闭杯闪点/℃
74078	889	0.1
100000	1200	4.9
197368	2368	16.3

飞机起飞时，油箱里的压力发生较大的变化，因此，燃油的爆炸温度极限也发生很大的变化，当燃油温度处于爆炸温度极限范围内时，油面上方的蒸气与空气混合气体就会成为可燃的，这在遭遇雷电等放电事故时是非常危险的。图5-3（a）和（b）分别是以航空煤油和JP-4为燃油的飞机在飞行期间燃油可燃性区域的变化情况。图中燃油爆炸温度极限和燃油温度随飞行过程发生变化。

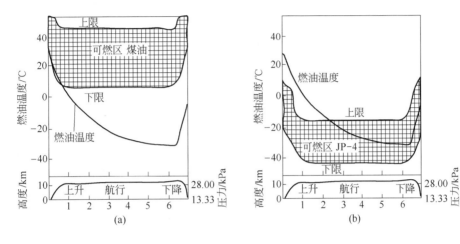

图 5-3　飞机飞行期间燃油可燃性区域示意图
（a）以航空煤油为燃油；（b）以 JP-4 为燃油

（3）水分或其他物质含量。由于水蒸气在液面上的可燃蒸气与空气混合气体中起着惰性气体的作用，因此，在可燃液体中加入水会使其爆炸温度极限升高。如果在闪点高的可燃液体中加入闪点低的可燃液体，则混合液体的爆炸温度极限比前者低，但比后者高。实验发现，即使低闪点液体的加入量很少，也会使混合液体的闪点比高闪点液体的闪点低得多。例如，在煤油中加入1%（体积分数）的汽油，煤油的闪点要降低10℃以上。

（4）火源强度与点火时间。一般来说，在其他条件相同时，液面上的火源强度越高，或者点火时间越长，液体的爆炸温度下限（或闪点）越低。这是因为此时液体接受的热量很多，液面上蒸发出的蒸气量增加。例如，在电焊电弧作用于液面时，由于电弧的能量很高，液体在初温低于正常实验条件下的闪点时也会发生闪燃；一个较大的高温机械零件进入淬火油前在油面上有一段停留时间，可能导致淬火油在较低的初始温度下发生闪燃或着火。

5.4　液态可燃物的火灾蔓延

5.4.1　油池火

在油池火中，一般常用油面的下降速度表示油池火的燃烧速度（单位时间、单位面积上的燃料消耗量），而且得出了如图5-4所示的规律。为什么会有这样的规律呢？当然与这种燃烧火焰的特性有关，此时形成的是燃料蒸气的扩散火焰，必须注意这一点。

在油池直径较小时，形成的是层流扩散火焰。火焰长度随着油池直径的增大而变短。

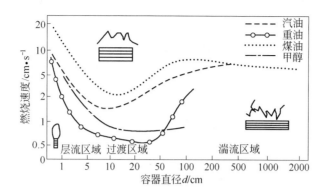

图 5-4　油池火液面下降速度与油池直径的关系

因此，液面的下降速度随着油池直径的增加而减小。当油池直径增大到某一范围之后，这个范围与液体燃料的性质有关，火焰就从层流扩散火焰向湍流扩散火焰过渡。在过渡区域中，液面的下降速度随油池直径的变化较慢，有时甚至无关。此时火焰中有大量的黑烟产生，火焰渐渐向湍流扩散火焰转变，火焰高度也很难判断。以后液面的下降速度又随油池直径的增加而增加，并最终趋于某个固定值。整个过程体现了层流扩散火焰向湍流扩散火焰转变的特点。

油池内液面下降的速度显然应当等于火焰向液体传入的热量引起的液体蒸发而导致的液面下降速度。从火焰向液体传入的热量包括：（1）从容器的器壁向液体的传热；（2）液面上方的高温气体向液体的对流传热；（3）火焰及高温气体向液体的辐射传热等。

由于容器器壁与火焰根部相距很近，器壁的温度可取为液体的温度 T。这样在器壁附近，气体中的温度差可取为 $T_F - T_1$，其中，T_F 为火焰温度。从器壁向液体的热流量可表示为：

$$q_{cd} = k\pi d(T_F - T_1) \tag{5-12}$$

式中　d——油池直径；

　　　k——热传导系数。

液面上方的高温气体向液体传入的热流量可表示为：

$$q_{cv} = h\frac{\pi d^2}{4}(T_F - T_1) \tag{5-13}$$

式中　h——对流换热系数，一般与油池直径 d 有关系。

假设高温气体的温度等于火焰的温度。火焰与高温气体向液体的辐射热流量可用下式表示：

$$q_{ra} = \frac{\pi d^2}{4}\sigma(\varepsilon_F \varphi_F T_F^4 - \varepsilon_1 T_1^4) \tag{5-14}$$

式中　σ——斯忒藩-玻耳兹曼常数；

　　　ε_F——火焰及高温气体的辐射率；

　　　φ_F——火焰及高温气体对液面的形态系数；

　　　ε_1——液体的辐射率。

显然，这些热流量的总和应当等于液体蒸发所需要的热量与液体本身升温所需热量之和，即：

$$q_{cd} + q_{cv} + q_{ra} = \frac{\pi d^2}{4} v_1 \rho_1 L_V + c_{pl} \left(M_1 - \frac{\pi d^2}{4} v_1 \rho_1 \right) (T_1 - T_\infty) \tag{5-15}$$

式中　ρ_1——液体的密度；

　　　L_V——液体的蒸发潜热；

　　　v_1——液面的下降速度；

　　　c_{pl}——液体的比热容；

　　　M_1——油池内液体的总质量；

　　　T_∞——液体的初温。

所以液面的下降速度可表示为：

$$v_1 = \frac{q_{cd} + q_{cv} + q_{ra} - c_{pl} M_1 (T_1 - T_\infty)}{\frac{\pi d^2}{4} \rho_1 [L_V - c_{pl} (T_1 - T_\infty)]} \tag{5-16}$$

将式 5-12 ~ 式 5-14 代入式 5-16 得：

$$v_1 = \frac{1}{\rho_1 [L_V - c_{pl} (T_1 - T_\infty)]} \left[\frac{4k}{d} (T_F - T_1) + h (T_F - T_1) + \right.$$

$$\left. \sigma (\varepsilon_F \varphi_F T_F^4 - \varepsilon_1 T_1^4) - c_{pl} M_1 (T_1 - T_\infty) \right] \tag{5-17}$$

当 d 很小的时候，式 5-17 右端的第一项相对较大，所以有 v_1 与 d 近似成反比的关系。当 d 很大时，式 5-17 右端的第一项相对较小，所以有 v_1 与 d 近似无关系。这些证明了图 5-4 的结果是合理的。

另外还可以看出，要防止这类火灾的蔓延，必须控制外部与液体的热交换过程。因此，采用泡沫灭火剂在液面上生成一层泡沫层，既能减少热流量，又能防止液体的蒸发。这是一种较好的防止火灾蔓延和灭火的方法。

如果在油池中有积水，水一般沉在油池的底部，但水的沸点（100℃）远低于油的沸点。根据前面的介绍，火焰向燃油传热的同时，燃油和池壁也将向水传热，所以沉积在油池底部的水温会不断升高。当水温上升到水的沸点温度时，水就要沸腾，而水面上部有一层油，这个油层的最上部又处于蒸发、燃烧状态。所以达到沸点的水蒸气将带着蒸发、燃烧的油一起沸腾，这样就可能发生极其危险的扬沸现象，使火灾迅速扩大。水蒸气带着燃油滴的飞溅高度和散落面积对火灾的蔓延有重要影响，研究结果表明：飞溅高度和散落面积直径与油层厚度、油池直径有关，一般散落面积直径 D 与油池直径 d 之比均在 10 以上，即 $\frac{D}{d} > 10$。由于喷出来的燃油必须穿过已燃烧的池火，这样池火就点燃了喷出来的燃油，再加上雾化条件、供氧条件的改善，喷出来的燃油比油池中的油燃烧得更猛烈，导致火灾迅速扩大。如果在油池四周还有其他可燃物，将被迅速点燃；如果在油池四周还有从事火灾扑救的人员和设备，必将造成很大的伤亡和损失。所以对油池火灾而言，一定要避免扬沸现象的发生，一定要研究发生扬沸之前的特征，做好预报工作，防止火灾的蔓延与扩大。

5.4.2　液面火

海上的油轮事故常导致液面火灾，所以，研究液面火的蔓延规律，对于扑灭这种火灾具有重要意义。研究结果表明：可燃性液体的性质及周围环境条件对液面火的蔓延速度影响很大。

在静止环境中，液体的初温对火的蔓延速度影响显著。图 5-5 所示为甲醇液面火的蔓延速度与甲醇初温的关系，开始时甲醇液面火的蔓延速度随着甲醇初温的增高而加快，当温度超过某个值之后，液面火的蔓延速度趋于某个常数。这是因为甲醇的闪点为11℃。当温度达到20℃之后，在甲醇液面上方就形成了一定浓度的甲醇蒸气，该蒸气与空气混合后形成了具有一定混合比的预混可燃气体，而这个预混可燃气体的传播速度是一定的，表现出来就是甲醇液面火的蔓延速度趋于某个常数。这个常数值就是最大甲醇浓度与空气混合气体的层流火焰传播速度。火焰传播速度不同，火焰形状也不同，用纹影方法拍下来的甲醇液面火的火焰结构更不相同，图 5-6 所示为不同甲醇初温给定时间间隔（距着火）时的纹影照片。从图 5-6 可以看出：火焰传播速度越快，火焰面的倾角就越大。

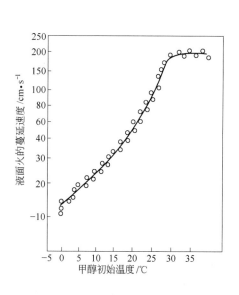

图 5-5　甲醇液面火的蔓延速度与
甲醇初温的关系

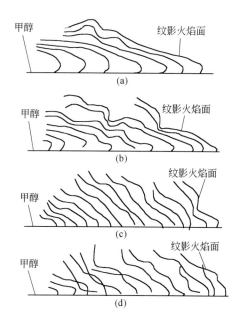

图 5-6　不同甲醇初温给定时间间隔
（距着火）时的纹影照片
(a) $T_i=26.0$℃，$\Delta t=21$ms；(b) $T_i=17.0$℃，$\Delta t=21$ms；
(c) $T_i=6.0$℃，$\Delta t=21$ms；(d) $T_i=2.3$℃，$\Delta t=104$ms

上述结果表明：火焰传播速度与温度有关，这必然与传播过程有关。当甲醇初温低于闪点（11℃）温度时，形成的是扩散火焰。要维持液面火的蔓延，火焰前面的甲醇必须升温，以保证一定的蒸气速度。这样必须向火焰前面的液相甲醇传热，因此火焰前面的液相甲醇与火焰正下方的液相甲醇之间就产生了温差，这个温差就引起了表面张力差。在表面张力差的作用下产生了液相甲醇的表面流，使得温度高的液相甲醇流向火焰的前方，如图

5-7(a)所示。火焰的周期性变化（见图 5-7b）就是因表面张力差引起的表面流的变化所致。

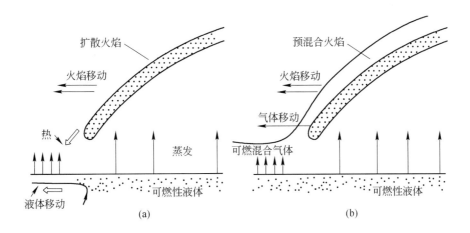

图 5-7　液体温度对传热过程的影响

（a）可燃性液体温度低于闪点；（b）可燃性液体温度高于闪点

　　甲醇液面火的这种蔓延特性对于其他可燃性液体也适用，具有普遍性。图 5-8 所示为在有相对风速条件下液面火的蔓延情况。在逆风条件下，甲醇的初温影响显著。在顺风条件下，初温几乎没有什么影响，主要受风速的影响。这个结果当然与甲醇的蒸发速度有关，研究蒸发问题，必须研究传热问题，这是因为液面处的传热过程对于蒸发起着十分重要的作用。另外还可以看出：如果逆向风以大于液面火蔓延速度数倍的风速吹来，就可将液面火扑灭。在扑救液面火灾时，不能顺着火焰方向吹风，否则火会越烧越旺。

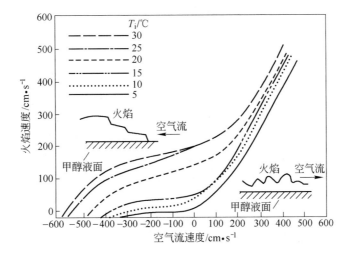

图 5-8　在有相对风速条件下液面火的蔓延情况

　　实际火灾中，液面并非静止不动，所以研究运动液面对液面火蔓延速度的影响对更真实地描述液面火灾的蔓延规律有较高的实用价值。

5.4.3 含油的固面火

实际生活中，经常出现油泄漏到地面上，使地面变成了含有可燃性液体的固面，如果着火燃烧，就形成了含油的固面火。研究这种火灾的蔓延规律是很有意义的，对扑灭这类火灾具有指导作用。

大量的研究结果表明，这种固面火的燃烧特性与下列因素有关：（1）可燃性液体的闪点；（2）地面及可燃性液体的温度；（3）地面的形状及倾斜角度；（4）地面土质的粒径分布；（5）火焰引起的对流情况；（6）相对气流的大小和方向；（7）地面土质材料的热物理性能；（8）火焰的蔓延方向等。

为了深入研究上述因素对固面火燃烧的影响，设计了如图 5-9 所示的实验装置。其中，燃料容器为一个 $60\text{cm} \times 12\text{cm} \times 1\text{cm}$（长×宽×高）的长方形容器，容器整体置于恒温槽内，维持一定的温度（可调）。燃料容器与恒温槽一起放入一个截面为 $60\text{cm} \times 45\text{cm}$ 的风洞中，研究风速对燃烧速度的影响。在燃料容器中加入不同粒径砂子，例如当平均粒径为 $220\mu\text{m}$ 时，砂子的平均密度为 2.68g/cm^3，砂子之间的间隙为 $0.32\text{cm}^3/\text{g}$（约占 46%，体积分数），然后用闪点为 50℃ 的煤油填满整个燃料容器。

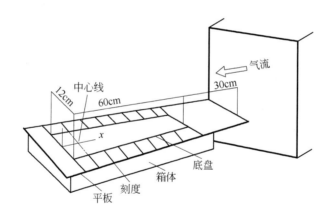

图 5-9　含油固面火的实验装置

为了今后实验方便，需在冷态条件下标定一下燃料容器上方的流场，图 5-10 所示为主流速度为 300cm/s 时燃料容器上方不同部位的气流平均速度和湍流度分布。坐标选择参见图 5-10，其中，U 为主流速度，u 为 x 方向的平均速度，u' 为 x 方向的速度变动值。

用酒精棉纱从一端将煤油点着，用摄影机记录整个燃烧过程，用事先在砂层内安装好的热电偶测量燃烧容器中央 $x = 30\text{cm}$ 处的砂层温度分布。粒径对砂面火蔓延速度的影响如图 5-11 所示。

从图 5-11 可以看出，当粒径很小时，砂面火的蔓延速度近于一个常数，随着粒径的增大，砂面火的蔓延速度减小。

在没有相对风速时，初温对砂面火的蔓延速度也有显著影响，如图 5-12 所示。初温越高，砂面火的蔓延速度越大。当相对风速增加时，砂面火的蔓延速度变小，如图 5-13 所示。当相对风速达到某一个值之后，就出现了蔓延速度急剧下降的现象（灭火）。

在实验的同时，还测量了砂层的温度变化。结果表明：火焰前方的砂层温度越高，而

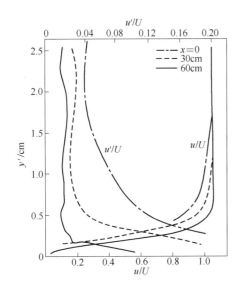

图 5-10 主流速度为 300cm/s 时燃料容器上方
不同部位的气流平均速度和湍流度分布

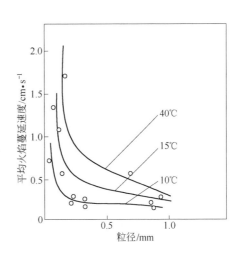

图 5-11 粒径对砂面火蔓延速度的影响

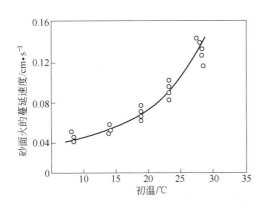

图 5-12 初温对砂面火的蔓延速度的影响

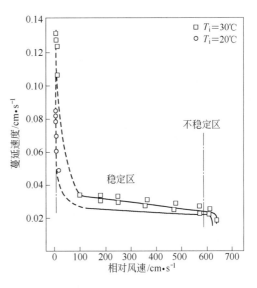

图 5-13 相对风速对火蔓延速度的影响

且相对风速大时，温度更高一些；火焰后方砂层的温度基本不变。

5.4.4 液雾中的火蔓延

在钻井井喷火灾和液体燃料容器破裂后的火灾中，经常出现液雾中的火灾蔓延现象。在这种情况下，因喷雾条件较差，雾化质量不高，液滴较大，而且大滴的密度也较高，形成的液雾火焰多为液群扩散火焰。为了了解这种火焰的特点，首先需要对液雾火焰做些说明。

液雾火焰大体分为 4 种：

（1）预蒸发型气体燃烧。例如当环境温度较高，雾化较细，离喷嘴出口较远处的燃烧就接近这种类型。显然，它具有预混可燃气体燃烧的特点。

（2）滴群扩散燃烧。例如，当环境温度较低，液雾较粗，离喷嘴出口较近处的燃烧就接近这种类型。所以液滴的蒸发在整个过程中占有重要地位。

（3）预蒸发与滴群扩散燃烧的复合型。当小滴进入燃烧区之前已蒸发完，形成了具有一定浓度的预混可燃气体，而大滴还没有蒸发完，进行着滴群扩散燃烧。

（4）预蒸发燃烧与滴群扩散蒸发的复合型。小滴进入燃烧区之前已蒸发完，形成了具有一定浓度的预混可燃气体，而进入燃烧区的较大液滴虽然没有蒸发完，又因滴径过小而不能着火，只能继续蒸发，就形成了预蒸发燃烧与滴群蒸发的复合型。

显然，在火灾中，由于条件所限，滴群扩散燃烧是主要的形式，其他类型或多或少也会有所表现。

一般情况下，液滴较大，在燃烧过程中不断下落，液滴有可能落在地面上，形成含有可燃性液体的固面，同时引起可燃性固面上蔓延的火灾。如果是海上钻井台，则可能在水面上形成可燃性液面，又可出现沿可燃性液面蔓延的火灾。如果可燃性液体在某处集合，又可能出现油池火，所以必须同时注意综合效应。

为了说明滴群扩散燃烧的基本特性，可将滴群扩散燃烧模型简化。简化的滴群扩散燃烧模型如图 5-14 所示。即一个初始滴径均匀，液滴与气流之间没有相对运动的一维液雾火焰，如果初始气流环境温度不太高，但比液滴温度高，则应考虑对液雾的预热作用，此处高温燃气一侧也对液雾有预热作用，这样就形成了滴群的预热蒸发区。显然，液体本身的蒸发特性、环境温度等对该区有很大影响，如果温度升高到某一温度以上，可能出现已蒸发的蒸气与空气混合气体的着火，形成预混火焰。然后液滴又着火，形成扩散火焰。可见，随着条件的不同，有着不同的多相燃烧机理。

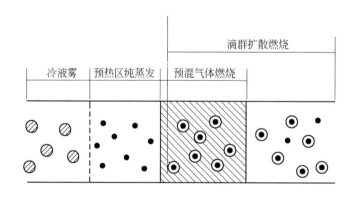

图 5-14　简化的滴群扩散燃烧模型

如果不能形成预混火焰，就只有滴群扩散燃烧，在此主要讨论这种情况。此时虽然没有预混燃烧，但蒸发对气相流动是有影响的，不过仍可假设液滴与气流间没有相对运动，滴径均匀。这样一维两相火焰的总体连续方程为：

$$\rho_g u = m = 常数$$

或

$$(\rho_g + \rho_1)u = m = 常数$$

式中　ρ_g——气相的密度；

　　　ρ_1——液相的密度；

　　　ρ_ε——气液两相的总密度；

　　　u——气液两相的平均速度；

　　　m——气液两相的质量通量。

气相连续方程为：

$$\frac{\mathrm{d}(\rho_g u)}{\mathrm{d}x} = \bar{\rho_1}\frac{\pi d}{4}k_f N \tag{5-18}$$

令

$$z = \frac{\rho_g}{\rho_\varepsilon}$$

可得：

$$\frac{\mathrm{d}z}{\mathrm{d}x} = \frac{\bar{\rho_1}\frac{\pi d}{4}k_f N}{m} \tag{5-19}$$

式中　$\bar{\rho_1}$——液相的平均密度；

　　　d——液滴直径；

　　　k_f——扩散燃烧的蒸发常数；

　　　N——液滴在单位容积内的数目。

两相一维火焰的能量方程为：

$$\frac{\mathrm{d}}{\mathrm{d}x}(\rho_g u h_g + \rho_1 u h_1) = \frac{\mathrm{d}}{\mathrm{d}x}\left(\lambda\frac{\mathrm{d}T}{\mathrm{d}x} - \Sigma h_i \rho_g Y_i v_i\right) \tag{5-20}$$

两端同除以 $\rho_\varepsilon u = m$，并积分，可得：

$$z h_g + (1-z)h_1 + \frac{1}{m}\left(-\lambda\frac{\mathrm{d}T}{\mathrm{d}x} - \Sigma h_i \rho_g Y_i v_i\right) = 常数 \tag{5-21}$$

式中　下标 i——第 i 种组分；

　　　h_i——第 i 种组分的焓值；

　　　Y_i——第 i 种组分的质量分数；

　　　v_i——第 i 种组分的运动速度。

所以有：

$$h_g = \Sigma Y_i h_i$$

$$h_i = h_{i,0} + c_p(T - T_{g,0})$$

$$h_1 = h_{1,0} + c_{p,1}(T_1 + T_{1,0})$$

$$T_{g,0} = T_{1,0} = 标准温度$$

因此，式 5-21 又可写成：

$$\frac{\lambda}{m}\left(\frac{\mathrm{d}T}{\mathrm{d}x}\right) = z(c_p T - Q') - z_0(c_p T_{g,0} - Q'_0) \tag{5-22}$$

$$Q' = Q_F + q_v$$

式中　Q_F——燃烧热；

q_v——蒸发潜热；

下标0——标准状态。

若将式5-22无量纲化，最终可以解得：

$$m \propto \left(\frac{1}{d_0}\right)\left(\frac{1}{\sqrt{\rho_1}}\right)\left(\frac{\lambda}{c_p}\right)\left(\sqrt{p\overline{M_0}}\right) \tag{5-23}$$

式中　$\overline{M_0}$——标准状态下混合气体的平均相对分子质量。

上述结果表明：滴群扩散燃烧火焰的质量蔓延速度随着液滴尺寸的减少而增大，其他物性参数和环境压力对质量蔓延速度也有较大影响。如果要考虑滴径的空间分布情况，可以想象到结果会更合理真实，但也会更复杂。不过从估算的角度出发，采用最简单的模型是可行的。更精确的模型这里就不介绍了，请读者参阅有关文献，这里着重介绍这个问题的处理思想和方法。

5.5　油罐火灾燃烧

5.5.1　液体的稳定燃烧

可燃液体一旦着火并完成液面上的传播过程之后，就进入稳定燃烧的状态。液体的稳定燃烧一般呈水平平面的"池状"燃烧形式，也有一些呈"流动"燃烧的形式。本节主要研究池状燃烧的燃烧速度及其影响因素、液体稳定燃烧的火焰特征。

5.5.1.1　液体的燃烧速度

A　液体燃烧速度表示方法

液体燃烧速度有两种表示方式，即线速度和质量速度。

（1）燃烧线速度$v(\text{mm/h})$：单位时间内燃烧掉的液层厚度。可以表示为：

$$v = \frac{H}{t}$$

式中　H——液体燃烧掉的厚度，mm；

　　　t——液体燃烧所需时间，h。

（2）质量燃烧速度（$\text{kg/(m}^2 \cdot \text{h)}$）：单位时间（h）内单位面积（$\text{m}^2$）燃烧的液体的质量（kg）。可以表示为：

$$G = \frac{g}{st}$$

B　液体燃烧速度的测定

图5-15所示为液体燃烧速度测定装置示意图。测定时，容器和滴定管中都装满可燃液体，液体因燃烧而逐渐下降，但可利用滴定管逐渐上升而多出的液体来补充烧掉的液体，使液面始终保持在0—0线上。记录下燃烧时间和滴定管上升的体积，即可算出可燃

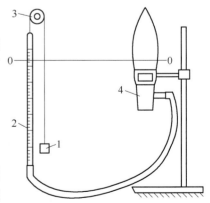

图5-15　液体燃烧速度测定装置
1—重锤；2—滴定管；3—滑轮；
4—直径为62mm的石英容器

液体的燃烧速度。

C　影响液体燃烧速度的因素

a　液体的初温影响

液体燃烧的质量速度 G 可表示为：

$$G = \frac{\dot{Q}''}{L_V + \bar{c}_p(t_2 - t_1)} \tag{5-24}$$

式中　G——液面燃烧的质量速度，kg/(m² · h)；

　　　$\dot{Q}''$——液面接受的热量，kJ/(m² · h)；

　　　L_V——液体的蒸发热，kJ/kg；

　　　$\bar{c}_p$——液体的平均比热容，kJ/(kg · ℃)；

　　　t_2——燃烧时的液面温度，℃；

　　　t_1——液体的初温，℃。

从式 5-24 可以看出，初温 t_1 升高，燃烧速度加快。这是因为初温高，液体预热到 t_2 所需的热量就少，从而使更多的热量用于液体的蒸发。

b　容器直径大小的影响

液体通常盛装于圆柱形立式容器中，其直径大小对液体的燃烧速度有很大的影响（如图 5-16 所示）。从图 5-16 中可以看出，火焰有 3 种燃烧状态：液池直径小于 3cm 时，火焰为层流状态，燃烧速度随直径增加而减小；直径大于 100cm 时，火焰呈充分发展的湍流状态，燃烧速度为常数，不受直径变化的影响；直径介于 3～100cm 的范围内时，随着直径的增加，燃烧状态逐渐从层流状态过渡到湍流状态，燃烧速度在 10cm 处达到最小值，之后燃烧速度随直径增加逐渐上升到湍流状态的恒定值。

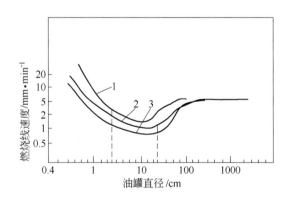

图 5-16　液体燃烧速度随罐径的变化

1—汽油；2—煤油；3—轻油

液面燃烧速度随直径变化的关系可由火焰向液面传热的 3 种机理中每种传热机理在不同阶段的相对重要性发生变化来解释。如果没有外界热源存在，式 5-24 中的 $\dot{Q}''$ 为火焰传递给液面的热量 $\dot{Q}_F$。整个液面接受火焰的热通量 $\dot{Q}_F$ 可表示为导热、对流和辐射 3 项热通量之和，即：

$$\dot{Q}_{F} = \dot{q}_{cond} + \dot{q}_{conv} + \dot{q}_{rad} \tag{5-25}$$

导热项 $\dot{q}_{cond}$ 表示的是通过容器壁传递的热量，可表示为：

$$\dot{q}_{cond} = K_1 \pi D (T_F - T_1) \tag{5-26}$$

式中　T_F, T_1——分别为火焰和液面的温度；

　　　　K_1——考虑了从火焰向器壁传热、器壁内传热和器壁向液体传热 3 项传热的传热系数；

　　　　D——容器直径。

对流传热项可表示为：

$$\dot{q}_{conv} = K_2 \frac{\pi D^2}{4} (T_F - T_1) \tag{5-27}$$

式中　K_2——对流传热系数。

辐射传热项中包含了液面的再辐射，因此可表示为：

$$\dot{q}_{rad} = K_3 \frac{\pi D^2}{4} (T_F^4 - T_1^4) \left[1 - \exp(-K_4 D) \right] \tag{5-28}$$

式中　　　K_3——常数，包含了斯忒藩-玻耳兹曼常数 σ 和火焰向液面辐射的角系数等因素；

$1 - \exp(-K_4 D)$ ——火焰的辐射率；

　　　　K_4——考虑了火焰向液面辐射的平均射线行程和火焰内的辐射粒子的浓度和辐射率的一个常数。

将式 5-26 ~ 式 5-28 相加并除以液面面积 $\frac{\pi D^2}{4}$，即得式 5-29 中 $\dot{Q}_F''$ 的具体表达式为：

$$\dot{Q}_F'' = \frac{4 \Sigma \dot{q}}{\pi D^2}$$

$$= \frac{4 K_1 (T_F - T_1)}{D} + K_2 (T_F - T_1) + K_3 (T_F^4 - T_1^4) \left[1 - \exp(-K_4 D) \right]$$

$$\tag{5-29}$$

式 5-29 表明，当直径 D 很小时，导热项占主导地位，D 越小，$\dot{Q}_F''$ 越大，因此，燃烧速度越大，如式 5-24 所示；当 D 很大时，导热项趋近于 0，而辐射项占主导地位，且 $\dot{Q}_F''$ 趋于一个常数。

因此，根据式 5-24，燃烧速度为常数。在过渡阶段，导热、对流和辐射共同起作用，又因为燃烧从层流向湍流过渡，加强了火焰向液面的传热，因此，燃烧速度随直径增加迅速减小到最小值，随后随直径增加而上升，直至达到最大值。

Burgess 等人对大圆池（$D > 1m$）中烃类液体的燃烧实验所得到的结果也表明了辐射传热占优势，并得出了辐射占主导作用时液体的极限直线燃烧速度 v_∞，结果见表 5-10。并用下式表示直线燃烧速度 v_t，即：

$$v_t = v_\infty (1 - e^{-KD})$$

式中　K——常数；

　　　D——圆池直径。

表5-10　一些池状液体稳定燃烧时的极限速度

液体名称	极限速度 v_∞/mm·min^{-1}	液体名称	极限速度 v_∞/mm·min^{-1}
液化石油气	6.6	二甲苯	5.8
正丁烷	7.9	甲醇	1.7
正己烷	7.3		

从表5-10可以看出，虽然其中有深冷液体（液化石油气），但它们的极限燃烧速度是比较接近的。不过甲醇的极限燃烧速度很小，这是因为其蒸发潜热值较大，而火焰的辐射率较低。

c　容器中液体高度的影响

容器中的液体高度是指液面距离容器上口边缘的高度。随着容器中液位的下降，直线燃烧速度相应降低。这是因为随着液位下降，液面到火焰底部的距离加大，所以火焰向液面的传热速度降低。

d　液体中含水量的影响

液体中含水时，由于从火焰传递出的热量有一部分要消耗于水分蒸发，因此液体的燃烧速度下降。而且含水量越多，燃烧速度越慢。

e　风的影响

风有利于空气和液体蒸气的混合，可使燃烧速度加快。图5-17所示为3种石油产品的燃烧速度与风速的关系。从该图可以看出，风速对汽油和柴油的燃烧速度影响大，但对重油几乎没有影响；如果风速增大到超过某一个程度，几乎所有液体的燃烧速度都将趋于某一固定值。这可做如下解释：火焰向液面的辐射热通量同时受到火焰的辐射强度和火焰的倾斜度这两个因素的影响。当风速增大时，随着燃烧速度的加强，火焰的辐射强度增加；但同时火焰的倾斜度也增大，这使从火焰到液面的辐射角系数减小。综合两个因素对辐射热通量的

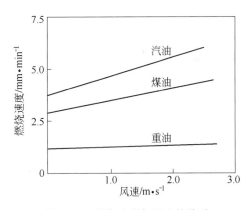

图5-17　燃烧速度与风速的关系

影响，液体的表面所得到的热通量趋于常数，所以燃烧速度趋于一定值。

在小直径油罐内做燃烧试验时，某些液体燃料的燃烧速度可能出现随风速增大而减慢的现象。在直径很大的地面油池模拟火灾试验中也有类似的现象发生。人们认为，前者主要是因为罐径小，风使燃烧不稳定；后者是由于火焰被层层烟雾包围，导致供氧不足。

5.5.1.2　液体稳定燃烧的火焰特征

A　火焰的燃烧状态

如前所述，当液池直径 $D < 3$cm 时，火焰呈层流状态，这时空气向火焰面扩散，可燃液体蒸气也向火焰面扩散，所以燃烧的主要方式是扩散燃烧；当直径 3cm $< D < 100$cm 时，

燃烧由层流向湍流转变；当直径 $D>100cm$ 时，火焰发展为湍流状态，火焰的形状由层流状态的圆锥形变为形状不规则的湍流火焰。

大多数实际液体火灾为湍流火焰。在这种情况下，油面蒸发速度较大，火焰燃烧剧烈。由于火焰的浮力运动，在火焰底部与液面之间形成负压区，结果大量的空气被吸入形成激烈翻卷的上下气流团，并使火焰产生脉动，烟柱产生蘑菇状的卷吸运动，使大量的空气被卷入。图 5-18 所示为湍流型浮力扩散火焰的示意图。

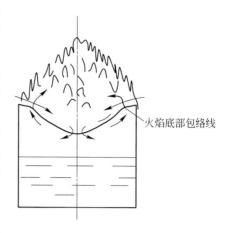

火焰底部包络线

图 5-18　湍流型浮力扩散火焰

B　火焰的倾斜度

液池内油品的火焰大体上呈锥形，锥形底就等于燃烧的液池面积。锥形火焰受到风的作用而产生一定的倾斜角度，这个角度的大小与风速有直接的关系。当风速不小于 4m/s 时，火焰会向下风方向倾斜 60°～70°。此外，试验还表明：在无风的条件下，火焰会在不定的方向倾斜 0～5°。这也许是因为空气在液池边缘被吸入的不平衡或火焰卷入空气不对称所造成的。

C　火焰的高度

火焰高度通常是指由可见发光的碳微粒所组成的柱状体的顶部高度，它取决于液池直径和液体种类。如果以圆池直径 D 为横坐标，以火焰高度 H 与圆池直径 D 之比 H/D 为纵坐标，可以得出如图 5-19 的试验结果。

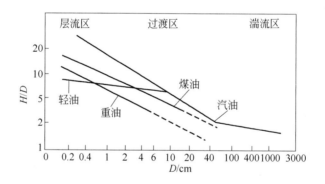

图 5-19　石油产品的火焰高度

从图 5-19 中可以看出，在层流火焰区域内，H/D 随 D 的增大而降低，而在湍流火焰区域内，H/D 基本上与 D 无关。一般地，有如下的关系：

层流火焰区 $$H/D \propto D^{-0.1 \sim 0.3} \tag{5-30}$$

湍流火焰区 $$H/D \approx 1.5 \sim 2.0 \tag{5-31}$$

由试验得出的汽油火焰的高度与液池直径的关系见表 5-11，表中数据与式 5-30、式 5-31 基本吻合。

表 5-11　汽油火焰的高度与液池直径的关系

D/m	H/m	H/D
22.30	35.01	1.56
5.40	11.45	2.12
0.38 ~ 0.44	1.30	3.25

Hesdestad 对广泛的实验数据进行数学处理，得到了火焰高度 $H(\text{m})$ 的公式为：

$$H = 0.23\dot{Q}_{\text{C}}^{2/5} - 1.02D \tag{5-32}$$

式中　$\dot{Q}_{\text{C}}$——整个液池火焰的热释放速率，kW。

式 5-32 在 $7\text{kW}^2/\text{m} < \dot{Q}_{\text{C}}^{2/5}/D < 700\text{kW}^2/\text{m}$ 的范围内与实验结果符合很好。对大池火焰（如 $D > 100\text{m}$），由于火焰破裂为小火焰，式 5-32 不适用。

D　火焰的温度特征

火焰温度主要取决于可燃液体种类，一般石油产品的火焰温度在 $900 \sim 1200℃$ 之间。火焰沿纵轴的温度分布如图 5-20 所示。从油面到火焰底部存在一个蒸气带，从火焰辐射到液面的热量有一部分被蒸气带吸收，因此，温度从液面到火焰底部迅速增加，到达火焰底部后有一个稳定阶段；高度再增加时，则由于向外损失热量和卷入空气，火焰温度逐渐下降。

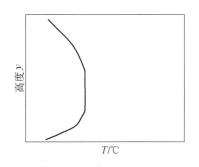

图 5-20　火焰沿纵轴的温度分布

E　火焰的辐射

火焰通过辐射对液池周围的物体传热，这是火焰的另一个特征。火焰对物体的辐射热通量取决于火焰温度与厚度、火焰内辐射粒子的浓度和火焰与被辐射物体之间的几何关系等因素。计算火焰的辐射对确定油罐间的防火安全距离，设计消防洒水系统是十分必要的。下面介绍两种近似计算方法。

a　点源法

如图 5-21 所示，火焰高度近似地由下式计算：

$$H = 0.23\dot{Q}_{\text{C}}^{2/5} - 1.02D \tag{5-33}$$

液池的热释放速率 $\dot{Q}_{\text{C}}$ 为：

$$\dot{Q}_{\text{C}} = G\Delta H_{\text{C}} A_{\text{f}} \tag{5-34}$$

式中　A_{f}——液面面积；

G——单位面积的液面上的蒸发速率。

假定总热量的 30% 以辐射能的方式向外传递，则辐射热速率为：

$$\dot{Q}_{\text{r}} = 0.3G\Delta H_{\text{C}} A_{\text{f}}$$

点源法即是假定 $\dot{Q}_{\text{r}}$ 是从火焰中心轴上离液面高度为 $H/2$ 处的点源发射出。因此，离点源 R 距离处的辐射热通量为：

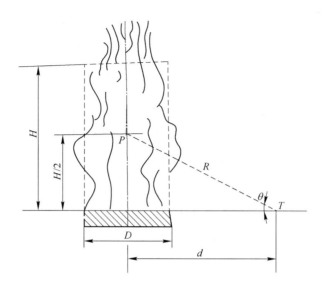

图 5-21   油罐火灾辐射示意图

$$\dot{q}_r'' = 0.3G\Delta H_C A_f/(4\pi R^2) \tag{5-35}$$

在图 5-21 中，存在如下关系：

$$R^2 = (H/2)^2 + d^2 \tag{5-36}$$

式中 d——火焰中心轴到被辐射体的水平距离。

假定被辐射体与视线 PT 的夹角为 θ，则投射到辐射接受体表面的辐射热通量为：

$$\dot{q}_r'' = 0.3G\Delta H_C A_f \sin\theta/(4\pi R^2) \tag{5-37}$$

例如，汽油罐直径为 10m，质量燃烧速度为 0.058kg/(m²·s)，汽油的燃烧热为 $\Delta H_C = 45$kJ/g。发生火灾时，火焰热释放速率为：

$$\dot{Q}_C = G\Delta H_C A_f \approx 204989 \quad (\text{kW})$$

火焰高度为：

$$H = 0.23\dot{Q}_C^{2/5} - 1.02D = 20.45 \quad (\text{m})$$

火焰的总辐射速率为：

$$\dot{Q}_r = 0.3G\Delta H_C A_f = 61496.7 \quad (\text{kW})$$

P、T 两点距离为：

$$R = \sqrt{\left(\frac{H}{2}\right)^2 + d^2} = \sqrt{104.55 + d^2}$$

$$\sin\theta = \frac{H/2}{R} = \frac{10.23}{\sqrt{104.55 + d^2}}$$

将以上数据及表达式代入式 5-37，得距离火焰中心线为 d 的 T 处的水平面上的辐射热通量 $\dot{q}_{r,T}''$ 的表达式为：

$$\dot{q}''_{r,T} = \frac{50038.6}{(104.55 + d^2)^{3/2}}$$

$\dot{q}''_{r,T}$ 与 d 之间的关系如图 5-22 所示。

b 长方形辐射面法

在该方法中，火焰被假定为高 H、宽 D 的长方形平板，热量由甲板两面向外辐射，两面的辐射力均为：

$$E = \frac{1}{2}[0.3G\Delta H_c A_f/(HD)] \quad (5\text{-}38)$$

图 5-21 中点 T 处的辐射热通量为：

$$\dot{q}''_{r,T} = \Phi E \quad (5\text{-}39)$$

式中 Φ——T 所处的水平微元面对火焰矩形面的角系数。

火焰中心线将火焰平面分为两个长方形，T 所处的水平微元面对每个长方形的角系数 Φ' 是 Φ 的一半，即：

$$\Phi = 2\Phi' \quad (5\text{-}40)$$

由长方形辐射面法得到的 $\dot{q}''_{r,T}$ 与 d 的关系如图 5-22 所示。从图中可以看出，在相同的 d 值下，由长方形辐射面法计算得到的 T 点处的辐射热通量比由点源法所得相应值要高。这是因为它将辐射体作为放大源来讨论，且忽略了火焰内的温度不均匀性及烟尘对辐射的遮蔽效应。

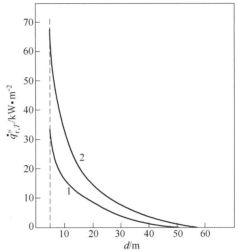

图 5-22 10m 直径汽油罐火灾辐射热通量计算值
1—点源法；2—长方形辐射面法

5.5.2 原油和重质石油产品燃烧时的沸溢和喷溅

可燃液体的蒸气与空气在液面上边混合边燃烧，燃烧放出的热量会在液体内部传播。由于液体特性不同，热量在液体中的传播具有不同的特点，在一定的条件下，热量在液体中的传播会形成热波，并引起液体的沸溢和喷溅，使火灾变得更加猛烈。

5.5.2.1 基本概念

沸点：原油中最轻的烃类沸腾时的温度，也是原油中最低的沸点。

终沸点：原油中最重的烃类沸腾时的温度，也是原油中最高的沸点。

沸程：不同密度不同沸点的所有馏分转变为蒸气的最低和最高沸点的温度范围，各种单组分液体只有沸点而无沸程。

轻组分：原油中密度最小、沸点最低的很少一部分烃类组分。

重组分：原油中密度最大、沸点最高的很少一部分烃类组分。

5.5.2.2 单组分液体燃烧时热量在液层的传播特点

单组分液体（如甲醇、丙酮、苯等）和沸程较窄的混合液体（如煤油、汽油等）在自由表面燃烧时，很短时间内就形成稳定燃烧，且燃烧速度基本不变。这类物质的燃烧具有以下几种特点：

（1）液面温度接近但稍低于液体的沸点。液体燃烧时，火焰传给液面的热量使液面温度升高。达到沸点时，液面的温度则不再升高。液体在敞开空间燃烧时，蒸发在非平衡状态下进行，且液面要不断地向液体内部传热，所以液面温度不可能达到沸点，而是稍小于沸点。

（2）液面加热层很薄。单组分油品和沸程很窄的混合油品，在池状稳定燃烧时，热量只传播到较浅的油层中，即液面加热层很薄。这与通常人们认为的"液面加热层随时间不断加厚"是不符合的。图 5-23 所示为汽油和丁醇稳定燃烧时的液面下温度分布。

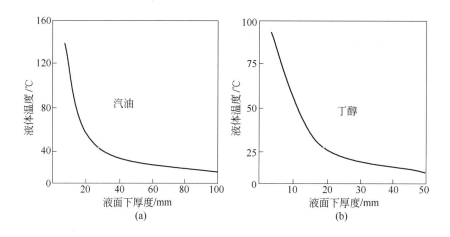

图 5-23　汽油和丁醇稳定燃烧时的液面下温度分布
（a）汽油；（b）丁醇

液体稳定燃烧时，液体蒸发速度是一定的，火焰的形状和热释放速率是一定的，因此，火焰传递给液面的热量也是一定的。这部分热量一方面用于蒸发液体，另一方面向下加热液体层。如果加热厚度越来越厚，则根据傅里叶导热定律，通过液面传向液体的热量越来越少，而用于蒸发液体的热量越来越多，从而使火焰燃烧加剧。显然，这与液体稳定燃烧的前提是不符合的。因此，液体在稳定燃烧时，液面下的温度分布是一定的。

5.5.2.3　原油燃烧时热量在液层中的传播特点

沸程较宽的混合液体主要是一些重质油品，如原油、渣油、蜡油、沥青、润滑油等，由于没有固定的沸点，在燃烧过程中，火焰向液面传递的热量首先使低沸点组分蒸发并进入燃烧区燃烧，而沸点较高的重质部分则携带在表面接受的热量向液体深层沉降，形成一个热的锋面向液体深层传播，逐渐深入并加热冷的液层。这一现象称为液体的热波特性，热的锋面称为热波。

热波的初始温度等于液面的温度，等于该时刻原油中最轻组分的沸点。随着原油的连续燃烧，液面蒸发组分的沸点越来越高，热波的温度会由 150℃ 逐渐上升到 315℃，比水的沸点高得多。热波在液层中向下移动的速度称为热波传播速度，它比液体的直线燃烧速度（即液面下降速度）快，它们的比较见表 5-12。在已知某种油品的热波传播速度后，就可以根据燃烧时间估算液体内部高温层的厚度，进而判断含水的重质油品发生沸溢和喷溅。因此，热波传播速度是扑救重质油品火灾时要用到的重要参数。

表 5-12　热波传播速度与直线燃烧速度的比较

油 品 种 类		热波传播速度 /mm·min⁻¹	直线燃烧速度 /mm·min⁻¹
轻质油品	含水(质量分数)<0.3%	7~15	1.7~7.5
	含水(质量分数)>0.3%	7.5~20	1.7~7.5
重质燃油及燃料油	含水(质量分数)<0.3%	约8	1.3~2.2
	含水(质量分数)>0.3%	3~20	1.3~2.3
初馏分(原油轻组分)		4.2~5.8	2.5~4.2

5.5.2.4　重质油品的沸溢和喷溅

含有水分、黏度较大的重质石油产品,如原油、重油、沥青油等,发生燃烧时,有可能产生沸溢现象和喷溅现象。

原油黏度比较高,且都含有一定的水分。原油中的水一般以乳化水和水垫两种形式存在。乳化水是原油在开采运输过程中,原油中的水由于强力搅拌成细小的水珠悬浮于油中而成。久置后油水会分离,水因密度大而沉降在底部形成水垫。

在热波向液体深层运动时,由于热波温度远高于水的沸点,因而热波会使油品中的乳化水汽化,大量的水蒸气就要穿过油层向液面上浮,在向上移动过程中形成油包气的气泡,即油的一部分形成了含有大量蒸气气泡的泡沫。这样,必然使液体体积膨胀,向外溢出,同时部分未形成泡沫的油品也被下面的蒸气膨胀力抛出罐外,使液面猛烈沸腾起来,就像"跑锅"一样,这种现象称为沸溢。

从沸溢过程来说,沸溢形成必须具备 3 个条件:

(1) 原油具有形成热波的特性,即沸程宽,密度相差较大。

(2) 原油中含有乳化水,水遇热波变成水蒸气。

(3) 原油黏度较高,使水蒸气不容易从下向上穿过油层。如果原油黏度较低,水蒸气很容易通过油层,就不容易形成沸溢。

随着燃烧的进行,热波的温度逐渐升高,热波向下传递的距离也加大,当热波达到水垫时,水垫的水大量蒸发,蒸气体积迅速膨胀,以至把水垫上面的液体层抛向空中,向罐外喷射,这种现象称为喷溅。

一般情况下,发生沸溢要比发生喷溅的时间早得多。发生沸溢的时间与原油种类、水分含量有关。根据实验,含有 1%(质量分数)水分的石油,经 45~60min 燃烧就会发生沸溢。喷溅发生时间与油层厚度、热波移动速度以及油的燃烧线速度有关。可近似用下式计算:

$$\tau = \frac{H - h}{v_0 + v_t} - KH \tag{5-41}$$

式中　τ——预计发生喷溅的时间,h;

　　　H——储罐中油面高度,m;

　　　h——储罐中水垫层的高度,m;

　　　v_0——原油燃烧线速度,m/h;

　　　v_t——原油的热波传播速度,m/h;

K——提前系数，h/m，储油温度低于燃点取 0，温度高于燃点取 0.1。

油罐火灾在出现喷溅前，通常会出现油面蠕动、涌涨现象；火焰增大、发亮、变白；出现油沫 2～4 次；烟色由浓变淡，发生剧烈的"嘶嘶"声等。金属油罐会发生罐壁颤抖，伴有强烈的噪声（液面剧烈沸腾和金属罐壁变形所引起的），烟雾减少，火焰更加发亮，火舌尺寸更大，火舌形似火箭。

当油罐火灾发生喷溅时，能把燃油抛出 70～120m。不仅使火灾猛烈发展，而且严重危及扑救人员的生命安全，因此，应及时组织撤退，以减少人员伤亡。

5.6　加油站储油罐燃烧与爆炸

储油罐作为加油站中最重要同时也是最危险的组成部分，遇到明火、静电或油罐安全附件失效，油罐车卸油防护措施不当等情况时，都会引起储油罐的燃烧与爆炸，一旦爆炸，后果非常严重。因此，研究储油罐中油料的燃爆特性对于消除加油站燃烧爆炸灾害十分重要。

加油站的主营商品为汽油和柴油，汽油为第 3 类易燃液体，闪点 <–18℃，危险货物编号 31001，当对其失去控制时就会发生火灾、爆炸和中毒事故。柴油未列入危险化学品名录，–35 号、–50 号柴油的闪点不低于 45℃，–20 号、–10 号、0 号、5 号、10 号柴油的闪点不低于 55℃，属于可燃化学品。

加油站的火灾危险品主要是汽油。

5.6.1　汽油的闪点与燃点

汽油作为人类生产生活中一种最为常见的可燃性液体，在受热、遇火或与氧化剂接触后即能够着火或发生爆炸。与空气混合能形成爆炸性混合物，遇明火、高热能引起燃烧爆炸。其蒸气比空气重，能在较低处扩散到相当远的地方，遇火源引着回燃。若遇高热，容器内压增大，有开裂和爆炸的危险。能积聚静电，引燃其蒸气。

汽油是加油站储存的主要油品，一般为无色或淡黄色透明液体，密度为 730kg/m³，比水轻且不溶于水。根据油品危险等级的划分，闪点在 45℃ 以下属于易燃品，而汽油闪点远低于室温，约为 –50～–20℃。汽油在室温下易蒸发，与空气组成的爆炸性混合气体，遇很小点火源即可发生爆炸。在正常温度下，汽油能挥发出大量蒸气，与明火或电火花容易发生燃烧或爆炸。汽油与柴油的闪点和自燃点见表 5-13。

表 5-13　汽油与柴油的闪点和自燃点

油　品	闪点/℃	自燃点/℃
汽　油	< –28	510～530
轻柴油	45～120	350～380
重柴油	>120	300～330

5.6.2　加油站爆炸原因分析

5.6.2.1　地上爆炸

A　泄漏型爆炸

泄漏型爆炸是指处理、存储或输送可燃物质的容器、机械或其他设备，因某种原因发生破裂而使可燃气体、蒸气、粉尘泄漏到大气中，达到爆炸浓度极限时遇火源所发生的爆炸。引起泄漏型爆炸的一个重要因素就是油气混合达到爆炸极限。敞开式卸油是导致油气混合的一个直接途径。另外是油品泄漏，油品泄漏主要是设备泄漏和人为因素两种原因引起的。加油站主要设施和设备是油罐、加油机、油泵、管线和阀门。经常会出现焊缝裂纹、管线老化、法兰垫片磨损、密封不好等各种情况的泄漏，致使油气混合形成爆炸混合性气体。人为因素引起泄漏是指脱岗、误操作、违章操作、过量充装、盲目指挥和设备运行维修保养不善等。如 2003 年 3 月 12 日某加油站一位工作人员卸油时擅自离岗，管接头脱落断开，油从油管里向外四处喷溅，挥发气体遇到油槽车发动机上的热源，发生爆炸。

　　B　破坏平衡型爆炸

破坏平衡型爆炸是指油罐内装得过满或密闭的油罐受热后蒸气压力升高、体积膨胀引起的爆炸。易燃液体储罐在受到烘烤时，容器里液体温度上升，相压力增加，如果该容器设置了安全阀，容器内压力达到安全阀设定压力时安全阀会开启。假若安全阀泄压面积足够大而且设定压力又足够小，所有的液体会自容器泄出，发生事故。而实际中，安全阀的设定压力较高，而且由于容器暴露于火中，受高温影响容器材质的抗拉强度急剧下降，使容器不能承受安全阀的设定压力，这样即使安全阀开启快速排气，容器也会开裂并继而引发蒸气爆炸。一个测定从外部火源向汽车油罐热传递的试验表明：不隔热的 130m^3 的汽车油罐在大火中暴露约 25min 后，尽管通过一设定压力为 1.86MPa（表压）的安全阀持续地排放，还是发生了蒸气爆炸。遇到阳光照射或炎热的夏天温度很高时，也会使密封的油罐内压力升高，体积膨胀，引发爆炸。若喷淋冷却系统发生故障，就更容易发生破坏性爆炸。

　　C　其他类型火灾爆炸

给塑料桶加油，直接给摩托车加油等违章加油，都会引发火灾或爆炸。有时也会几种类型的爆炸相继复合发生，引起二次爆炸、三次爆炸。其造成的危害，往往一次比一次严重。

5.6.2.2　地下油罐爆炸

　　A　非直埋式地下油罐爆炸

非直埋式地下油罐主要是指油罐设置在地下室或设有地下操作间。由于地下室属于密闭或受限空间，若油罐、油泵、管线和阀门漏油或因腐蚀、磨损、破裂、老化、密封不好而导致泄漏，使油蒸气与空气混合，达到爆炸极限，遇到火源就会发生火灾爆炸。

　　B　直埋式地下油罐爆炸

直埋式地下油罐爆炸是指油罐是直接埋在土里的，罐内油蒸气与空气混合，达到爆炸极限，遇火源发生爆炸。分为以下两种情况：

（1）油罐内有油液。当油罐内装有油液，其罐内非液体部分的混合气体达到爆炸极限时，遇到火源就会发生爆炸。这里火源是指明火、雷击火花和撞击火花等。雷击火花是避雷设施失效，造成静电积累遇到雷击时而导致的；撞击火花这里指开启罐盖或孔口时碰撞其边缘或用钢尺量油，钢尺伸入、拉出时与量油孔口边缘摩擦产生的火花。

（2）油罐内无油液。油罐内无油液，再继续装同一种油，未清洗；油罐维修、年检等时要清洗，若油罐未清洗或清洗不彻底而产生达到爆炸极限的混合气体，这时遇到焊火，开启罐盖或孔口时产生撞击火花，或者油罐水洗后，水自一定体积的油品中沉降，产生静电火花等，都会发生爆炸。2001 年 12 月 13 日，湖南某油库对 1 座 5000m³ 覆土油罐进行清罐准备工作，拆开油罐人孔时，罐内油气外泄充满罐通道，使用防爆性能不完好的鼓风机在管道内通风，导致发生爆炸，覆土罐顶和钢罐顶被炸开塌陷，罐内残油烧尽。事故中烧伤 4 人，烧毁 5000m³ 钢罐 1 座，烧损 90 号汽油 42.5t。

5.6.3 火源分析

通过对 100 例加油站着火爆炸事故的统计分析，结果表明：点火源主要有电器、明火、烧焊、静电、雷电、发动机、吸烟、其他等 8 类，见表 5-14。其中电器、雷电、静电三类 45 例，占 45%；明火、烧焊、吸烟三类 37 例，占 37%；发动机 8 例，占 8%；其他 10 例，占 10%。这就是说，加油站要预防着火爆炸事故，必须严防点火源失控。对一些无法控制的点火源，如雷电、静电等，要采取科学的方法，严格按照防雷防静电技术要求加以疏导预防。对于人为因素产生的点火源，要加强人员思想教育，努力营造加油站安全文化环境，做到"从我做起，从小事做起"，杜绝人为产生点火源。

表 5-14 加油站 100 例着火爆炸事故点火源统计

项 目	案 例 数	比例/%	项 目	案 例 数	比例/%
电源	17	17	雷击	4	
开关	8		感应	1	
电线	4		发动机	8	8
其他	5		电器	2	
明火	14	14	火星	3	
火机	2		热面	1	
火炉	9		其他	2	
其他	3		吸烟	14	14
烧焊	9	9	火柴	8	
焊接	8		火机	6	
切割	1		其他	10	10
静电	23	23	不明	7	
雷电	5	5	碰撞	3	

习题与思考题

5-1 可燃液体主要有哪些危险特性，分别举例说明，并说明这些特性各由什么参数来评定。

5-2 什么叫做闪燃，可燃液体为什么会发生闪燃现象？

5-3 油品的燃烧速度是怎样随着容器直径的变化而变化的？结合火焰向液面传播的机理说明出现这种变

化的原因。

5-4 什么叫做热波，什么叫做沸溢，什么叫做喷溅？分别简要说明沸溢和喷溅的形成过程，并说明它们有什么相同点和不同之处？

5-5 根据热波、沸溢和喷溅的形成条件，分析说明能形成热波的重质油品在火灾燃烧时是否一定能形成沸溢或喷溅。

5-6 如何用爆炸温度极限判断可燃液体的蒸气在室温条件下爆炸的危险性？

5-7 可燃液体的爆炸温度极限与可燃气体的爆炸温度极限的概念是否相同？

5-8 为什么电冰箱存放可燃液体不安全？

6 可燃固体的燃烧与爆炸

6.1 固体燃烧概述

6.1.1 固体燃烧的形式

根据各类可燃固体的燃烧方式和燃烧特性，固体燃烧的形式大致可分为5种：

（1）蒸发燃烧。硫、磷、钾、钠、蜡烛、松香、沥青等可燃固体，在受到火源加热时，先熔融蒸发，随后其蒸气与氧气发生燃烧反应。这种形式的燃烧一般称为蒸发燃烧。樟脑、萘等易升华物质在燃烧时不经过熔融过程，但其燃烧现象也可看做是一种蒸发燃烧。

（2）表面燃烧。可燃固体（如木炭、焦炭、铁、铜等）的燃烧反应是在其表面由氧和物质直接作用而发生的，称为表面燃烧。这是一种无火焰的燃烧，有时又称为异相燃烧。

（3）分解燃烧。可燃固体，如木材、煤、合成塑料、钙塑材料等，在受到火源加热时发生热分解，随后分解出的可燃挥发分与氧气发生燃烧反应，这种形式的燃烧一般称为分解燃烧。

（4）熏烟燃烧（阴燃）。可燃固体在空气不流通、加热温度较低、分解出的可燃挥发分较少或逸散较快、含水分较多等条件下，往往发生只冒烟而无火焰的燃烧现象，这就是熏烟燃烧，又称为阴燃。

（5）动力燃烧（爆炸）。它是指可燃固体或其分解析出的可燃挥发分遇火源所发生的爆炸式燃烧，主要包括可燃粉尘爆炸、炸药爆炸、轰燃等几种情况。其中，轰燃是指可燃固体由于受热分解或不完全燃烧析出可燃气体，当其以适当比例与空气混合后再遇到火源时发生的爆炸式预混燃烧。例如能析出一氧化碳的赛璐珞、能析出氰化氢的聚氨酯等，在大量堆积燃烧时，常会产生轰燃现象。

6.1.2 评价固体可燃性的参数

固体燃烧过程比较复杂，评价燃烧特性的参数主要包括：

（1）熔点、闪点和燃点。固体变为液体的初始温度称为固体熔点；某些低熔点可燃固体发生闪燃的最低温度就是其闪点；可燃固体加热到一定温度，遇明火发生持续燃烧时的最低温度称为固体燃点。熔点、闪点和燃点是固体燃烧特性的指标，也是评价固体火灾危险性的重要参数。一般地，熔点越低的可燃固体，闪点和燃点也越低，火灾危险性越大。

（2）热分解温度。固体热分解温度指可燃固体受热发生分解的初始温度，它是评价受热能分解的固体火灾危险性的主要参数之一。基本规律是，可燃固体的热分解温度越低，燃点也越低，火灾危险性越大。几种可燃固体的热分解温度与燃点见表6-1。

表6-1　几种可燃固体的热分解温度与燃点

固体名称	热分解温度/℃	燃点/℃	固体名称	热分解温度/℃	燃点/℃
硝化棉	40	180	棉　花	120	210
赛璐珞	90~100	150~180	木　材	150	250~295
麻	107	150~200	蚕　丝	235	250~300

（3）自燃点。可燃固体加热到能自动燃烧的最低温度为其自燃点。自燃点越低的固体，越容易燃烧，因而火灾危险性越大。常见高分子物质的自燃点见表6-2。

表6-2　常见高分子物质的自燃点

物质名称	自燃点/℃	物质名称	自燃点/℃	物质名称	自燃点/℃
棉　花	255	聚乙烯	349	聚酰胺	424
报　纸	230	聚氯乙烯	454	醋酸纤维素	475
白　松	260	有机玻璃	450~462	硝酸纤维素	141

（4）比表面积。比表面积是指单位体积固体的表面积。相同的可燃固体，比表面积越大，火灾危险性越大。就可燃粉尘而言，比表面积大小对爆炸下限、最小引爆能、最大爆炸压力等参数有着极其重要的影响。一般情况是，随着粉尘的比表面积增大，其爆炸下限降低，最小引爆能变小，而最大爆炸压力增大。

（5）氧指数。氧指数是指在规定条件下，维持物质燃烧时的混合气体中最低的氧含量（体积分数）。氧指数是物质相对燃烧性能的一种表示方法指标，也是评价可燃固体（尤其是高聚物）火灾危险性的重要指标。氧指数越小，火灾危险性越大。一般认为，氧指数小于22的属易燃材料；在22~27之间的属难燃材料；大于27的属高难燃材料。材料经阻燃处理后，其氧指数会有不同程度的提高。某些常见高聚物的氧指数见表6-3。

表6-3　常见高聚物的氧指数

物质名称	氧指数	物质名称	氧指数	物质名称	氧指数
聚苯乙烯	18	聚苯并咪唑	41	氯丁橡胶	26
聚乙烯醇	22	聚酰甲胺	41	硅橡胶	26~39
聚氯乙烯	45	聚糖醇	31	缩醛共聚物	15
聚苯氧	28	酚醛树脂	35	聚碳酸酯	27
聚砜	32	环氧树脂	20	聚四氟乙烯	>95

除了上述参数外，对于可燃粉尘和炸药，还有其他重要的评定火灾爆炸危险性的参数，如粉尘的爆炸浓度下限、炸药的感度等。

6.2　固体着火燃烧理论

在实际火灾中，最为常见的可燃固体是受热时能释放出可燃气体的固体，本节主要讨论这类固体的着火燃烧问题。

6.2.1 固体引燃条件和引燃时间

受热时能释放出可燃气体的固体能否被引燃，取决于其释放出的可燃气体能否保持一定的浓度，这也可以用平衡方程进行判断，即：

$$(\varphi \Delta H_C - L_V) G_{cr} + \dot{Q}_E - \dot{Q}_1 = S \tag{6-1}$$

式中 φ——固体在燃点时的燃烧热（ΔH_C）传递到其表面的分数；

       L_V——固体释放可燃气体所需的热量；

       G_{cr}——固体释放的可燃气体在燃点时的临界质量流量；

$\dot{Q}_E$, $\dot{Q}_1$——分别为单位固体表面上火源的加热速率和热损失速率；

       S——单位固体表面上净获热速率。

$\dot{Q}_E$ 可通过计算确定，ΔH_C 和 L_V 可在有关文献中查得。对于一定厚度的无限大固体，$\dot{Q}_1$ 可用下式估算：

$$\dot{Q}_1 = \varepsilon \sigma T_i^4 + k \frac{T_S - T_0}{\sqrt{\alpha t}} \tag{6-2}$$

式中 ε——固体的辐射率；

        σ——斯忒藩-玻耳兹曼常数；

T_i, T_S, T_0——分别为固体的燃点、燃点时的表面温度和环境温度；

    k, α——分别为固体的导热系数和扩散系数；

       t——固体受热源加热的时间。

G_{cr} 与 φ 有如下关系：

$$G_{cr} = \frac{h}{c}\left(1 + \frac{3000}{\varphi \Delta H_C}\right) \tag{6-3}$$

式中 h——火焰与固体表面之间的对流换热系数；

       c——空气的比热容。

如果由实验测出 G_{cr}，根据式6-3就可以估算 φ。一些高聚物的 G_{cr} 和 φ 值见表6-4。

表6-4   一些高聚物的 G_{cr} 和 φ 值

物 质 名 称	$G_{cr}/\mathrm{g} \cdot (\mathrm{m}^2 \cdot \mathrm{s})^{-1}$	φ	物 质 名 称	$G_{cr}/\mathrm{g} \cdot (\mathrm{m}^2 \cdot \mathrm{s})^{-1}$	φ
聚甲醛	3.9	0.45	酚醛泡沫（GM-57）	4.4	0.17
聚甲基丙烯酸甲酯	3.2	0.27	聚乙烯-42% Cl	6.5	0.12
聚乙烯	1.0	0.27	聚氨酯泡沫	5.6	0.11
聚丙烯	2.2	0.26	聚异氰酸酯泡沫	5.4	0.11
聚苯乙烯	3.0	0.21	聚乙烯-25% Cl	6.0	0.19

在式6-1中，如果 $S < 0$，固体不能被引燃或只能发生闪燃；如果 $S > 0$，固体表面接受的热量除了能维持持续燃烧，还有多余部分，这部分热量可以使可燃气体的释放速率进一步提高，为固体持续燃烧创造更好的条件；$S = 0$ 是固体能否被引燃的临界条件。

【例6-1】 用一温度为1300℃的火焰紧靠表面照射一厚度为50mm的有机玻璃板，如果表面温度达到燃点（约需 6s）后立即移走火焰，判断该玻璃板能否被引燃。

解 据有关资料查得 $\alpha = 1.1 \times 10^{-7} \mathrm{m^2/s}$，$k = 0.19 \mathrm{W/(m \cdot K)}$，$\Delta H_C = 26.2 \mathrm{kJ/g}$，$L_V = 1.62 \mathrm{kJ/g}$，$G_{cr} = 3.2 \mathrm{g/(m^2 \cdot s)}$，$\varphi = 0.27$，由给定条件得 $T_S = T_i = 270 + 273 = 543 \mathrm{K}$，$t = 6 \mathrm{s}$。

假定 $T_0 = 20 + 273 = 293 \mathrm{K}$，$\varepsilon = 0.8$，由式 6-2 得：

$$\dot{Q}_1 = 0.8 \times 5.67 \times 10^{-8} \times 543^4 + 0.19 \times \frac{543 - 293}{\sqrt{1.1 \times 10^{-7} \times 6}}$$

$$= 6.24 \times 10^4 \ (\mathrm{W/m^2}) = 62.4 \ (\mathrm{kW/m^2})$$

由于表面温度达到燃点后立即移走火焰，所以 $\dot{Q}_E \to 0$。由式 6-1 得：

$$S = (0.27 \times 26.2 - 1.62) \times 3.2 - 62.4$$

$$= -44.93 \ (\mathrm{kW/m^2})$$

因为 $S < 0$，所以有机玻璃板不能被引燃。

如果对聚氨酯泡沫（其表面在 0.2s 就能达到燃点温度）进行类似计算，结果 $S = 18.4 \mathrm{kW/m^2} > 0$。因此，聚氨酯泡沫容易被引燃而且燃烧强烈。

在火源的持续作用下，可燃固体被引燃的时间长短与可燃物种类、形状尺寸、火源强度、加热方式等因素有关。在此利用"集总热熔分析法"对毕渥数 Bi 较小的窗帘、幕布之类的薄物体的引燃时间进行估算。

假设一薄物体的厚度、密度、比热容和它与周围环境间的对流换热系数分别为 δ、ρ、c 和 h；薄物体的燃点和环境温度（或物体初温）分别为 T_i 和 T_0。当薄物体两边同时受温度为 T_∞ 的热气流加热时，在时间间隔 $\mathrm{d}t$ 内，能量平衡方程可写成：

$$2Ah(T_\infty - T)\mathrm{d}t = (\delta A)\rho c \mathrm{d}T \tag{6-4}$$

式中 A——薄物体受热面积；

T——薄物体在时刻 t 的温度；

$\mathrm{d}T$——薄物体经 $\mathrm{d}t$ 后的温度变化。

式 6-4 可变为：

$$\mathrm{d}t = \frac{\delta \rho c}{2h} \cdot \frac{\mathrm{d}T}{T_\infty - T} \tag{6-5}$$

把式 6-5 从 T_0 到 T_i 进行积分，得引燃时间 t_i 为：

$$t_i = \frac{\delta \rho c}{2h} \ln\left(\frac{T_\infty - T_0}{T_\infty - T_i}\right) \tag{6-6}$$

同理可得，如果物体单面受热，另一面绝热，引燃时间为：

$$t_i = \frac{\delta \rho c}{h} \ln\left(\frac{T_\infty - T_0}{T_\infty - T_i}\right) \tag{6-7}$$

如果物体单面受热，另一面不绝热，则有：

$$t_i = \frac{\delta \rho c}{2h} \ln\left(\frac{T_\infty - T_0}{T_\infty + T_0 - 2T_i}\right) \tag{6-8}$$

当物体一面受热通量为 Q''_r 的辐射加热，另一面绝热时，假设物体吸收率为 a，在时间间隔 $\mathrm{d}t$ 内，能量平衡方程可写成：

$$A(aQ''_r)\mathrm{d}t - hA(T - T_0) = \delta A\rho c\mathrm{d}T$$

或者

$$\mathrm{d}t = \frac{\delta\rho c}{aQ''_r - h(T - T_0)}\mathrm{d}T \tag{6-9}$$

对式 6-9 从 T_0 到 T_i 积分，得引燃时间为：

$$t_i = \frac{\delta\rho c}{h}\ln\left[\frac{aQ''_r}{aQ''_r - h(T_i - T_0)}\right] \tag{6-10}$$

如果一面受辐射热，另一面不绝热，则有：

$$t_i = \frac{\delta\rho c}{2h}\ln\left[\frac{aQ''_r}{aQ''_r - 2h(T_i - T_0)}\right] \tag{6-11}$$

物体两面同时受辐射加热的情况不多见。

【例 6-2】 一块厚度为 0.8mm 的幕布，密度、比热容和它与周围空气间的对流换热系数分别为 $0.3\mathrm{g/cm^3}$、$1.2\mathrm{kJ/(kg \cdot K)}$ 和 $15\mathrm{W/(m^2 \cdot K)}$，初始温度为 20℃，燃点为 260℃。当幕布垂直悬挂在 300℃ 的热空气中后，求幕布的引燃时间。

解 已知 $\delta = 8 \times 10^{-4}\mathrm{m}$，$\rho = 300\mathrm{kg/m^3}$，$c = 1.2 \times 10^3\mathrm{J/(kg \cdot K)}$，$h = 15\mathrm{W/m^2}$，$T_\infty = 573\mathrm{K}$，$T_0 = 293\mathrm{K}$，$T_i = 533\mathrm{K}$。

利用式 6-6，得所要求的引燃时间为：

$$t_i = \frac{8 \times 10^4 \times 300 \times 1.2 \times 10^3}{2 \times 15}\ln\left(\frac{573 - 293}{573 - 533}\right) \approx 19 \quad (\mathrm{s})$$

如果该幕布一面受热通量为 $20\mathrm{kW/m^2}$ 的辐射加热，两边热损失，幕布的吸收率为 0.8，则由式 6-11 可得引燃时间为：

$$t_i = \frac{8 \times 10^4 \times 300 \times 1.2 \times 10^3}{2 \times 15} \times \ln\left[\frac{0.8 \times 20 \times 10^3}{0.8 \times 20 \times 10^3 - 2 \times 15 \times (533 - 293)}\right]$$

$$\approx 6 \quad (\mathrm{s})$$

6.2.2 固体火焰传播理论

可燃固体一旦被引燃，火焰就会在其表面或浅层传播。在火场上，火焰传播速度和可燃物面积大小决定了火势发展的快慢。因此，固体的火焰传播特性是火灾发展的一个基本要素。

在固体火焰传播的理论中，用"燃烧起始表面"的概念统一所有类型的火焰传播或火灾蔓延（包括预混火焰传播、阴燃传播、分散燃料床火焰传播、森林火灾蔓延等）。"燃烧起始表面"是指固体火焰传播时正在燃烧的火焰和未燃物质之间的界面，穿过这个界面的传热速率决定了火焰传播或火灾蔓延的速度。根据能量守恒方程，火焰传播的基本方程为：

$$\rho v \Delta h = Q$$

由此得：

$$v = \frac{Q}{\rho \Delta h} \tag{6-12}$$

式中　v——火焰传播速度；

　　　Q——穿过界面的传热速率；

　　　ρ——固体的密度；

　　　Δh——单位质量的固体从初温 T_0 上升到燃点 T_i 时的焓变。

6.2.3　固体着火和燃烧的影响因素

可燃固体从引燃到稳定燃烧（包括火焰传播）受到很多因素的影响。

6.2.3.1　外界火源或外加热源

一般地，引火源必须处于可燃挥发分的气流之内才能使固体引燃，而且固体单位表面面积上的加热速率 $\dot{Q}_E$ 越大，固体越容易被引燃，一些固体材料引燃的临界加热速率 $\dot{Q}_{Ecr}$ 见表6-5。

表6-5　一些固体材料引燃的临界加热速率 $\dot{Q}_{Ecr}$

物 质 名 称	$\dot{Q}_{Ecr}/kW \cdot m^{-2}$	物 质 名 称	$\dot{Q}_{Ecr}/kW \cdot m^{-2}$
木　材	12	柔性聚氨酯泡沫	16
粗纸板	28	聚甲醛	17
硬质纤维板	27	聚乙烯-42% Cl	22
有机玻璃	21		

外加热源将使固体稳定燃烧速度和其表面火焰传播速度加快，这主要是因为外加热预热了火焰锋前的材料未燃部分，同时还加快了火焰锋后的燃烧速度，结果提供了一个附加的向前传播，使整个燃烧过程得以强化。

固体燃烧速度可用表面直线燃烧速度 v_S 表示，也可用质量燃烧速度 G_S 表示，实际使用较多的是后者。质量燃烧速度 G_S 可由下式计算：

$$G_S = \frac{\dot{Q}_F - \dot{Q}_l}{L_V} \tag{6-13}$$

式中　$\dot{Q}_F$——燃烧火焰提供给固体表面的热通量，它由辐射热通量和对流热通量组成，而且两者的份额随着燃烧面积大小而变化。

除了燃烧火焰不光亮的那些固体（如聚甲醛等）外，在大面积（直径大于1m）的燃烧中，火焰向周围表面传热以辐射为主。

在一定的外界条件下，$\dot{Q}_F$ 和 $\dot{Q}_l$ 的大小取决于固体本身性质。一些可燃固体的 $\dot{Q}_F$ 和 $\dot{Q}_l$ 值见表6-6。

表6-6　一些可燃固体的 $\dot{Q}_F$ 和 $\dot{Q}_1$ 值

固体名称	$\dot{Q}_F/kW \cdot m^{-2}$	$\dot{Q}_1/kW \cdot m^{-2}$	固体名称	$\dot{Q}_F/kW \cdot m^{-2}$	$\dot{Q}_1/kW \cdot m^{-2}$
FR 酚醛泡沫塑料	25.1	98.7	酚醛塑料	21.8	16.3
聚甲醛	38.5	13.8	聚甲基丙烯酸甲酯	38.5	21.3
聚乙烯	32.6	26.3	FR 聚异氰尿酸酯泡沫	50.2	58.5
聚碳酸酯	51.9	74.1	聚氨酯泡沫	68.1	57.7
木材（美枞）	23.8	23.8	FR 聚苯乙烯泡沫	34.3	23.4
聚苯乙烯	61.5	50.2	柔性聚氨酯	51.2	24.3

从表6-6中可见，对于有的固体 $\dot{Q}_F \leqslant \dot{Q}_1$，它们仅靠燃烧火焰提供的热量无法实现稳定燃烧。要使其稳定燃烧，必须由外部向其表面提供热量。假设外部提供给固体表面的热量仍用 $\dot{Q}_E$ 表示，且 $\dot{Q}_E + \dot{Q}_F > \dot{Q}_1$，则固体的质量燃烧速度可由下式计算：

$$G_S = \frac{\dot{Q}_E + \dot{Q}_F - \dot{Q}_1}{L_V} \tag{6-14}$$

如果 $\dot{Q}_E = \dot{Q}_1$，即外部提供的热量完全用来平衡热损失，则得到的燃烧速度为理想燃烧速度，即：

$$G_{S理想} = \frac{\dot{Q}_F}{L_V} \tag{6-15}$$

在实际的固体火灾中，由于 $\dot{Q}_E \leqslant \dot{Q}_1$，所以 $G_{S理想}$ 实际上是固体在稳定燃烧时所能达到的最大燃烧速度。一些可燃固体在模拟实验火灾条件下的平均燃烧速度见表6-7。

表6-7　一些可燃固体在模拟实验火灾条件下的平均燃烧速度

固体名称	$\overline{G}_S/g \cdot (m^2 \cdot s)^{-1}$	固体名称	$\overline{G}_S/g \cdot (m^2 \cdot s)^{-1}$
木材(含水14%)	13.8	棉花(含水6%~8%)	2.4
天然橡胶	8.3	聚苯乙烯树脂	8.3
布质电胶木	8.9	报纸	6.7
酚醛塑料	2.8	有机玻璃	11.5

6.2.3.2　固体材料性质

熔点、热分解温度和汽化热（L_V）越低，而燃烧热越高的可燃固体释放可燃气体的速率越快，越容易被引燃，且引燃后稳定燃烧速度越快。某些固体材料的平均燃烧速度见表6-8。

表6-8　某些固体材料的平均燃烧速度　　　　　　　　　　　　g/(m²·s)

物质名称	平均燃烧速度	物质名称	平均燃烧速度
木材（水分14%）	13.9	棉花（水分6%~8%）	2.5
天然橡胶	6.7	纸张	6.7
布质电胶木	8.9	有机玻璃	11.5
酚醛塑料	2.8	人造纤维（水分6%）	6

另外，固体材料的热惯性（$k\rho c$）对其着火燃烧性能有着重要影响。对于厚固体材料，这种影响可能起主要作用。热惯性低的材料容易被引燃，而且燃烧迅速。

影响可燃固体稳定燃烧的另一个重要性质是燃烧释热速率（$\dot{q}_c$），它可由下式计算：

$$\dot{q}_c = G_S \Delta H_C A_F \mu \tag{6-16}$$

式中　A_F——燃烧固体的表面积；

　　　μ——放热系数，一些可燃固体的放热系数 μ 值见表 6-9。

表 6-9　一些可燃固体的放热系数 μ 值

固 体 名 称	$\dot{Q}_E/kW \cdot m^{-2}$	μ	$\mu_{对流}$	$\mu_{辐射}$
纤维素	52.4	0.716	0.351	0.365
聚甲醛	0	0.755	0.607	0.148
聚甲基丙烯酸甲酯	0	0.867	0.622	0.245
	39.7	0.710	0.340	0.370
聚丙烯	0	0.752	0.548	0.204
	39.7	0.593	0.233	0.360
聚苯乙烯	0	0.607	0.385	0.222
	39.7	0.464	0.130	0.334
聚氯乙烯	52.4	0.357	0.148	0.209

假设可燃固体表面接受的净热通量为 $\dot{Q}_{net}$，则有：

$$\dot{Q}_{net} = \dot{Q}_E + \dot{Q}_F - \dot{Q}_l$$

结合式 6-14 和式 6-16 得：

$$\dot{q}_c = \dot{Q}_{net} A_F \mu \left(\frac{\Delta H_C}{L_V} \right) \tag{6-17}$$

式 6-17 表明，固体燃烧释热速率与比值 $\Delta H_C/L_V$ 的关系十分密切。与 ΔH_C 或 L_V 比较，$\Delta H_C/L_V$ 能更好地反映固体稳定燃烧特性。例如，烃类聚合物比相应的含氧衍生物的 $\Delta H_C/L_V$ 大，因此，前者的稳定燃烧性能较后者好。一些固体材料的 $\Delta H_C/L_V$ 值见表 6-10，其排列顺序大体上与这些材料的实际稳定燃烧特性相对应。

表 6-10　一些固体材料的 $\Delta H_C/L_V$ 值

材料名称	$\Delta H_C/L_V$	材料名称	$\Delta H_C/L_V$	材料名称	$\Delta H_C/L_V$
红栎木	2.96	尼　龙	13.10	聚丙烯	21.37
聚甲醛	6.37	环氧(FR)玻璃纤维	13.38	聚苯乙烯	20.04
聚氯乙烯	6.66	聚甲基丙烯酸甲酯	15.46	聚乙烯	24.84

6.2.3.3　固体材料的形状尺寸及表面位置

相同的材料，比表面积大的往往容易被引燃，而且稳定燃烧性能好。这是因为比表面积越大，材料与空气中氧接触的机会越多，氧化作用越容易、越普遍。由于热量从薄物体表面向内部传导的能力较强，受热时未着火部分的预先加热效果较好，所以薄物体比厚物体容易着火燃烧。

相同的材料，在相同的外界条件下，倒着向上比顺着向下更容易被火源引燃；竖直表面的稳定燃烧速度比水平表面的快；竖直向上（＋90°）的固体表面火焰传播速度最快，相反竖直向下（－90°）的最慢。这主要是因为固体表面位置不同，火焰和热产物对未燃固体部分的预先加热作用的程度不同。图6-1所示为不同方位的火焰传播及火焰和热产物与固体之间的相互作用。

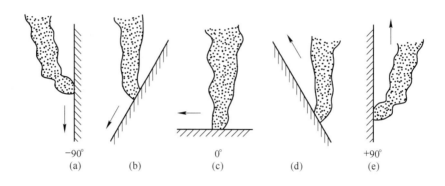

图6-1　不同方位的火焰传播及火焰和热产物与固体之间的相互作用

6.2.3.4　外界环境因素

图6-2和图6-3所示分别为风速及氧浓度和压力及氧浓度对硬质纤维板水平火焰传播速度的影响。从图中可以看出，外界环境中的氧浓度增大，物质着火燃烧能力显著提高。这是因为火焰温度随着氧浓度增大而提高，而较高温度的火焰向可燃物表面传递的热量也较多。

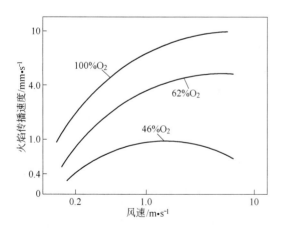

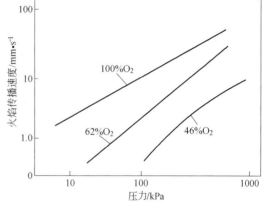

图6-2　风速及氧浓度对硬质纤维板水平
火焰传播速度的影响

图6-3　压力及氧浓度对硬质纤维板水平
火焰传播速度的影响

由于外来的空气流动能助长火焰锋处可燃挥发分与空气的混合，同时风所导致的火焰倾斜增加了向前传热的速率，所以有助于物质的燃烧，但风速过大能吹熄火焰。

增加环境压力将得到较快的燃烧速度，这是由于较高压力有助于火焰稳定地附着在材料的表面上。

　　另外，环境温度（即物质的初始温度）升高，燃烧速度加快。这是因为物质的初始温度较高时，火焰锋前物质的未燃部分温度上升到燃点所需要的热量较少；外加辐射热将引起燃烧速度的增加，如图 6-4 所示。这主要是因为辐射热预热了火焰锋前材料的未燃部分，同时外加辐射热加快了火焰锋后物质的燃烧速度，结果提供了一个附加的向前传热，使整个燃烧过程得以强化。

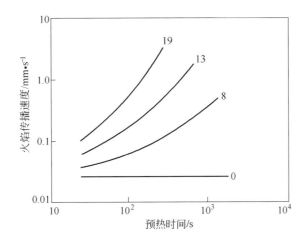

图 6-4　辐射热对竖直有机玻璃由上向下火焰传播的影响

（图中数字为外加辐射热通量，kW/m^2）

6.3　煤　燃　烧

6.3.1　煤的成分及分类

6.3.1.1　煤的成分

　　煤主要由 C、H、O、N 和 S 等元素的高聚物组成。其中的 C、H 以及由 O、N、S 与 C 和 H 所构成的化合物是煤的主要可燃成分，而灰分与水分是煤中的惰性成分。各类煤的元素组成见表 6-11。

表 6-11　各类煤的元素组成（质量分数）　　　　　　　　　　%

元　素	泥　煤	褐　煤	烟　煤	无　烟　煤
C	60 ~ 70	70 ~ 80	80 ~ 90	90 ~ 98
H	5 ~ 6	5 ~ 6	4 ~ 5	1 ~ 3
O	25 ~ 35	15 ~ 25	5 ~ 15	1 ~ 3
N	1 ~ 3	1.3 ~ 1.5	1.2 ~ 1.7	0.2 ~ 1.3
S	0.3 ~ 0.6	0.2 ~ 3.5	0.4 ~ 3	0.4

6.3.1.2　煤的分类

　　根据煤的碳化程度，可将煤分为泥煤、褐煤、烟煤及无烟煤 4 大类。这 4 类煤的水分含量见表 6-12。

表 6-12　煤的水分含量（质量分数）　　　　　　　　　%

煤　种	泥　煤	褐　煤	烟　煤	无烟煤
原煤水分含量	60～90	30～60	4～15	2～4
风干后水分含量	40～50	10～40	1～8	1～2

A　泥煤

泥煤是炭化程度最低、最年轻的煤。它是古代沼泽环境特有的产物，在多水且缺少空气的条件下死亡后的松软的有机堆积层，这种泥煤的氮和灰分元素含量较低，持水量高达40%以上，通气性良好。泥煤是一种宝贵的自然资源，由于它独特的质轻、持水、透气和富含有机质，具有其他材料不可替代的作用和适中的价格，近年来在我国及世界园艺上和生产绿色有机复合肥中广泛应用。

B　褐煤

褐煤，又名柴煤，它是一种介于泥煤与沥青煤之间的棕黑色、无光泽的低级煤。它是泥煤经过进一步碳化后生成的，其体积密度为 750～800kg/m³。碳含量较高，化学反应性强，极易氧化和自燃，在空气中容易风化破碎，不易储存和远运。

C　烟煤

烟煤燃烧时火焰较长而有烟，是一种煤化程度较高的煤。与褐煤相比，其挥发分较少，相对密度较大，约为 1.2～1.5，吸水性较小，碳含量增加。该种煤炭的质量分数为75%～90%，发热量较高。大多数具有黏结性，发热量较高。常用作炼焦、炼油、汽化、低温干馏及化学工业等的原料，也可直接用作燃料。烟煤还可用于作燃料、燃料电池、催化剂或载体、土壤改良剂、过滤剂、建筑材料、吸附剂处理废水等。

D　无烟煤

无烟煤是煤化程度最大的煤，也是年龄最老的煤。无烟煤固定碳含量高，挥发分低，密度大，硬度大，燃点高，燃烧时不冒烟。一般碳的质量分数在90%以上，挥发物的质量分数在10%以下。有时把挥发物含量特大的称为半无烟煤，特小的称为高无烟煤。

无烟煤为煤化程度最深的煤，碳含量最多，灰分不多，水分较少，发热量很高，可达25000～32500kJ/kg，挥发分释出温度较高，其焦炭没有黏着性，着火和燃尽均比较困难。无烟煤块煤主要应用于化肥（氮肥、合成氨）、陶瓷、制造锻造等行业；无烟粉煤在冶金行业主要用于高炉喷吹（高炉喷吹用煤主要包括无烟煤、贫煤、瘦煤和气煤）。

6.3.2　煤的燃烧过程

通常煤粒被加热时，总有一部分气态物质分解析出，一般将这部分气态物质称为挥发分，而剩余部分称为焦炭。析出的挥发分如果遇到一定量的空气并且具有足够的温度，就会着火燃烧起来。由于焦炭比挥发分难于着火，所以焦炭一般是在部分挥发分或全部挥发分烧掉后才开始着火燃烧的。

煤的燃烧过程可以分成如下几步：首先，煤被加热和干燥，挥发分开始分解析出。这时如果炉内有足够高的温度，且有氧气存在，则挥发分着火燃烧，形成光亮的火焰。由于氧气消耗于挥发分的燃烧，达不到焦炭表面，因此焦炭还是阴暗的，焦炭中心的温度也不过600～700℃。这样，挥发分燃烧起了阻碍焦炭燃烧的作用。但另一方面，挥发分在煤粒附近燃烧，焦炭被加热，这样在挥发分燃尽后，焦炭能剧烈燃烧，所以挥发分能促进焦炭后期的燃烧。煤的炭化程度愈浅，挥发分开始析出的温度愈低，愈易着火。但含挥发分少的煤，如贫煤，虽然水分不大，却很难着火。

煤在析出挥发分以后剩下焦炭，固定碳是焦炭中的可燃成分。在煤的可燃成分中，固定碳所占比例很大。虽然炭粒着火晚，但燃烧时间很长，所以碳的燃烧是煤燃烧过程中最有决定性的部分。

在炭粒表面所进行的燃烧反应包括以下 5 个过程：

（1）氧扩散到炭表面；

（2）氧被炭表面所吸附；

（3）被吸附的氧与炭进行化学反应，形成产物并被炭表面所吸附；

（4）产物从炭表面解吸；

（5）解吸后的产物扩散到周围环境中。

以上过程是连续发生的。据相关研究发现，炭表面所吸附的氧与碳原子之间的化学反应并非是简单经过 $C + O_2 \rightarrow CO_2$ 或 $2C + O_2 \rightarrow 2CO$ 一步完成的，上述两个方程式只能简单地表示化学反应开始时和完成后的物质平衡关系，而不能说明整个化学反应是如何进行的。

实际上，碳燃烧反应是相当复杂的，分为初级反应和次级反应两个阶段。

在初级反应过程中，碳原子与吸附在其表面的氧进行反应，生成碳氧络合物 C_3O_4，然后，该络合物在其他氧分子的撞击下发生离解反应，或在高温条件下发生热分解反应，生成 CO_2 和 CO，即：

$$3C + 2O_2 \longrightarrow C_3O_4$$

$$C_3O_4 + C + O_2 \longrightarrow 2CO_2 + 2CO$$

$$C_3O_4 \longrightarrow 2CO + CO_2$$

这些由初级反应生成的 CO_2 和 CO 将继续与碳和氧进行后面的次级反应。

次级反应包括两个化学反应：

$$CO_2 + C \longrightarrow 2CO$$

$$2CO + O_2 \longrightarrow 2CO_2$$

式中，CO_2 在碳表面进行的是一个吸热的还原反应，而 CO 与氧气在碳的周围空间进行的是一个放热的氧化反应。

6.3.3 煤燃烧过程的影响因素

6.3.3.1 挥发分对煤粒燃烧过程的影响

挥发分对煤粒的燃烧具有双重影响，既有积极的一面，又有消极的一面。由于挥发分与空气的混合物的着火温度很低，因此，将先于焦炭着火燃烧，并在煤粒周围形成包络火焰，提高了焦炭的温度，为其着火燃烧提供了有利条件，而焦炭温度的升高也促进了挥发分的析出。另外，挥发分析出后，焦炭内部将形成众多空洞，从而增加了焦炭反应的总表面积，使燃烧速度有所提高。

挥发分对煤粒燃烧的不利影响主要表现在：挥发分的燃烧消耗了大量的氧气，造成扩散到焦炭表面的氧气显著减少，从而降低了煤粒的燃烧速度，特别是燃烧初期，挥发分燃烧对整个煤粒燃烧的抑制作用尤为明显。

6.3.3.2   灰分对煤粒燃烧过程的影响

灰分一般分为内在灰分和外在灰分。外在灰分就是在煤的开采、运输过程中混杂进来的矿物杂质，其含量变动较大，但可通过洗煤等措施予以清除。内在灰分是指煤的形成过程中已经存在于煤中的矿物质，这些矿物质一般均匀分布在煤的可燃质中，洗煤等后期处理措施不能清除煤的内在灰分，因此，在煤进行燃烧时，这些内在灰分将在一定程度上影响燃烧过程。

内在灰分较均匀地分布在可燃物质中，如果燃烧温度低于灰的软化温度，随着燃烧的进行，焦炭粒外表面会形成一层逐渐增厚的灰壳；如果燃烧温度高于灰的熔化温度，大煤粒的灰层就会熔融坠落，不在焦炭粒表面形成灰壳，但在大煤粒堆积成层燃烧时，灰的熔渣会堵塞煤层间的通风孔隙。两种情况都会妨碍煤的燃烧。

6.3.3.3   焦炭对煤粒燃烧过程的影响

由于焦炭在煤中所占的份额最大，焦炭的发热量又占有煤的发热量的主要部分，而其着火最迟，燃尽所需时间最长（约占总燃尽时间的90%），因此，焦炭的燃烧在煤粒的燃烧过程中起着决定性的作用。对于大多数煤种，焦炭所含发热量的比例一般要超过50%。

6.4   固体阴燃

阴燃是某些固体物质无可见光的缓慢燃烧，通常伴有温度升高和烟的产生的现象。在物质的燃烧性能试验方面，阴燃的定义是：在规定的试验条件下，物质发生的持续、有烟、无焰的燃烧现象。阴燃与有焰燃烧的主要区别是无火焰，与无焰燃烧的主要区别是能热分解出可燃气体。在一定条件下，阴燃可以转变为有焰燃烧。

6.4.1   阴燃的发生条件

阴燃是固体材料特有的燃烧形式，其能否发生完全取决于固体材料自身的理化性质及其所处的外部环境。

阴燃主要发生在固体物质处于空气不流通的情况下，如固体堆垛内部的阴燃，处于密封性较好的室内固体阴燃。但也有暴露于外加热流的固体粉尘层表面上发生阴燃的情况。无论哪种情况，阴燃的发生都要求有一个供热强度适宜的热源。因为供热强度过小，固体无法着火；供热强度过大，固体将发生有焰燃烧。在多孔材料中，常见的引起阴燃的热源包括：

（1）自燃热源。固体堆垛内的阴燃多半是自燃的结果，而堆积固体自燃的基本特征就是在堆垛内部以阴燃反应开始燃烧，然后缓慢向外传播，直到在堆垛表面转变为有焰燃烧。

（2）阴燃本身成为热源。一种固体正在发生着的阴燃，可能成为引燃源导致另一种固体阴燃，如香烟的阴燃常常引起地毯、被褥、木屑、植被等阴燃，进而发生恶性火灾。

（3）有焰燃烧火焰熄灭后的阴燃。例如固体堆垛有焰燃烧的外部火焰被水扑灭后，由于水流没有完全进入堆垛内部，那里仍处于炽热状态，因此可能发生阴燃；室内固体在有焰燃烧过程中，当空气被消耗到一定程度时，火焰就会熄灭，接着固体燃烧以阴燃形式存在。

此外，不对称加热、固体内部热点等，都有可能引起阴燃。

6.4.2 阴燃的传播理论

柱状纤维素材料沿水平方向的阴燃现象能很好地说明阴燃的传播问题。研究表明，如果材料的一端被适当加热，就可能发生阴燃，接着它沿着未燃区向另一端传播。阴燃的结构分为 3 个区域，如图 6-5 所示。

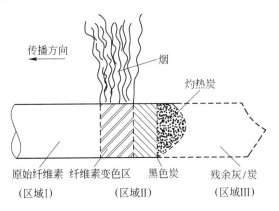

图 6-5　纤维素棒沿水平方向阴燃示意图

区域Ⅰ：热解区。在该区内温度急剧上升，并且从原始材料中挥发出烟。相同的固体材料，在阴燃中产生的烟与在有焰燃烧中产生的烟大不相同，因阴燃通常不发生明显的氧化，其烟中含有可燃性气体、冷凝成悬浮粒子的高沸点液体和焦油等，所以它是可燃的。某些曾发生过由于乳胶垫阴燃而导致的烟雾爆炸事故。

区域Ⅱ：炭化区。在该区中，炭的表面发生氧化并放热，温度升高到最大值。在静止空气中，纤维素材料阴燃在这个区域的典型温度为 600~750℃。该区产生的热量一部分通过传导进入原始材料，使其温度上升并发生热解，热解产物（烟）挥发后就剩下炭。对于多数有机材料，完成这种分解、炭化过程，要求温度大于 250~300℃。

区域Ⅲ：残余灰/炭区。在该区中，灼热燃烧不再进行，温度缓慢下降。

因为阴燃传播是连续的，所以实际上以上各区域间并无明显界限，其间都存在逐渐变化的过渡阶段。阴燃能否传播及传播速度快慢主要取决于区域Ⅱ的稳定及其向前的热传递情况。

为了能从理论上说明阴燃的传播速度，将区域Ⅰ和区域Ⅱ之间的界面定为燃烧起始表面。由于穿过这一界面的传热速率决定了阴燃的传播速度，因此，在静止空气中，根据式 6-12 有：

$$v_{ag} = \frac{q}{\rho \Delta h} \tag{6-18}$$

式中　v_{ag}——阴燃的传播速度；

　　　q——穿过燃烧起始表面的净传热量；

　　　ρ——固体材料（堆积）的密度；

　　Δh——单位质量的材料从环境温度上升到着火温度时焓的变化量。

阴燃传播的简单热传递模型如图 6-6 所示。当着火温度与区域Ⅱ的最高温度 T_{max} 相差不太大时，环境温度（即材料的初始温度）为 T_0，材料的比热容为 c，则有：

$$\Delta h = c(T_{max} - T_0) \tag{6-19}$$

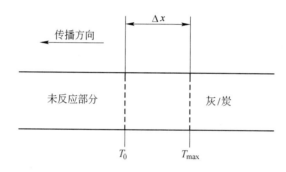

图 6-6　阴燃传播的简单热传递模型

假定热传递是通过导热进行的，且为似稳态传热，则有：

$$q \approx \frac{k(T_{max} - T_0)}{x} \tag{6-20}$$

式中　k——材料的导热系数；

　　　x——传热距离。

将式 6-19 和式 6-20 代入式 6-18 中，得：

$$v_{ag} \approx \frac{k}{\rho c x} = \frac{\alpha}{x} \tag{6-21}$$

式中　α——热扩散系数。

试验发现，传热距离为 0.01 m 左右。对于绝缘纤维板，α 约为 8.6×10^{-3} mm/s。

尽管用式 6-21 确定的阴燃的传播速度比较粗略，但其数量级是比较可靠的。例如，绝缘纤维板实际阴燃的传播速度的数量级为 10^{-2}，这和上述计算结果基本相符。

6.4.3　阴燃的影响因素

阴燃是一种十分复杂的燃烧现象，受到多方面因素的影响。这些因素主要有如下 4 项。

6.4.3.1　固体材料的性质和尺寸

实验表明，质地松软、细微、杂质少的材料阴燃性能好。这是由于这类材料的保温性能和隔热性能都比较好，热量不容易散失。棉花就是这类材料的典型代表。

单一材料的尺寸（主要指直径）对阴燃的影响很复杂，难以得出统一结论。粉尘层尺寸对阴燃的影响可从厚度和粒径两个方面说明。对于细小粒径的粉尘层，在一定范围内，随着厚度减小，阴燃的传播速度增加，但厚度减小到一定程度后，阴燃的传播速度反而减小，而且存在维持粉尘层阴燃的厚度下限，见表6-13。这种影响可解释为：厚度较大，空气较难进入阴燃区；厚度太小，热量损失太大。

表6-13 不同粒径软木粉阴燃的厚度下限

粒径/mm	0.5	1.0	2.0	3.6
厚度下限/mm	约12	约36	约47	约36

由表6-13可见，随着粒径的增大，厚度下限增加，但当粒径增大到一定程度后，由于伴有灼热燃烧，厚度下限反而减少。对于一定厚度的粉尘层，随着粒径的减小，阴燃的传播速度缓慢增加。尽管粒径减小，空气进入阴燃区的难度增大，但因此改进了绝热条件，减少了热损失，而粉尘层阴燃的行为特征表明，后一种作用稍微占有优势，所以传播速度稍有增加。

顺便指出，粉尘层堆积密度减小，阴燃的传播速度也会增加。这一结论也可仿上解释。

6.4.3.2 外加空气流（风）速度

试验表明，受到外加空气流作用的粉尘层，阴燃的厚度下限会明显减小，如图6-7所示。外加空气流速度增加，阴燃的传播速度也明显增大，尤其当空气流动方向与阴燃传播方向一致时。这除了因为空气流促进了氧向阴燃区的传输外，还因为增加了区域Ⅱ向区域Ⅰ传递的热量。对于粗大粒径的粉尘，这种影响效果更加显著。如果空气流速度过大，阴燃就会转变为有焰燃烧。

增加环境中的氧浓度，阴燃的传播速度也明显增大，这也是因为氧向阴燃区的扩散速率得以加强。由于燃烧区的最高温度与氧浓度有着直接关系，即氧浓度越高，燃烧区温度越高，所以上述外加空气流或环境中氧浓度对阴燃的影响同时也表明了燃烧区的最高温度对阴燃的影响。试验结果也说明，区域Ⅱ内最高温度增加，阴燃的传播速度也增大，如图6-8所示。式6-21中，由于忽略了很多影响阴燃的实际因素，所以没有体现出阴燃的传播

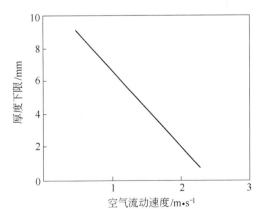

图6-7 厚度下限跟随空气流的变化
（山毛榉锯末，平均粒径0.48mm）

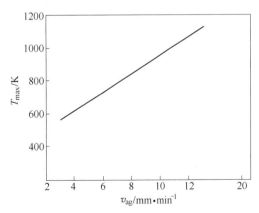

图6-8 阴燃传播速度 v_{ag} 和区域Ⅱ最高温度 T_{max} 之间的关系

（纤维素棒的水平阴燃）

速度与区域Ⅱ最高温度的这种关系。

6.4.3.3　阴燃的传播方向

实验发现，相同的固体材料在相同的环境条件下，向上传播的阴燃速度最快，水平传播的阴燃次之，向下传播的阴燃速度最慢。这表明向上传播的阴燃状态更加危险。一般解释如下：对于向上传播的阴燃，燃烧或热解产物受浮力作用流向材料未燃部分，对其起到预热作用，而且这种情况下氧进入区域Ⅱ的阻碍作用较小；与此相反，向下传播的阴燃就不存在这种预热作用，而且这种情况对向区域Ⅱ扩散供氧不利；水平传播的阴燃情况居中。

6.4.3.4　双元材料体系的阴燃

有些高聚物泡沫（例如高弹性的柔性聚氨酯泡沫）单独存在时是难以阴燃的，但是如果它们与许多像织物类的材料组成双元材料体系时，就可以发生阴燃。这说明某些易阴燃材料对其他一些难阴燃材料的阴燃起决定作用，如图6-9所示。如果泡沫材料阴燃是在静止的空气中发生，区域Ⅱ所达到的最高温度不会超过400℃，它明显地低于纤维素阴燃的区域Ⅱ的最高温度（不低于600℃），这可能是某些泡沫材料单独存在时难以阴燃的主要原因。即使在图6-9所示的情形中，泡沫阴燃传播的速率也是比较慢的。还有人提出，这些泡沫的阴燃传播机理涉及穿过稀疏网眼结构的辐射传热问题。

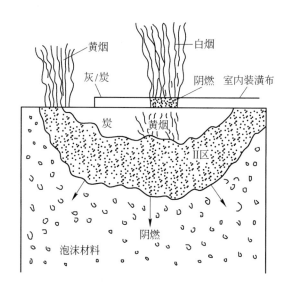

图6-9　织物-泡沫体系阴燃的相互作用示意图

除了上述影响因素外，固体材料的阴燃特性还受到其中杂质的影响。另外，湿度对阴燃不利，这是因为湿度使材料的未燃部分比热容增大，使热分解对热量的需求增加，限制了阴燃传播。

6.4.4　阴燃向有焰燃烧的转变

阴燃向有焰燃烧的转变是阴燃研究的重要内容之一。有利于阴燃的上述因素也都有利于阴燃向有焰燃烧的转变，如外加空气流有利于这种转变；向上传播的阴燃比向下传播的阴燃更容易向有焰燃烧转变；棉花等松软、细微的阴燃很容易转变为有焰燃烧等。

从总体上讲，当区域Ⅱ的温度增加时，由于热传导使得区域Ⅰ温度上升，热解速率加快，挥发分增多，这时区域Ⅰ附近空间的可燃气体浓度加大。当温度继续升高时，也可自燃着火。这就完成了阴燃向有焰燃烧的转变。由于这一转变过程是个非稳态过程，要准确确定转变温度是很难的。

概括地讲，阴燃向有焰燃烧的转变主要有以下几种情形：

（1）阴燃从材料堆垛内部传播到外部时转变为有焰燃烧。在材料堆垛内部，由于缺氧，只能发生阴燃。但只要阴燃不中断传播，它终将发展到堆垛外部，由于不再缺氧，就很可能转变为有焰燃烧。

（2）加热温度提高，阴燃转变为有焰燃烧。阴燃着的固体材料受到外界热量的作用时，随着加热温度的提高，区域Ⅰ内挥发分的释放速率加快。当这一速率超过某个临界值后，阴燃就会发展为有焰燃烧。这种转变也能在材料堆垛内部发生。

（3）密闭空间内材料的阴燃转变为有焰燃烧（甚至轰燃）。在密闭空间内，因供氧不足，其中的固体材料发生着阴燃，生成大量的不完全燃烧产物充满整个空间，这时，如果突然打开空间的某些部位，因新鲜空气进入，在空间内形成可燃性混合气体，进而发生有焰燃烧，也有可能导致轰燃。这种阴燃向轰燃的突发性转变是非常危险的。

6.5　粉尘爆炸

粉尘是指呈分散状态的固体物质。粉尘爆炸现象比原来大块状固体的火灾危险性及危害性大得多，因此，人们应重视对这一问题的研究。

6.5.1　粉尘爆炸的条件

粉尘爆炸，一般应具备3个条件：

（1）粉尘本身是可燃的。可燃粉尘包括有机粉尘和无机粉尘两大类。但在一般条件下，并非所有的可燃粉尘都能发生爆炸。常见具有爆炸性的粉尘种类见表6-14。

表6-14　常见具有爆炸性的粉尘种类

种　类	举　　例
炭制品	煤、木炭、焦炭、活性炭等
肥　料	鱼粉、血粉等
食品类	淀粉、砂糖、面粉、可可、奶粉、谷粉、咖啡粉等
木质类	木粉、软木粉、木质素粉、纸粉等
合成制品类	染料中间体、各种塑料、橡胶、合成洗涤剂等
农产加工品类	胡椒、除虫菊粉、烟草等
金属类	铝、镁、锌、铁、锰、锡、硅、硅铁、钛、钡、锆等

（2）粉尘以一定浓度悬浮在空气中。沉积（气凝胶状态）的粉尘是不能爆炸的。只有悬浮（气溶胶状态）的粉尘才能发生爆炸。粉尘在空气中能否悬浮及悬浮时间长短取决于粉尘的动力稳定性，而它主要与粉尘粒径、密度和环境温度、湿度等有关。

悬浮粉尘只有其浓度处于一定的范围内才能爆炸。这是因为粉尘浓度太小，燃烧放热太少，难于形成持续燃烧而无法爆炸；浓度太大，混合物中氧气浓度太小，也不会发生爆炸。

（3）存在足以引起粉尘爆炸的火源。粉尘燃烧首先需要加热，或熔融蒸发，或受热裂解，放出可燃气体，因此，粉尘爆炸需要较多能量。其最小点火能为 10～100MJ，比可燃气体的最小点火能大 10^2～10^3 倍。

具备上述条件的粉尘之所以能爆炸，是因为悬浮于空气中的可燃粉尘形成了一个高度分散体系，其表面积和表面能（体现为吸附性和活性）极大增加；同时，粉尘粒子与空气中氧之间的界面加大，氧气供给更加充足。因此，一经能量足够的火源引燃，反应速度就大为加快从而呈爆炸状态。

6.5.2　粉尘爆炸的过程和特点

粉尘爆炸大致要经历如下几个过程：

（1）接受火源能量的粉尘粒子表面温度迅速提高，使其迅速地分解或干馏，产生的可燃气释放到粒子的周围气相中。

（2）可燃气体与空气的混合物随后被火源引燃而发生有焰燃烧，这种燃烧开始通常在局部产生，其燃烧热通过辐射传递和对流传递使火焰传播、扩散下去。

（3）火焰在传播过程中，产生的热量促使越来越多的粉尘粒子分解或干馏，释放出越来越多的可燃气体，使燃烧循环逐次地加快进行下去，最终导致粉尘爆炸。

需要指出的是，上述过程是对能释放可燃气体的粉尘爆炸而言的。这类粉尘释放可燃气体，有的通过热分解（如木粉、纸粉等），有的通过熔融蒸发或升华（如樟脑粉、萘粉等）。从本质上讲，这类粉尘的爆炸是可燃气体爆炸，只是这种可燃气体"储存"在粉尘之中，粉尘受热后才释放出来。

木炭、焦炭和一些金属的粉尘，在爆炸过程中不释放可燃气体，它们接受火源的热能后直接与空气中氧气发生剧烈的氧化反应并着火，产生的反应热使火焰传播。在火焰传播过程中，炽热的粉尘或其氧化物加热周围的粉尘和空气，使高温空气迅速膨胀，从而导致粉尘爆炸。

与气体爆炸比较，粉尘爆炸有两个特点：

（1）粉尘爆炸比气体爆炸所需的点火能大、引爆时间长、过程复杂。这是由于粉尘颗粒比气体分子大得多，而且粉尘爆炸涉及分解、蒸发等一系列的物理和化学过程所致。粉尘爆炸的引爆时间较长，这就有可能用快速装置探测爆炸的前兆，并遏制爆炸的发展（抑爆技术）。

（2）爆炸的最大爆炸压力略小于气体爆炸的最大爆炸压力，但前者的爆炸压力上升速度和下降速度都较慢，所以压力与时间的乘积（即爆炸释放的能量）较大，加上粉尘粒子边燃烧边分散，爆炸的破坏性和对周围可燃物的烧损程度也较严重。

在危害方面，粉尘爆炸有以下特点：

（1）粉尘初始爆炸产生的气浪会使沉积粉尘扬起，在新的空间内形成爆炸浓度而产生二次爆炸。另外，在粉尘初始爆炸地点，空气和燃烧产物受热膨胀，密度变稀，经过极短时间后形成负压区，新鲜空气向爆炸点逆流，促成空气的二次冲击（简称"返回风"），若该爆炸地点仍存在粉尘和火源，也有可能发生二次爆炸。二次爆炸往往比初次爆炸压力更大，破坏更严重。在连续化生产系统中，这种二次爆炸可能连续出现，形成连锁爆炸，有的可能达到爆轰的程度，以致产生非常大的伤害。

（2）有的粉尘爆炸事故不仅表现出爆炸连续性的特点，而且随着爆炸的延续，反应速度和爆炸压力持续加快和升高，并呈现出跳跃式的发展，因而表现出离起爆点越远、破坏越严重的特点。特别是在爆炸传播途径中遇有障碍物或拐弯处，爆炸压力会急剧上升。煤尘的爆炸压力试验数据见表6-15。有障碍物时，粉尘爆炸的传播受阻，爆炸冲击波向回反射，压力成倍增长。

表6-15　煤尘的爆炸压力试验数据

距爆炸点的距离/m	爆炸压力/Pa	
	无障碍物	有障碍物
91.5	2.91×10^4	1.58×10^5
120.9	4.51×10^4	5.72×10^5
137.2	1.10×10^5	1.05×10^6

（3）粉尘（尤其是有机物的粉尘）的爆炸容易引起不完全燃烧，会产生大量的CO等不完全燃烧产物。这不但会造成人员中毒，而且在密闭场所还可能引起气体爆炸。

6.5.3　粉尘爆炸的重要特性参数

6.5.3.1　爆炸压力和升压速度

粉尘爆炸时，生成的产物体积大多会超过初始混合物体积，尤其爆炸产生的高温使产物和空气混合物体积急剧膨胀，因而造成爆炸压力的急剧增长。通常所说的某粉尘爆炸压力是指该粉尘在指定的浓度爆炸时所能达到的最大压力，用 p_m 表示；而某种粉尘在一个大的浓度范围内所达到的爆炸压力的最大值，称为该粉尘的最大爆炸压力，用 p_{max} 表示。

爆炸压力与时间的比值称为升压速度，用 $\left(\dfrac{dp}{dt}\right)_m$ 表示；而某种粉尘在一个大的浓度范围内所达到的升压速度的最大值，称为该粉尘的最大爆炸升压速度，用 $\left(\dfrac{dp}{dt}\right)_{max}$ 表示。粉尘爆炸升压速度是衡量粉尘爆炸强度的重要参数。

爆炸压力和升压速度的存在是造成设备破坏的主要原因。粉尘爆炸压力越大，升压速度越快，对设备的破坏就越严重。

6.5.3.2　爆炸极限

粉尘爆炸极限是粉尘和空气混合物遇火源能发生爆炸的粉尘最低浓度（下限）或最高浓度（上限），一般用单位体积空间内所含的粉尘质量表示。在已知粉尘的化学组成和燃烧热并作出某些简化假设的情况下，能够计算爆炸极限，但通常采用专门仪器进行测定。

实验表明，许多工业粉尘的爆炸下限为 $20 \sim 60 g/m^3$，爆炸上限为 $2000 \sim 6000 g/m^3$。由于粉尘沉降等原因，实际情况下很难达到爆炸上限值，因此，粉尘的爆炸上限一般没有实用价值，而爆炸下限具有非常重要的意义。粉尘的爆炸下限越低，发生爆炸的危险性越大。

6.5.3.3　最小引爆能（E_{min}）

粉尘爆炸的最小引爆能也可由火花放电能量求得。可燃粉尘触及的火源能量超过其最小引燃能，它就能发生爆炸。

除了上述参数外，悬浮状态下粉尘的自燃点也是粉尘爆炸的重要特性参数，它体现了粉尘处于悬浮状态时，因受热自燃而引起火灾爆炸的危险性大小。

6.5.4 粉尘爆炸的影响因素

各种因素对粉尘爆炸的影响主要体现在这些因素对粉尘爆炸的特性参数的影响上。在分析和解决实际粉尘的爆炸问题时，要考虑如下几个主要方面的影响因素。

6.5.4.1 粉尘的物理化学性质

含可燃挥发分越多的粉尘，爆炸的危险性越大，且其爆炸压力和升压速度越高，如图6-10所示。这是因为这类粉尘受热时释放出较多的可燃气体，大量的可燃气体与空气混合形成爆炸性的混合气体，使得体系反应更加容易和猛烈。如1kg含挥发分20%～26%的焦煤，在高温下可释放出290～350L的可燃气体，因此，其粉尘容易爆炸并形成较高的爆炸压力（0.4～0.6MPa）。

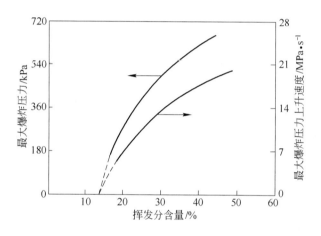

图6-10 粉尘的爆炸压力、升压速度与挥发分含量之间的关系

由于燃烧热的高低与粉尘释放可燃气体多少有些关系，燃烧热高的粉尘容易发生爆炸，如图6-11所示，而且爆炸的威力也大。另外，氧化速度快的粉尘，如镁、氧化亚铁、染料等，容易发生爆炸，而且最大爆炸压力较大；容易带电的粉尘也容易发生爆炸。

6.5.4.2 粉尘的粒度和浓度

粒度是粉尘爆炸的重要影响因素。粉尘的粒度越小，比表面积越大，在空气中的分散度越大，且悬浮的时间越长，吸附氧的活性越强，氧化反应速度越快，就越容易发生爆炸，即其最小点火能和爆炸浓度下限越小，而且最大爆炸压力和最大升压速度相应越大。图6-12所示不同粒度的铝粉爆炸试验结果说明了这一点。

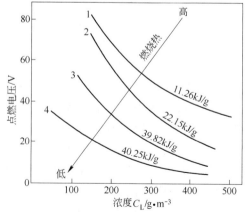

图6-11 粉尘燃烧热对爆炸性能的影响
1—2,4,6-三硝基苯酚；
2—三硝基萘；3—蒽；4—萘

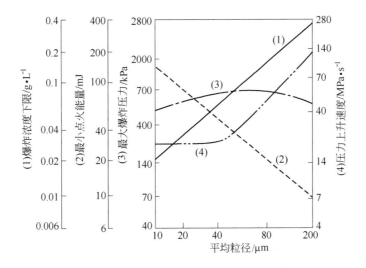

图 6-12　不同粒度的铝粉爆炸试验结果

　　如果粉尘的粒度太大，就会失去爆炸性能。如粒径大于 $400\mu m$ 的聚乙烯、面粉及甲基纤维素等粉尘不能发生爆炸，而多数煤尘在粒径小于 $1/15 \sim 1/10mm$ 时才具有爆炸能力。在大于爆炸临界粒径的粗粉尘中混入一定量的可爆细粉尘后，它就可能成为可爆混合物。

　　可燃粉尘必须在其浓度处于爆炸浓度极限范围内才能发生爆炸，其最易被点爆的浓度一般高于其完全燃烧化学计量浓度的 $2 \sim 3$ 倍。

　　粉尘爆炸压力和升压速度的最大值也大约出现在粉尘浓度高于化学计量浓度的 $2 \sim 3$ 倍，但两者达到最大值的浓度不一定相同（如图 6-13 所示），而且出现最大爆炸压力或升压速度的粉尘浓度与粉尘最易被点爆时的浓度也不一样。但是，这两种浓度之间大致有如下关系：

$$C_{Emin} = \left| C_{Pmax} - (C_{(dP/dt)max} - C_{Pmax}) \right| \tag{6-22}$$

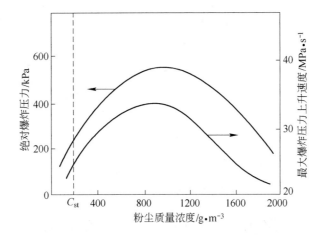

图 6-13　浓度对爆炸压力和压力上升速度的影响（苯甲酸粉尘）

式中，C_{Emin}，C_{Pmax}，$C_{(dP/dt)max}$ 分别为出现最低最小点火能、最大爆炸压力和最大升压速度时的粉尘浓度。

在一定粒径条件下，粉尘浓度越高，其着火温度越低，但这种影响随着粒径的增大而逐渐减弱，如图 6-14 所示。

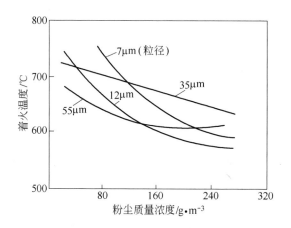

图 6-14　镁粉着火温度与浓度的关系

6.5.4.3　可燃气体和惰性成分的含量

当可燃粉尘和空气的混合物中混入一定量的可燃气体时，粉尘的爆炸危险性显著增大，具体体现为最小点火能和爆炸下限降低，而最大爆炸压力和最大升压速度提高（如图 6-15 和图 6-16 所示）。这是因为可燃气体混入使混合物容易被点燃，而且增大了燃烧速度。

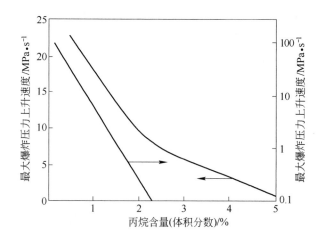

图 6-15　丙烷含量对聚氯乙烯粉尘（125μm）
爆炸下限和最小点火能的影响

可燃粉尘、空气、可燃气体混合物中粉尘的爆炸下限和可燃气体（主要指甲烷和丙烷）浓度之间近似存在如下关系：

$$C_{mdl} = C_{dl}\left(\frac{L_{GL}}{L_G} - 1\right)^2 \tag{6-23}$$

式中 C_{mdl}，C_{dl}——分别为混合物和空气中粉尘的爆炸下限；

　　L_{GL}，L_G——分别为混合物中可燃气体含量和可燃气体在空气中的爆炸下限。

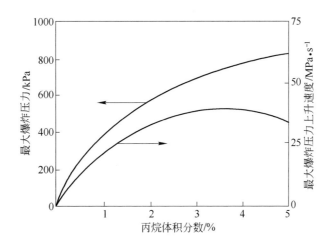

图 6-16　丙烷含量对聚氯乙烯粉尘（125μm）
最大爆炸压力和最大升压速度的影响

当可燃粉尘和空气的混合物中混入一定量的惰性气体时，不但会缩小粉尘爆炸的浓度范围，而且会降低粉尘爆炸的压力及升压速度，如图 6-17 所示。这主要是因为惰性气体的混入降低了粉尘环境的氧含量，使粉尘的爆炸性能降低甚至完全丧失。用氮气惰化时一些可燃粉尘环境的临界氧含量见表 6-16。

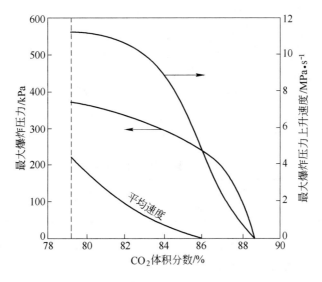

图 6-17　二氧化碳浓度和爆炸压力、升压速度
及爆炸速度之间的关系

表 6-16　用氮气惰化时一些可燃粉尘环境的临界氧含量（体积分数）　　　%

粉尘名称	临界氧含量	粉尘名称	临界氧含量	粉尘名称	临界氧含量
煤　尘	14.0	有机颜料	12.0	松香粉	10.0
月桂酸镉	14.0	硬脂酸钙	11.8	甲基纤维素	10.0
硬脂酸钡	13.0	木　粉	11.0	轻金属粉尘	4～6

可燃粉尘中混入惰性粉尘也会使其爆炸性能削弱甚至丧失，如图 6-18 所示。这是因为惰性粉尘具有冷却效果，有的惰性粉尘还具有负催化作用。

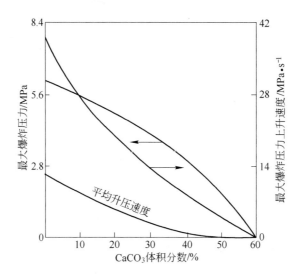

图 6-18　惰性粉尘对可燃粉尘爆炸性能的影响

6.5.4.4　粉尘的爆炸环境条件

可燃粉尘环境中的水分会削弱粉尘的爆炸性能，这是因为水分起着吸附不燃成分的作用。水分能黏结小颗粒粉尘，降低粉尘的分散度和缩短其漂浮时间；水分蒸发要吸收大量的热，阻止粉尘的燃烧化学反应；水蒸气占据空间，稀释环境中的氧浓度从而降低了粉尘的燃烧速度。水分的这种削弱作用随着其含量增大而增强。

粉尘环境的温度和压力升高时，粉尘爆炸会向着危害性增加的方向变化。温度升高有助于挥发分释放，因此，粉尘的最小点火能减小，而且当温度升高到一定值时，最小点火能几乎接近于零。该温度值就是悬浮粉尘的着火温度。一些粉尘云的着火温度见表 6-17。

表 6-17　一些粉尘云的着火温度

粉尘名称	醋酸纤维素	高压聚乙烯	聚苯乙烯	粮　食	花生壳	粉末糖	脱脂乳	小麦粉
着火温度/℃	460	450	500	400	460	370	490	440

粉尘爆炸有一个低的压力极限，一般在环境压力低于几千帕时，粉尘不能发生爆炸。

6.5.4.5　火源强度或点火方式

火源温度越高、与可燃粉尘和空气的混合物的接触时间越长，或其能量越大，则粉尘越容易发生爆炸。粉尘爆炸与着火源的关系见表 6-18。表 6-18 所列的数据表明：火源较强时，粉尘的爆炸下限较低。

表6-18　粉尘爆炸下限与着火源的关系

爆炸下限/% 粉尘	着火源		
	1200℃灼热体	33V5A 电弧光	6.5V3A 感应线圈火花
淀粉	7.0	10.3	13.7
小麦仓的粉尘	10.3	10.3	不着火
糖	10.3	17.2	34.4

点火方式对粉尘的爆炸特性有较大的影响，表6-18说明了这一点，表6-19更进一步说明了这一点。例如弱电容放电（能量为几十个毫焦）和具有较高点火能量（能量为10000J）的化学引爆器一样，能得到较大的爆炸特性值。

表6-19　点火方式对粉尘爆炸特性的影响

粉尘名称	点火方式	点火能量/J	p_{max}/kPa	$(dp/dt)_{max}$/MPa·s^{-1}
石松籽	化学引爆器	10000	320	18.6
	电容放电	0.08	830	19.9
	固定火花隙	10	840	15.3
纤维素	化学引爆器	10000	970	15.0
	电容放电	0.04	920	14.7
	固定火花隙	10	820	6.3

6.5.4.6　容器的容积

同可燃气体爆炸一样，容积越大的容器中粉尘爆炸的时间越长，从爆炸开始到压力上升到最大值的时间也越大（如图6-19所示），粉尘爆炸的最大升压速度越小。大量的粉尘爆炸试验证明（如图6-20所示），如果容器容积不小于0.04m³，"三次方定律"对粉尘爆

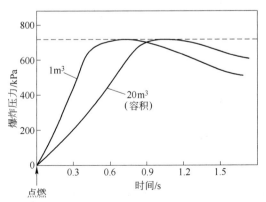

图6-19　容器容积对煤尘爆炸时间的影响

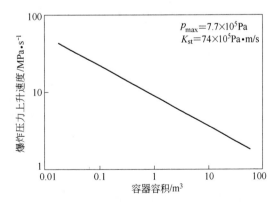

图6-20　对粉尘爆炸"三次方定律"
有效性的验证

炸也完全适用，即：

$$\left(\frac{\mathrm{d}p}{\mathrm{d}t}\right)_{\max} V^{\frac{1}{3}} = K_{\mathrm{st}} = 常数 \tag{6-24}$$

除了上述影响因素外，在实际条件下还会遇到其他一些影响因素，如粉尘与空气的混合物的湍流度、粉尘颗粒的含水量、凝聚性及导热性等。在分析和解决实际粉尘爆炸的问题时，应根据现场条件综合考虑这些因素的影响。

6.5.5　粉尘爆炸的预防和控制

预防和控制可燃气体爆炸的基本方法也适用于防止可燃粉尘爆炸。这些方法包括严格控制或消除火源；防止可燃粉尘和空气形成爆炸性气体，主要措施包括消除粉尘源和采用惰性气体保护；抑制爆炸；防爆泄压。与可燃气体爆炸比较，粉尘的引爆时间长，爆炸压力和升压速度小，因此，控制粉尘爆炸的后两个措施十分重要。

6.5.5.1　粉尘爆炸的抑制

粉尘爆炸抑制装置能在粉尘爆炸初期迅速喷洒灭火剂，将火焰熄灭，遏止爆炸发展。它由爆炸探测机构和灭火剂喷洒机构组成，前者必须反应迅速、动作准确，以便快速探测爆炸的前兆并发出信号；后者接受前者发出的并经过扩大的信号后，立即启动，喷洒灭火剂。

粉尘爆炸抑制装置的结构及其作用效果如图 6-21 所示。

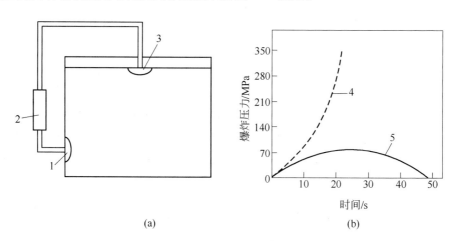

(a)　　　　　　　　　　　　　　(b)

图 6-21　粉尘爆炸抑制装置的结构及其作用效果
(a) 结构；(b) 作用效果
1—压力传感器；2—扩大器；3—抑制器；4—正常爆炸
压力曲线；5—抑制后爆炸压力曲线

6.5.5.2　设置防爆泄压装置

在设备或厂房的适当部位设置薄弱面（泄压面），借此可以向外排放爆炸初期的压力、火焰、粉尘和产物，从而降低爆炸压力，减小爆炸损失，如图 6-22 所示。

采用防爆泄压技术，必须十分注意考虑粉尘爆炸的最大压力和最大升压速度，此

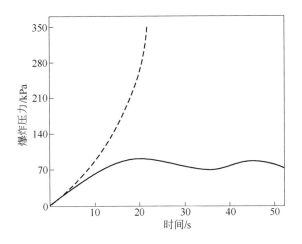

图 6-22　防爆泄压原理图

外应考虑设备或厂房的容积和结构，以及泄压面的材质、强度、形状及结构等。用作泄压面的设施有爆破板、旁门、合页窗等；用作泄压面的材料有金属箔、防水纸、防水布或塑料板、橡胶、石棉板、石膏板等。最重要的问题是防爆泄压面积大小的确定。

目前确定泄压面积的方法有多种，但无论采用哪种方法，泄压面积都应适当加大，因为泄压面材料本身的爆破可能干扰粉尘爆炸，并使爆炸的剧烈程度增加。

通常采用的确定泄压面积或泄压比的方法有：

（1）以最大爆炸压力确定泄压比。根据实际生产车间粉尘爆炸所测得的最大爆炸压力，利用图 6-23 所示的算图确定泄压比。

（2）以设备或建筑物体积为主确定泄压比。具体结果见表 6-20。

表 6-20　设备与建筑物的泄压比

设备及建筑物种类	泄压比/$m^2 \cdot m^{-3}$
28.32m^3 以下轻量结构的机械与炉灶	0.33 ~ 0.11
28.32m^3 以下可承受强压的机械与炉灶	0.11
28.32 ~ 707.92m^3 的房间、建筑物、储槽、容器等（该种情况必须考虑爆炸点与泄压孔的相对位置以及可能发生爆炸的体积）	0.11 ~ 0.07
707.92m^3 以上的房间，危险装置仅占建筑物的小部分 （1）钢筋混凝土壁 （2）轻量混凝土、砖瓦或木结构 （3）简易板压结构	 0.04 0.05 ~ 0.04 0.07 ~ 0.05
707.92m^3 以上的大房间，危险装置占其大部分者	0.33 ~ 0.07

（3）以升压速度为主确定泄压面积。用这种方法进行泄压设计时要考虑爆炸强度（即 K_{st}）、泄压后的爆炸压力（即泄压后设备内所能达到的最大爆炸压力 P_{red}）、停止动作

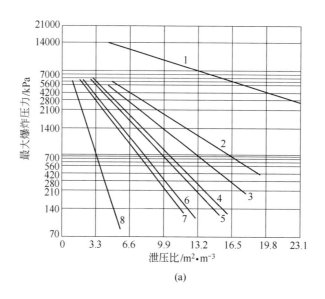

(a)

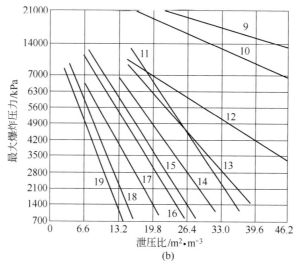

(b)

图 6-23　粉尘爆炸的泄压比算图

（a）中等爆炸压力；（b）高爆炸压力

1，9—铝粉；2—粗镁粉；3—细铝粉；4—酚醛树脂；5，12—玉米粉；

6—米粉；7，16—匹兹堡煤粉；8—肥皂粉；10—镁粉；11—软木粉；

13—醋酸纤维素；14—大豆粉；15—砂糖粉；17—木粉；

18—木质硫酸钠；19—可可粉

压力（即爆破板破裂时的静止工作压力 P_{stat}）。

　　具体方法是：根据静止动作压力确定选用的算图，如图 6-24 所示；然后根据设备体积大小在算图上垂直向上引线与所需的泄压后爆炸压力相交；再从交点向左引水平线与爆炸强度所确定的粉尘爆炸级数线相交；最后从交点向下垂直引线，即求得设备的泄压面积。

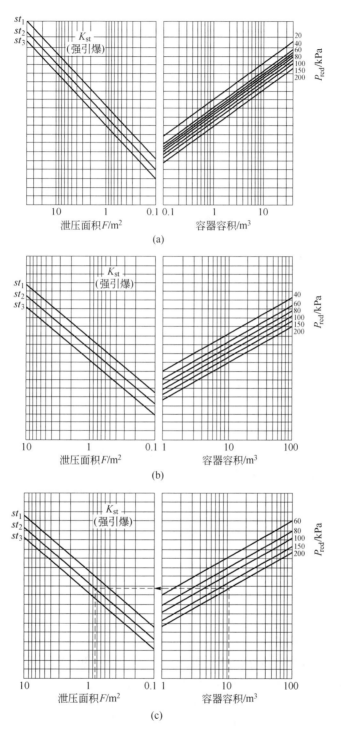

图 6-24　粉尘爆炸的泄压面积算图

（st_1、st_2、st_3 为按爆炸强度 K_{st} 进行的粉尘爆炸分级。st_1、st_2、
st_3 级对应的 K_{st} 范围分别为 0 ~ 200、201 ~ 300 和大于 300）

（a）$P_{stat} = 10kPa$；（b）$P_{stat} = 20kPa$；（c）$P_{stat} = 50kPa$

6.6 炸药爆炸

炸药是为了完成可控制爆炸而特别设计制造的物质，但其爆炸一旦失去控制，将会造成巨大灾难。

6.6.1 炸药的爆炸特点及其分类

6.6.1.1 特点

炸药爆炸与属于高度分散体系的气体或粉尘爆炸不同，它属于凝聚体系爆炸，主要有下面3个特点：

（1）化学反应速度极快。炸药可在0.0001s甚至更短的时间内完成爆炸。如1m长的导爆索爆炸只需0.00003s就能完成爆炸。

（2）能放出大量的热。炸药爆炸时的反应热达到数千到上万千焦，温度可达数千摄氏度并产生高压。如1kg硝化甘油爆炸时能放出6100~6620kJ的热量，同时温度可达4250℃，压力可达900MPa。

（3）能产生大量的气体产物。炸药在爆炸瞬间由固体状态迅速转变为气体状态，使体积成百倍地增加。如1kg黑索金爆炸后能产生890L的气体；1kg TNT爆炸后产生695L气体。

上述特点说明炸药爆炸具有巨大的做功能力和很大的破坏作用。

6.6.1.2 分类

根据实际用途，炸药可分为3大类：

（1）起爆药。如雷汞、叠氮化铅、斯蒂芬酸铅、二硝基重氮酚等。其主要特点是感度高，在很弱的外界能量作用下就能爆炸，主要用来制造雷管、火帽等起爆器材。

（2）猛炸药。如梯恩梯、黑索金、泰安、胶质炸药等。它们的性质比较稳定，但具有较高的威力和猛度，其爆炸对周围介质的破坏作用极大，是工程爆破和军用弹药的主装药，有单质炸药和混合炸药之分。

（3）发射药。如黑火药、无烟火药等。其特征反应为爆燃，在密闭、半密闭的环境中能产生高温高压，主要用作枪、炮弹弹丸的发射剂。

6.6.2 炸药的爆炸性能

6.6.2.1 炸药的感度

炸药在外界能量作用下发生爆炸的难易程度称为炸药的感度。易爆炸的炸药感度大或敏感；不易爆炸的炸药感度小或钝感。感度主要包括：

（1）热感度。它是指炸药在热作用下引起爆炸的难易程度，通常用爆发点和火焰感度来表示，它们分别对应均匀加热和火焰点火的情况。

（2）机械感度。炸药在机械作用下发生爆炸的难易程度称为炸药的机械感度，通常用撞击感度、摩擦感度和针刺感度表示。

（3）爆炸感度。炸药在另一种炸药的爆炸作用下发生爆炸的难易程度称为炸药的爆炸感度。

某些炸药的感度见表6-21。

表 6-21　某些炸药的感度

炸药 \ 测定值	爆发点/℃		火焰感度（100%发火的最大高度）/cm	摩擦感度（爆炸百分数)/%	撞击感度（落高或爆炸百分数)/%	
	5s	5min			H_{100}/cm	H_0/cm
斯蒂芬酸铅	265		54	70	36	11.5
雷　汞	210	178～180	20	100	9.5	3.5
二硝基重氮酚	176	170～173	17	25		17.5
叠氮化铅	345	305～315	<8	76	33	10
梯恩梯	475	295～300		0	4～8(爆炸百分数)	
特屈儿	257	190		24	44～52	
黑索金	277	225～230		48～52	72～80	
泰　安	225	210～220		92～96	100	
硝化甘油	222	200～205			100	
梯/黑(50/50)				4～8	50	

注：1. 表中，起爆药摩擦感度的测试条件为：摆角80°，药量0.1g，压力71.2MPa；猛炸药的摩擦感度的测试条件为：摆角90°，压力593MPa。

2. H_{100} 为100%起爆药爆炸的最小落高；H_0 为100%起爆药不爆炸的最大落高。

6.6.2.2　炸药的安定性

炸药的安定性是指炸药在长期使用、保管过程中，受温度、湿度、阳光等条件的影响，保持其性质不变的能力。这种能力愈强的炸药，其安定性愈好。安定性主要包括：

（1）化学安定性。它指在使用、保管过程中，炸药虽受外界条件的影响，但仍能保持其化学性质不变的能力，它主要取决于炸药的化学结构，杂质、温度、湿度对它的影响也较大。

（2）物理安定性。它指炸药不吸湿、不挥发，保持机械强度的能力。

（3）热安定性。炸药在热的作用下，保持物理、化学性质不变的能力，称为炸药的热安定性。如在相同条件下，特屈儿的热安定性差于梯恩梯，而强于硝化甘油。

6.6.2.3　炸药的热化学参数

炸药的热化学参数是衡量炸药爆炸做功能力和估计炸药爆炸破坏作用的重要指标。

（1）爆容（或比容）。它是指单位质量的炸药爆炸后，气体产物（包括水）在标准状况下所占的体积。该值越大的炸药，爆炸时对外做功能力越强。

（2）爆热。单位质量的炸药爆炸时所放出的热量，称为炸药的爆热，通常用定容下爆炸变化时放出的热量表示。炸药爆炸时做功能力的大小主要取决于其爆热。

（3）爆温。爆温是指炸药在爆炸瞬间所放出的热量将产物加热到的最高温度。该值越大的炸药爆炸时对外做功的能力越强。爆温（t）可由下式计算：

$$t = \frac{-a + \sqrt{a^2 + 4bQ_v}}{2b} \tag{6-25}$$

式中　a，b——由爆炸产物气体的平均等容热容所确定的系数；

Q_V——炸药的定容爆热。

（4）爆压。炸药在一定容积内爆炸后，其气体产物的热容不再变化时的压力，称为炸药的爆压。一般地，爆压越高的炸药，爆炸做功能力越强。

几种常见炸药的爆容、爆热和爆温值见表 6-22。

表 6-22　几种常见炸药的爆容、爆热和爆温值

炸药名称	爆容/$m^3 \cdot kg^{-1}$	爆热/$kJ \cdot kg^{-1}$	爆温/℃
黑火药	0.28	2512	2615
梯恩梯	0.695	4229	3050
黑索金	0.89	6280	3700
泰安	0.78	5862	
硝化甘油	0.715		4600
雷汞	0.30	1717	4350
硝酸铵	0.98	1440	4040

6.6.2.4　炸药的威力和猛度

炸药的威力是指炸药爆炸时做功的能力。威力越大的炸药，爆炸时破坏的范围和体积越大。通常用 TNT 当量（即某炸药的威力与梯恩梯威力的比值）表示炸药的威力，它主要取决于爆热。

炸药的猛度是指炸药爆炸时粉碎与其直接接触物体或介质的能力，它主要与爆速有关。通常用炸药爆炸时铅柱被压缩的高度表示炸药的猛度。

几种常见炸药的威力和猛度见表 6-23。

表 6-23　几种常见炸药的威力和猛度

炸药	梯恩梯	特屈儿	黑索金	泰安	硝化甘油	苦味酸	硝酸铵
威力（9%）	100	118.48	161.96	143.13	78.93		84.63
猛度/mm	16	19	24	24	22.5～23.5	19.2	

6.6.2.5　炸药的氧平衡

绝大多数的炸药是由 C、H、O、N 等元素组成的有机化合物，因此，炸药爆炸反应的实质是其中这些元素之间的氧化还原反应，其中 C、H 为可燃元素，O 为助燃元素，N 是惰性载体。炸药的氧平衡是指炸药中的氧与炸药中的碳、氢完全燃烧所需的氧之间的平衡关系。

组成通式为 $C_aH_bO_cN_d$ 的炸药，可能出现以下 3 种氧平衡情况：

（1）正氧平衡。$c - (2a + b/2) > 0$，即炸药中的氧含量除供全部碳、氢氧化外还有剩余。

（2）零氧平衡。$c - (2a + b/2) = 0$，即炸药中的氧含量恰好够使碳、氢完全氧化。

（3）负氧平衡。$c - (2a + b/2) < 0$，即炸药中的氧含量不足以使碳、氢完全氧化。

炸药的氧平衡在数值上用氧平衡率表示。炸药 $C_aH_bO_cN_d$ 的氧平衡率 B 可由下式计算：

$$B = \frac{\left[c - \left(2a + \dfrac{b}{2}\right)\right] \times 16}{M} \times 100\% \tag{6-26}$$

式中 M——炸药的摩尔质量。

一些常见炸药的氧平衡率见表 6-24。

表 6-24 一些常见炸药的氧平衡率

炸药名称	氧平衡率/%	炸药名称	氧平衡率/%
硝酸钾	+39.6	泰 安	−10.1
硝酸铵	+20.0	特屈儿	−47.4
硝化甘油	+3.5	梯恩梯	−74.0
硝化乙二醇	0		

研究炸药的氧平衡具有重要的理论和实践意义:

(1)零氧或接近零氧平衡的炸药,爆炸时放出的热量最多,且做功能力最大。

(2)氧平衡率大的炸药爆炸时燃烧完全,产物中 CO_2 较多,CO 较少,但会有氧化氮存在;氧平衡率小的炸药爆炸时燃烧不完全,产物中 CO_2 较少,CO 较多;而零氧或接近零氧平衡的炸药爆炸时,产生的毒气最少。

6.6.3 炸药的爆炸及其破坏机理

6.6.3.1 爆炸机理

炸药有两个突出特点,一是炸药分子中含有不稳定的基团,使分子结构不稳定;二是绝大多数炸药本身含有氧,不需要外界提供氧就能爆炸。这两个特点是炸药爆炸的内因。但炸药爆炸需要外界能源引起。爆炸机理包括:

(1)热爆炸机理。在热能作用下,炸药会发生热分解。开始时分解速度较慢,主要形成初始反应中心和积累活性中间产物;随后如果分解放热速率大于向周围环境的散热速率,就能产生热积累,使分解速度加快,中间产物增多且相互碰撞,发生氧化还原反应,放出大量的热,温度急剧上升;如此循环往复,按链锁反应机理进行。当炸药的温度上升到其爆发点时,热分解就转化为爆炸。

(2)机械能起爆机理。炸药在受到冲击或摩擦时,其中的微小区域首先被加热到起爆温度,形成灼热核,使炸药局部先爆,而后爆炸急速地扩展到全部。

灼热核形成的主要原因有:1)炸药中存在微小气泡,它们在机械作用下被强烈压缩,其中的温度急剧上升;2)在机械作用下,炸药的颗粒或薄层间相互摩擦生热,使一些微小区域急剧升温。

(3)爆炸能起爆机理。主爆药爆炸后,产生的高温、高压气体和冲击波使从爆药受到均匀冲击加热(如均质炸药)或灼热核局部加热(如非均质炸药),引起从爆药快速化学反应而爆炸。

6.6.3.2 破坏作用

炸药在空气中爆炸时,对周围介质的破坏作用主要有 3 部分:

(1)爆炸产物的直接作用。它主要指高温、高压、高能量密度产物的直接膨胀冲击作用。

(2)空气冲击波的作用。由于爆炸产物只在爆炸中心的近距离内起作用,因此,炸药在空气中爆炸时起破坏作用的主要是空气冲击波。空气冲击波是一种具有巨大能量的超声速压力波，它的产生是由于炸药爆炸时，高压产物气体迅速膨胀对空气猛烈冲击，使空气受到剧烈压缩而发生局部压力突变。

离爆炸中心愈近，空气冲击波的破坏作用愈强，但其作用面积较小；离爆炸中心远，破坏作用小，但作用面积大。冲击波的破坏作用主要由波阵面上的压力、波持续时间和比冲量（压力与时间之积）3 个特征量来衡量。但由于炸药爆炸时约有 75% 的能量传给冲击波，所以通常以冲击波阵面上的压力大小来衡量冲击波的破坏效应。实际上，对周围介质的大面积和总体性的破坏，也总是由冲击波阵面上的压力（又称为冲击波超压）引起的。

（3）外壳破片的飞散杀伤作用。炸药爆炸后，所产生的破坏区域和空气冲击波的压力分布如图 6-25 所示。

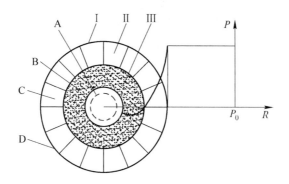

图 6-25　炸药爆炸后的破坏区域及空气冲击波的压力分布

A—爆炸产物作用区；B—冲击波与产物共同作用区；C—冲击波与破片飞散区；D—静止未扰动大气；
Ⅰ—冲击波阵面；Ⅱ—正压区；Ⅲ—负压区

6.6.4　炸药的殉爆

一装药（主爆药）爆炸后能引起与其相隔一定距离的另一装药（从爆药）爆炸的现象，称为炸药的殉爆，如图 6-26 所示。

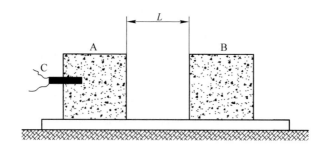

图 6-26　炸药的殉爆示意图

A—主爆药；B—从爆药；C—雷管

殉爆的原因主要有 4 个：

（1）主爆药爆炸产物的冲击作用。当两装药间的介质（如空气）密度不是很大，而且两装药间距离较近时，主爆药的爆炸产物就能直接冲击从爆药，在冲击与加热作用下，从爆药就能被引发爆炸。

（2）主爆药爆炸所抛出物体的冲击作用。主爆药爆炸后的外壳破片、飞散物及爆炸时形成的金属射流等冲击从爆药，可引起从爆药爆炸。

（3）主爆药爆炸时产生的冲击波作用。主爆药爆炸时，在其周围介质中形成冲击波，它在惰性介质中传播时，强度不断衰减，如果传播到从爆药时仍具有足够的强度，就能引起从爆药爆炸。

（4）火焰作用。主爆药与从爆药之间如果存在可燃物，主爆药爆炸产生的高温和火焰就会引起这些可燃物燃烧，从而使从爆药发生爆炸。

在实际殉爆中，往往是两种或两种以上因素同时作用，但常以冲击波的作用为主。

试验表明，主爆药的药量、爆热、爆速愈大，引起殉爆的能力也愈大；从爆药的爆炸感度愈大，愈容易被引起爆炸；惰性介质的性质和主、从爆药之间的相互位置等对殉爆有较大影响。

主爆药能够引起从爆药爆炸的最大距离，称为殉爆距离。它既反映了主爆药的引爆能力，又反映了从爆药的爆炸感度。

研究殉爆现象和殉爆距离具有重要的实际意义，可以为炸药的安全生产和储存提供依据。主爆药爆炸之后不能引起从爆药爆炸的最小距离，称为殉爆安全距离。炸药仓库之间的殉爆安全距离 R_1（m）可由下式估算：

$$R_1 = K_1\sqrt{W} \tag{6-27}$$

式中　　W——炸药质量，kg；

　　　　K_1——安全系数（由炸药性质和存放条件决定），见表6-25。

表 6-25　炸药仓库之间的安全系数 K_1

主爆药	从爆药	硝铵炸药		梯恩梯		高级炸药	
		裸	埋	裸	埋	裸	埋
硝铵炸药	裸	0.25	0.15	0.40	0.30	0.70	0.55
	埋	0.25	0.10	0.30	0.20	0.55	0.40
梯恩梯	裸	0.80	0.60	1.20	0.90	2.10	1.60
	埋	0.60	0.40	0.90	0.50	1.60	1.20
高级炸药	裸	2.00	1.20	3.20	2.40	5.50	4.40
	埋	1.20	0.80	2.40	1.60	4.40	3.20

6.6.5　炸药的安全与安全炸药

炸药是一类重要的化学危险物品，为了保证其生产、使用和储运安全，必须加强炸药的管理和监督检查；掌握各种炸药的危险特性，提高其爆炸危险性的评价水平；提高炸药的安全性试验水平，准确掌握各种炸药的感度；提高炸药的质量检验水平等。

在炸药的保管和储存过程中应着重注意如下特性：

（1）炸药的感度。在保管、储运和使用炸药时，对炸药的感度应有充分的了解。在感度许可范围内，炸药是不会爆炸的。

（2）炸药的不稳定性。它是指炸药除具有爆炸性和对撞击、摩擦、温度等敏感外，还有遇酸分解、受光线照射分解及与某些金属接触产生不稳定盐类等特性。如叠氮化铅遇浓硫酸或浓硝酸能爆炸；梯恩梯受日光照射会提高感度，容易引起爆炸；苦味酸能与金属反应生成苦味酸盐，其摩擦感度和冲击感度比苦味酸还要高等。为了保证安全，必须充分了解炸药的不稳定性，在规定的保质期内使用。

（3）炸药的殉爆。炸药保管应保持足够的距离，以避免殉爆的发生。

炸药爆炸时的安全距离除前面讨论的殉爆安全距离外，还应包括空气中冲击波对人和建筑物等的安全距离。

炸药爆炸时，对人作用的最小允许的距离即安全距离 R_{II}（m）可由下式估算：

$$R_{\mathrm{II}} = 5\sqrt{\frac{Q}{Q_{\mathrm{TNT}}}W} \tag{6-28}$$

对建筑物造成允许程度的破坏或使其免遭破坏的最小允许的距离即安全距离 R_{III}（m）可由下式估算：

$$R_{\mathrm{III}} = K\sqrt{\frac{Q}{Q_{\mathrm{TNT}}}W} \tag{6-29}$$

式中　Q，Q_{TNT}——分别为待估算炸药和梯恩梯的爆热；

W——待估算炸药的质量，kg；

K——取决于安全设防等级和炸药库房或工房外有无土堤的安全系数，见表6-26。

表 6-26　安全设防等级与安全系数 K 值

安全设防等级	可能破坏程度	安全系数 K	
		无土堤	有土堤
1	完全无破坏	50～150	10～40
2	玻璃窗偶然破坏	10～30	5～9
3	玻璃窗完全破坏，门及窗框局部破坏，墙上抹灰及内墙有破坏	5～8	2～4
4	内墙破坏，窗框、门、木板房及板棚等破坏	2～4	1.1～1.9
5	不坚固的砖石及木结构建筑物破坏，铁路车辆颠覆，输电线破坏	1.2～2.0	0.5～1.0
6	坚固的砖墙破坏，城市建筑及工业建筑物完全破坏，铁路损坏	1.4	

在有瓦斯或可燃性矿尘存在的矿井中，使用的炸药应为安全炸药。如果瓦斯或矿尘在空气中的含量达到一定浓度，就会形成爆炸性介质。这种介质在普通炸药爆炸形成的空气冲击波压力、炽热固体颗粒、高温气体产物及二次火焰等作用下，就会发生火灾爆炸事故。常见瓦斯及矿尘的爆炸危险浓度及发火点见表6-27。

表 6-27 常见瓦斯及矿尘的爆炸危险浓度和发火点

瓦斯、矿尘名称	危险浓度	发火点/℃
沼气（CH$_4$）	5% ~ 15%	645 ~ 730
氢气（H$_2$）	4% ~ 74.2%	550 ~ 610
一氧化碳（CO）	12.5% ~ 74.2%	650
硫尘（S）	5 ~ 1000g/m^3	275 ~ 460
煤尘（C）	10 ~ 2500g/m^3	750 ~ 1100

危险介质在引燃时存在延迟期，时间长短与温度有关。温度越高，延迟期越短。例如，温度为 650℃ 时，瓦斯的引燃延迟期为 10s；在 1000℃ 时，延迟期为 1s。当危险介质的引燃延迟期大于上述各种引燃因素对介质作用的时间时，介质就不会发生爆炸。在矿井中使用炸药进行爆破作业时，危险介质的温度可上升到 2000℃ 左右，此时介质的引燃延迟期 τ 可按下式计算：

$$\tau = K\exp\left(\frac{E}{RT}\right)P^{-n} \tag{6-30}$$

式中 K——反应动力学常数，一般可取 10^{-12}；

E——参加反应介质的活化能，计算时可取 $E/R = 3000$；

T——介质加热温度；

P——介质承受的压力；

n——反应级数，一般可取 $n = 1.8$。

根据以上讨论，在有瓦斯或可燃性矿尘爆炸危险的矿井中使用的安全炸药，应具备如下要求：

（1）爆炸能受一定限制。即安全炸药的爆温、爆热要比普通炸药低，这样可保证炸药爆炸产物能量及冲击波强度不超过一定范围，从而使危险介质的发火率降低。

（2）爆炸反应要完全。炸药爆炸反应越完全，产物中未反应的炽热固体颗粒和爆炸瓦斯量越少。

（3）氧平衡率应接近于零。因为正氧平衡炸药爆炸时生成的氧化氮和初生态氧容易引起危险介质发火；负氧平衡炸药的爆炸反应不完全，会使未完全反应的固体颗粒增多，也容易生成爆炸瓦斯，引起二次火焰。

（4）适当添加消焰剂。消焰剂是一种热容量大的物质，如氯化钠、氯化钾等。它在炸药爆炸时不参与反应，但能吸收部分爆热而降低爆温，这样可减小火焰并缩短火焰持续时间，更主要的是消焰剂对危险介质的氧化燃烧反应起抑制作用，从而阻止危险介质发火。

（5）不含铝、镁等金属粉末。因为这类金属粉末易在空气中燃烧，从而增加危险介质发火爆炸的可能性。

6.7 铝粉的燃烧与爆炸

铝粉，亦称银粉，是一种重要的工业原料和产品，广泛应用于颜料、油漆、烟花、冶金和飞机、船舶制造业。铝粉制备生产属于高危冶炼行业，其生产过程中会产生大量的粉尘，由于铝粉特有的遇湿易燃性，点火能量低、爆炸极限范围小等特点，决定了铝粉生产过程中存在着极大的火灾爆炸危险性。

6.7.1　铝粉的危险特性

铝粉生产过程中的易燃、易爆介质是铝粉，铝粉的危险性主要体现于其本身属于乙类可燃性粉末，易吸潮；其在空气中的爆炸极限为 $37\sim50\,mg/m^3$，最低点火温度为 $645\,℃$，最小点火能量为 $15\,mJ$，最大爆炸压力为 $0.415\,MPa$，氮气中爆炸最低氧含量为 9%。

铝粉粉末在空气中与空气混合能形成爆炸性混合物，当达到一定浓度时，遇火星或一定的静电能量就会发生爆炸。与酸类（如盐酸、硫酸等）或与强碱接触能产生可燃性危险气体（氢气），易引起燃烧爆炸；与氧化剂混合能形成爆炸性混合物；与氟、氯等接触会发生剧烈的化学反应。因此，铝粉应严禁与酸、碱、氧化剂等物品混合存放。

6.7.2　铝粉火灾特点

铝粉火灾的危险性表现在：在空气中遇到较小的明火即能起火燃烧；在空气中沾有油脂的铝粉，如长期堆积存放，积热不散，也易引起自燃或爆炸，而且铝粉的颗粒度越小爆炸危险性越大，当其在空气中浓度达到 $37\sim50\,mg/m^3$ 时，遇明火即能爆炸。因此在化学危险物品管理中，铝粉被列为二级易燃物品。

铝粉火灾的特点是火焰温度高、燃烧速度快、爆炸威力大、辐射热强。燃烧时，一般呈绿蓝色火焰，放出银白色耀眼强光。爆炸压力可达 $6.3\,kg/cm^2$，对周围建筑物及人身安全均具有较大的破坏力和危害性。

6.7.3　铝粉粉尘的爆炸机理

铝粉粉尘爆炸是一个瞬间的连锁反应，其爆炸过程比较复杂，受很多因素的制约和影响。铝粉粉尘爆炸的机理如图 6-27 所示。

铝粉粉尘粒子表面通过热传导和热辐射，从火源获得能量，使表面温度急剧升高，达到粉尘粒子加速分解的温度和蒸发温度，形成粉尘蒸气或分解气体。这种气体与空气混合后就容易引起点火。另外，粉尘粒子本身相继发生熔融气化，迸发出微小火花，成为周围未燃烧粉尘的点火源，使之着火，从而扩大了爆炸范围。静电火花也可引发空气中的铝粉粉尘瞬间爆燃并释放大量能量。因此，铝粉生产过程中必须采取措施，以控制作业空间粉尘浓度，并减少静电的积累和火花的产生，切断粉尘爆炸的连锁反应。

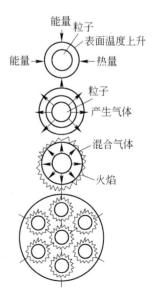

图 6-27　铝粉粉尘爆炸机理

6.7.4　铝粉粉尘爆炸的危害

铝粉粉尘爆炸属于爆炸式燃烧，其危害性极大。当空气中粉尘与适量的空气预混，达到一定浓度范围，点燃后就会发生爆炸。粉尘爆炸从机理上被认为是一种瞬间过程，爆炸的结果可能造成巨大破坏。因为爆炸时产生的空气温度高达 2000～3000℃，甚至更高，通常爆炸气体产生的热量瞬间内扩散，会引起附近的可燃物质产生高温后燃烧，继而引发铝粉火灾，加重爆炸的破坏程度。

2014 年 8 月 2 日，某金属制品有限公司汽车轮毂抛光车间在生产过程中发生爆炸，造成了 75 人死亡、185 人受伤的惨重事故。导致事故发生的原因是由于粉尘浓度超标，遇到火源发生爆炸。

6.7.5　铝粉火灾有效灭火措施

6.7.5.1　正确使用灭火剂

为了有效地扑灭铝粉火灾，必须正确选择与使用灭火剂。

（1）铝粉火灾禁止使用水和泡沫扑救。铝粉生产过程中泄漏的铝粉表面未被氧化，火场上正在燃烧或处于高温烘烤下的铝粉会迅速发生化学反应，放出有爆炸燃烧危险的氢气与空气混合形成爆炸性混合物。

（2）铝粉火灾不能用四氯化碳、1211 灭火剂（一种卤代烷灭火剂）进行扑救。铝粉在常温下能与氯和溴进行燃烧反应，还可与卤代烷发生反应生成少量氯化铝起催化作用，往往导致爆炸燃烧。

（3）铝粉火灾不能用二氧化碳等气体灭火器进行扑救。铝粉相对密度轻，细度小，一旦遇到风吹或气喷极易飞扬在空气中形成爆炸性混合物。

根据上述特点，扑救铝粉火灾应当选用化学干粉（如氧化铝等）、干沙以及石墨粉、干镁粉等进行扑救。通过几年来的实践表明，采用干沙和硅酸铝毯等灭火物质是最经济有效的，因为这类物质可以覆盖在燃烧铝粉的表面，使其与空气隔绝，并能有效地防止铝粉飞扬与空气混合，从而达到窒息灭火的目的。

6.7.5.2　铝粉火灾灭火对策

（1）如果铝粉发生地面火灾，可使用干沙、硅酸铝毯进行灭火，采用"一围、二盖、三埋"的方法，即在围攻火势时，必须用钢锹或专门的灭火沙桶小心洒干沙或干粉，或用干沙袋将燃烧的铝粉从四周围起来，再用硅酸铝毯或石棉被覆盖，最后用干沙轻轻的掩埋（一般沙厚达 30～50mm）。也可先施放化学干粉，在火势瞬间减弱的情况下，再利用干沙掩埋。在施放干粉时，应打向燃烧铝粉的外围 1.5～2m 处，使干粉随着燃烧气浪的升腾和空气的流动卷入燃烧区域起到窒息灭火的效力，切记不要直接吹射燃烧的铝粉堆，以防干粉随着燃烧气浪卷跑，失去灭火的效能。

（2）如果作业空间发生粉尘爆炸并形成干铝粉大火，火势很难被扑灭，所以一定要控制初始起火。初起火灾必须用隔热的硅酸铝毯盖住火焰，再用干沙、干惰性粉覆盖隔离。操作时，必须特别注意避免气流扰动引起的铝粉飞扬，以防止二次爆炸事故的发生。

（3）应采取先阻击、后灭火的方法。先对已经起火的车间等建筑物用水或泡沫进行冷却降温，防止火势蔓延，注意不要使水与铝粉接触；在阻止火势蔓延并保证人员安全和财产安全后，集中力量灭火。

习题与思考题

6-1 试根据可燃固体表面的热量平衡情况分析可燃固体的引燃条件。

6-2 评定可燃固体物质火灾危险性的理化参数主要有哪些？热分解固体物质的闪点、燃点和自燃点为什么与受热时间有关？

6-3 一厚度为 1.2mm 的幕布的密度、比热容、导热系数及其与空气的对流换热系数分别为 $0.29g/cm^3$、$1.1kJ/(kg \cdot K)$、$0.15J/(m \cdot K)$、$15W/(m^2 \cdot K)$。幕布的初温为 20℃、燃点为 270℃。求下列两种情况下幕布的引燃时间：

(1) 幕布垂直悬挂在 310℃ 的热空气中；

(2) 幕布一面受热通量为 $22kJ/(m^2 \cdot s)$ 的辐射加热，另一面绝热（幕布的吸收率取 0.85）。

6-4 可燃固体的热惯性是如何影响其引燃的？下列几种固体表面火焰传播的情形中，哪种情形火焰传播的速度最快？哪种最慢？为什么？

(1) 水平传播；(2) 竖直向上传播；(3) 竖直向下传播。

6-5 一横截面积为 $0.8m^2$ 的有机玻璃棒被引燃后产生稳定燃烧。求：

(1) 理想燃烧速度和实际燃烧速度；

(2) 维持稳定燃烧时，固相反应区所需要的热量（导热系数为 $1.9 \times 10^4 kW/(m \cdot K)$，假定燃烧时玻璃棒表面温度为 380℃，环境温度为 20℃）；

(3) 燃烧释热速率。

6-6 分别列举一例，说明可燃固体的阴燃在哪几种情况下可能向有焰燃烧转变。

6-7 在扑救棉、麻、草等堆垛的火灾时，用水扑灭表面上燃烧的火焰后，为什么还必须将堆垛拆散开来，进一步扑灭内部火焰？在火场上对于室内正在阴燃的房间，为什么不应突然打开门窗灭火？

6-8 有哪些影响粉尘爆炸的因素？其中粉尘的粒度、可燃气体的混入量及爆炸容器的容积分别是如何影响粉尘爆炸的？

6-9 为什么越细的粉尘动力稳定性越好，越容易发生爆炸？

6-10 试计算下列各种炸药的氧平衡率：

(1) 硝化甘油；(2) TNT；(3) 黑索金。

附录　专业名词汉英对照

燃烧	Combustion	化学自燃	The chemical self-ignition
活化分子	Activation of molecular	热自燃	Heat self-ignition
活化能	Activation energy	强迫着火	Forced ignition
可燃物（还原剂）	Combustible（reducing agent）	爆炸极限	The explosion limit
助燃物（氧化剂）	Comburent（oxidizer）	激波	Shock wave
点火源	Sources of ignition	安全液封	Safety liquid seal
爆炸	Explosion	阻火器	Flame arrester
系统反应速率	The system of reaction rate	消焰径	Flame size
基元反应	Element reaction	单向阀	The one-way valve
质量作用定律	The law of mass action	层流	Laminar flow
理论空气量	Theoretical air volume	湍流	Turbulence
实际空气量	The actual amount of air	紊流	Turbulent flow
过量空气系数	The excess air coefficient	强湍流	Strong turbulence
燃料空气比	Fuel air ratio	弱湍流	Weak turbulence
过量燃料系数	Excessive fuel coefficient	扩散燃烧	Diffusion combustion
热容	Heat capacity	化学动力燃烧	Chemical dynamic combustion
比定压热容	The heat capacity at constant pressure	蒸发	Evaporation
比定容热容	The constant volume heat capacity	蒸气压	Vapor pressure
平均热容	The average heat capacity	理想溶液	The ideal solution
燃烧热	Heat of combustion	蒸发热	The heat of vaporization
生成热	The heat of formation	液体沸腾	Liquid boiling
反应热	The heat of reaction	沸点	Boiling point
热值	Calorific value	闪燃	Flashover
燃烧温度	The combustion temperature	闪点	Flash point
量热计燃烧温度	The combustion temperature of the calorimeter	同系物	Homologue
实际燃烧温度	Actual gas burning temperature	油池火	Pool fire
		页面火	Page fire
燃烧速率	The burning rate	含油的固面火	Solid surface fire oil
热传导	Heat conduction	蒸发燃烧	Evaporation and combustion
边界层	Boundary layer	表面燃烧	Surface combustion
对流放热系数	Coefficient of convective heat transfer	分解燃烧	Decompose combustion
对流换热系数	Convection heat transfer coefficient	熏烟燃烧	The smoke of burning
热辐射	Thermal radiation	阴燃	Smoldering
辐射强度	Radiation intensity	动力燃烧	Dynamic combustion
辐射能量	Radiation energy	爆炸	Explosion

固体熔点	Solid melting	烟煤	Bituminous coal
固体燃点	Solid ignition	无烟煤	Anthracite
比表面积	The specific surface area	粉尘	Dust
氧指数	Oxygen index	粉尘爆炸	Dust explosion
泥煤	Peat	爆炸压力	Explosion pressure
褐煤	Lignite		

参 考 文 献

[1] 杜文峰. 消防燃烧学[M]. 北京：中国人民公安大学出版社，1997.

[2] 傅维镳. 燃烧学[M]. 北京：高等教育出版社，1989.

[3] 周霖. 爆炸化学基础[M]. 北京：北京理工大学出版社，2005.

[4] 张守中. 爆炸学原理[M]. 北京：国防工业出版社，1988.

[5] 冀和平，崔慧峰. 防火防爆技术[M]. 北京：化学工业出版社，2004.

[6] 徐厚生，赵双其. 防火防爆[M]. 北京：化学工业出版社，2004.

[7] 王德明. 矿井火灾学[M]. 徐州：中国矿业大学出版社，2008.

[8] 金龙哲. 安全学原理[M]. 北京：冶金工业出版社，2010.

冶金工业出版社部分图书推荐

书　名	作　者	定价（元）
中国冶金百科全书·安全环保卷	本书编委会　编	120.00
我国金属矿山安全与环境科技发展前瞻研究	古德生　等著	45.00
安全学原理（第2版）（本科教材）	金龙哲　主编	27.00
安全系统工程（本科教材）	谢振华　主编	26.00
安全评价（本科教材）	刘双跃　主编	36.00
事故调查与分析技术（本科教材）	刘双跃　主编	34.00
物理污染控制工程（本科教材）	杜翠凤　等编	30.00
工业通风与除尘（本科教材）	蒋仲安　等编	30.00
矿井通风与除尘（本科教材）	浑宝炬　等编	25.00
产品安全与风险评估（本科教材）	黄国忠　编著	18.00
防火与防爆工程（本科教材）	解立峰　等编	45.00
矿山安全工程（第2版）（本科教材）	陈宝智　主编	38.00
矿山环境工程（第2版）（本科教材）	蒋仲安　主编	39.00
化工安全（本科教材）	邵辉　主编	35.00
土木工程安全生产与事故安全分析（本科教材）	李慧民　等编	30.00
土木工程安全检测与鉴定（本科教材）	李慧民　等编	31.00
土木工程安全管理教程（本科教材）	李慧民　等编	33.00
安全系统工程（第2版）（高职高专教材）	林友　等编	32.00
安全生产与环境保护（高职高专教材）	张丽颖　主编	24.00
金属矿山环境保护与安全（高职高专教材）	孙文武　主编	35.00
煤矿钻探工艺与安全（高职高专教材）	姚向荣　等编著	43.00
矿冶企业生产事故安全预警技术研究	李翠平　等著	35.00
非煤矿山安全知识15讲	吴超　等编	20.00
安全管理基本理论与技术	常占利　著	46.00
爆破安全技术	王玉杰　编	25.00
安全管理技术	袁昌明　编著	46.00
钢铁企业安全生产管理	那宝魁　编著	46.00
玩具质量管理与安全	李家庆　主编	45.00
综采工作面人-机-环境系统安全性分析	王玉林　等著	32.00
职业健康与安全工程	张顺堂　等编	36.00